法國7大甜點師
{烘焙祕技全書}

Secrets de pâtissiers : 180 cours en pas à pas

180道經典創意甜點，
殿堂級大師夢幻逸作＋獨門技法，
不藏私完全圖解親授！

楊雯珺　譯

如何使用本書

本書將基礎食譜分門別類，如麵團、奶油醬和慕斯、醬汁、裝飾和淋面，以此做為基本架構，然後在每個分類底下依照難度，循序漸進地介紹「入門食譜」和「進階食譜」，完整詳細地說明步驟，指導讀者如何製作。

每道食譜都會先以一系列實用資訊作為開場，幫助讀者瞭解如何使用本書與製作甜點：

基礎食譜：

◆ 特色
◆ 用途
◆ 變化
◆ 應用基礎食譜的其他食譜

每道食譜：

◆ 甜點師技法
◆ 必要用具

書末附有資訊豐富、搭配圖片的詳細附錄，與食譜相輔相成：

◆ P.612專業甜點師使用的特殊食材清單，包括食材的說明和一般大眾可購買的管道
◆ P.616 甜點製作的專業術語和名詞解釋
◆ P.620 工欲善其事，必先利其器的完善工具箱

幫助讀者尋找資訊的數個索引：

前言

因為想分享最多頂尖甜點大師的食譜、技巧和訣竅，我們決定出版本書。

目的在於採用清楚的教學方式，讓各種程度的業餘愛好者，不論是入門新手或烘焙達人，都能依照這本名副其實的甜點聖經，製作各種類型的甜蜜美味。

這部烘焙夢幻逸作包含精美圖片與實用指南，搭配條理分明的詳細步驟解說，收錄40道不可錯過的法式甜點基礎食譜，如：餅底麵團、蛋白霜、麵糊、熟麵糊、發酵麵糊；奶油醬與慕斯；醬汁、裝飾和淋面。

每項類別都包括完整詳細的食譜，總共收錄140道甜點，每個創作都是頂尖甜點大師的代表作品，如：皮耶・艾曼（Pierre Hermé）、克里斯多福・亞當（Christophe Adam）、菲利普・康帝辛尼（Philippe Conticini）、克萊兒・艾茲勒（Claire Heitzler）、皮耶・馬可里尼（Pierre Marcolini）、尚-保羅・艾凡（Jean-Paul Hévin）、克里斯多福・米夏拉（Christophe Michalak）。

書末附錄可供讀者深入瞭解食材、專業用語和甜點製作工具，有助精通各種基本技巧與手法。

我們希望藉由本書提供所有資源，讓你成為出色的甜點師，同時嘗試自我創作，在熟悉各種基礎食譜、訣竅與技法之後，創造出具有你個人風格的甜點。

一起快樂做甜點吧！

CONTENTS

Part 1 麵團

Part 2 奶油醬／蛋奶醬&慕斯

Part 3 醬汁、裝飾、鏡面淋醬

附 錄

麵團

基礎食譜

製作時間：15分鐘
靜置時間：2小時

- ◆ 125 克 …… 奶油 +25 克（塗模防沾用）
- ◆ 100 克 …… 糖粉
- ◆ 1 顆 …… 蛋（50 克）
- ◆ 5 克 …… 鹽
- ◆ 250 克 …… 麵粉

甜塔皮

特色

餅底麵團的一種，沒有沙布蕾塔皮
那麼酥鬆，製作上的技術性較高。

用途

製作各種甜塔。

變化

無麩質塔殼〔P.10〕、香草甜塔皮
〔P.13〕、克里斯多福·亞當的杏
仁甜塔皮〔P.16〕、尚-保羅·艾
凡的巧克力甜塔皮〔P.20〕。

甜點師技法

擀麵〔P.616〕、製作塔邊花紋
〔P.616〕、撒粉〔P.618〕、塔皮
入模〔P.618〕。

用具

刮刀〔P.621〕、直徑 28 公分、高約 3 公分的塔模或中空
圈模〔P.620〕。

應用食譜

- ◆ 無麩質檸檬塔〔P.10〕
- ◆ 羅勒檸檬塔〔P.13〕
- ◆ 百香果覆盆子玫瑰小塔，**克里斯多福·亞當**〔P.16〕
- ◆ 酥脆巧克力塔，**尚-保羅·艾凡**〔P.20〕
- ◆ 酒煮洋梨布爾達魯塔〔P.424〕
- ◆ 杏仁檸檬塔〔P.428〕
- ◆ 覆盆子松子杏仁塔〔P.432〕
- ◆ 大黃草莓杏仁塔，**克萊兒·艾茲勒**〔P.434〕
- ◆ 鮮果卡士達鮮奶油塔〔P.455〕
- ◆ 檸檬舒芙蕾塔〔P.492〕
- ◆ 無蛋白霜焙烤開心果檸檬塔〔P.494〕
- ◆ 百分百巧克力塔〔P.590〕
- ◆ 焦糖堅果塔，2014，**克里斯多福·亞當**〔P.604〕

01.

使用刮刀攪拌奶油至軟化，隨後加入糖粉，攪打至柔滑均勻。拌入蛋和鹽，以打蛋器攪打，直至蛋糖糊均勻無顆粒。若有攪拌機也可裝上攪拌勾使用，可以更快速製作這款麵團。加入麵粉，但不要過度攪拌麵團。

02.

麵團塑形成圓球。包上保鮮膜放入冰箱冷藏，讓麵團至少醒 2 小時。

03.

在工作檯面撒粉，用擀麵棍將甜塔皮麵團擀成 3 公釐厚。切出一塊夠大的圓形塔皮，裝入直徑 28 公分，高約 3 公分，且已預先塗抹奶油的中空圈模或塔模。

04.

以指尖或塔邊鑷子製作塔邊花紋。用叉子在塔皮上到處戳洞。

視需要先盲烤塔殼。烤箱預熱到 180℃（刻度 6）。剪一張直徑約 40 公分的圓形烘焙紙，邊緣剪成條狀。在塔殼底部鋪上烘焙紙，裝滿豆類或乾穀（或烘焙石）。放入烤箱，盲烤塔皮 15 分鐘左右。確認塔皮充分烤熟後，拿掉烘焙石和烘焙紙。烤箱降溫到 170℃（刻度 6）。繼續盲烤塔殼 10 分鐘，讓中心均勻上色。

入門食譜

8人份

製作時間：30分鐘
烹調時間：30分鐘
靜置時間：3小時

甜點師技法

盲烤〔P.617〕、乳化〔P.617〕、塔皮入模〔P.618〕、蛋白打到硬性發泡〔P.619〕。

用具

直徑 28 公分的中空圈模〔P.620〕、擠花袋〔P.622〕、攪拌機〔P.622〕。

無麩質檸檬塔

無麩質塔殼

* 100 克 …… 奶油
* 125 克 …… 糖粉
* 3 克 …… 鹽
* 1 顆 …… 蛋（50 克）
* 250 克 …… 栗子粉

餡料

* 800 克 …… 檸檬凝乳
  （參閱 P.490）

法式蛋白霜

* 3 顆 …… 蛋白（90 克）
* 150 克 …… 細砂糖

倒入檸檬凝乳前
先於塔底刷上蛋白，
即可保持
塔皮乾燥酥脆。

使用栗子粉製作的甜塔皮、柔滑綿密的檸檬凝乳、炙燒出完美焦糖的蛋白霜：這款美味爆發的甜塔帶來 100% 無麩質的味蕾享受。

01.

02.

無麩質塔殼

烤箱預熱到 180℃（刻度 6）。使用本食譜的材料和份量，按照 P.8 的步驟製作甜塔皮，放入冷凍庫 30 分鐘後，再將塔皮裝入直徑 28 公分的中空圈模盲烤。

餡料

製作檸檬凝乳（參閱 P.11），乳化後將依然溫熱的檸檬凝乳倒入塔殼。送進冰箱冷藏 1 小時。

04.

03.

法式蛋白霜

使用攪拌器慢速攪打蛋白和 30 克細砂糖，開始起泡後分批加入 60 克細砂糖，期間不斷攪拌。等到蛋白打至緊實，撒入剩下的細砂糖，快速攪打蛋白霜直到硬性發泡。

烤箱以上火模式預熱。用抹刀或擠花袋在檸檬塔表面鋪滿蛋白霜。用上火烘烤 5 分鐘，讓蛋白霜烤出焦糖。

羅勒檸檬塔

6人份

製作時間：40 分鐘
靜置時間：2小時30分鐘
烹調時間：1小時10分鐘

甜點師技法

川燙〔P.616〕、盲烤〔P.617〕、乳化〔P.617〕、塔皮入模〔P.618〕、擠花〔P.618〕、軟化奶油〔P.616〕。

用具

手持式電動攪拌棒〔P.621〕、擠花袋〔P.622〕、溫度計〔P.623〕、刮皮器〔P.623〕。

香草甜塔皮

- 150 克 …… 軟化奶油
- 95 克 …… 糖粉
- 30 克 …… 杏仁粉
- 1 顆 …… 大型雞蛋（65 克）
- 2 克 …… 鹽
- 1 根 …… 香草莢
- 250 克 …… 麵粉

杏仁餡

- 125 克 …… 杏仁粉
- 125 克 …… 細砂糖
- 125 克 …… 軟化奶油
- 5 克 …… 蘭姆酒
- 2 顆 …… 蛋（100 克）

檸檬果醬

- 250 克 …… 黃檸檬
- 1 根 …… 香草莢
- 85 克 …… 細砂糖
- 1/2 束 …… 羅勒

檸檬凝乳

- 200 克 …… 黃檸檬汁
- 2 顆 …… 黃檸檬皮
- 2 片 …… 吉利丁（4 克）
- 4 顆 …… 蛋（200 克）
- 125 克 …… 細砂糖
- 125 克 …… 奶油

檸檬蛋白霜

- 3 顆 …… 大型蛋的蛋白（100 克）
- 175 克 …… 細砂糖
- 50 克 …… 水
- 1 顆 …… 黃檸檬皮
- 1 顆 …… 綠檸檬皮

> **進階食譜**

01.

香草甜塔皮

使用這道食譜的材料和份量，依照 P.8 的步驟製作香草甜塔皮麵團。麵團放在兩張烘焙紙之間，擀成 4 公釐厚，冷藏 20 分鐘。切下一塊跟塔模底部尺寸相同的圓形塔皮和兩條長帶狀塔皮。在中空圈模內部邊緣圍上兩條長帶狀塔皮，重疊 1 公分，用手指抹平接合處。切掉多餘塔皮。用叉子在塔皮上戳洞，冷藏 15 分鐘。在塔皮底部鋪上烘焙紙，裝滿烘焙石，多餘的烘焙紙往下折。送進 150℃（刻度 5）烤箱盲烤 20 分鐘，直到烤至金黃。

02.

杏仁餡

混合杏仁粉、細砂糖和軟化奶油。加入室溫雞蛋與蘭姆酒。輕柔攪拌均勻,不要讓混合物過分乳化。冷藏備用。

03.

檸檬果醬

檸檬切成八份,放入小燉煮鍋。加進從香草莢刮下的香草籽和糖,蓋上鍋蓋,小火煮15 分鐘,掀開鍋蓋後再煮 15 分鐘。用叉子壓碎內容物,放涼後加入切碎的羅勒(保留十幾片小葉子)。裝進容器,冷藏備用。

04.

檸檬凝乳

吉利丁放入冷水軟化。打散蛋與糖。加入檸檬汁和檸檬皮,煮到沸騰後離火。放入吉利丁。持續攪拌直到檸檬凝乳降溫至 40℃左右。倒入沙拉碗,加進切成小塊的冰冷奶油。使用攪拌器攪打至柔滑均勻。

05.

檸檬義式蛋白霜

使用本食譜的材料和份量，依照 P.114 的步驟製作義式蛋白霜。放涼後加入一半檸檬皮。

組裝與呈現

塔殼盲烤後，加入杏仁餡至三分之一高度，繼續以 170℃（刻度 6）烘烤到杏仁餡上色為止。放涼後鋪上一層薄薄果醬。

06.

如果不喜歡苦味，
製作果醬前可以先川燙檸檬，
方法是將檸檬放入冷水，
加熱到水滾後熄火，
取出檸檬用清水沖洗。
義式蛋白霜的保存期限長，
而且只要放入烤箱幾分鐘
就能烤上色。

填入檸檬凝乳，直到裝滿整個塔殼，冷藏 2 小時。等到檸檬凝乳凝固之後，以擠花袋擠上蛋白霜作為裝飾。撒上綠、黃兩色檸檬皮並插上預留的羅勒葉片。適合室溫品嘗。

進 階 食 譜

克里斯多福・亞當

精緻的方形小塔，特別著重水果的純粹風味。
組合百香果奶油餡、杏仁塔皮、
大顆新鮮覆盆子和畫龍點睛的玫瑰，
無須多添其他材料，就能創造出這款賞心悅目，
衝擊味蕾的甜點。

百香果覆盆子玫瑰小塔

份量：4個小塔

製作時間：30分鐘
烹調時間：25分鐘
靜置時間：3小時15分鐘

甜點師技法

塔皮入模〔P.618〕。

用具

4個不鏽鋼方形框模〔P.620〕、
手持式電動攪拌棒〔P.621〕、
溫度計〔P.623〕。

杏仁甜塔皮

- 25 克 ⋯⋯ 杏仁粉
- 125 克 ⋯⋯ 奶油
- 85 克 ⋯⋯ 糖粉
- 1 根 ⋯⋯ 馬達加斯加香草莢
- 2 克 ⋯⋯ 鹽
- 1 顆 ⋯⋯ 蛋（50 克）
- 210 克 ⋯⋯ 麵粉

百香果奶油餡

- 75 克 ⋯⋯ 百香果汁
- 155 克 ⋯⋯ 奶油
- 50 克 ⋯⋯ 細砂糖
- 2 顆 ⋯⋯ 蛋（100 克）
- 10 克 ⋯⋯ 黃檸檬汁
- 4 克 ⋯⋯ 玫瑰水

組裝與完成

- 2 盒 ⋯⋯ 覆盆子
- 120 克 ⋯⋯ 無味透明果膠
- 1 顆 ⋯⋯ 百香果（15 克）
- 幾片玫瑰花瓣

01.

杏仁甜塔皮

使用本食譜的材料和份量，按照 P.8 的步驟製作甜塔皮。完成後放入冰箱鬆弛 2 小時。

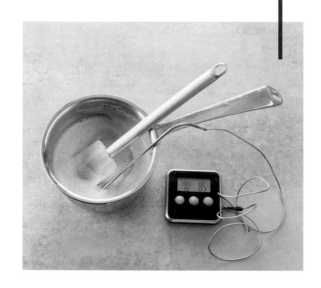

百香果奶油餡

從冰箱取出奶油。快速攪拌糖、蛋、黃檸檬汁和百香果汁，全部倒入單柄鍋，以 85℃ 加熱。離火後自然降溫至 45℃，使用手持式電動攪拌棒拌入室溫奶油，加進玫瑰水。完成的奶油餡送進冰箱靜置 1 小時。

可以使用中空塔圈取代方形框模來製作小塔。如要改用中空塔圈，請畫出直徑比塔圈多3公分的圓形紙樣。

02.

組裝與完成

烤箱預熱到 170℃（刻度 6）。卡片紙剪出方形紙樣，每邊比所要使用的不銹鋼方形框模長 1.5 公分。在工作檯面撒上麵粉，使用擀麵棍將甜塔皮擀成 3 公釐厚，放上紙樣，切出四片塔皮，放入不鏽鋼方形框模中，捏製成小塔，取刀切掉多餘塔皮。烤盤鋪上烘焙紙，放上所有小塔，送入烤箱烘烤 17 分鐘。放涼片刻後從方形塔模取出。

選出 24 個外觀漂亮的覆盆子放旁備用。剩餘的覆盆子用叉子壓成果泥，鋪在小塔底部，然後鋪滿百香果奶油餡，以抹刀抹平表面。放入冷凍庫 5 分鐘。

03.

無味透明果膠和百香果果肉放入單柄鍋中，攪拌拌勻，加熱 30 秒讓混合物變溫，抹在小塔表面，放入冰箱冷藏 10 分鐘。

小心在每個小塔表面放上 3 顆整粒覆盆子，點綴幾片玫瑰花瓣。

04.

尚-保羅・艾凡

苦甜巧克力的柔滑、千層派皮的酥脆、
八角的辛香和榛果的果香，
對比強烈的風味帶來豐富的感動。

酥脆巧克力塔

份量：2個4人份巧克力塔

製作時間：30分鐘
烹調時間：40分鐘
靜置時間：6小時30分鐘

甜點師技法

擀麵〔P.616〕、結晶〔P.617〕、
隔水加熱〔P.616〕、塔皮入模
〔P.618〕、軟化奶油〔P.616〕。

用具

2 個直徑 18 公分的中空圈模
〔P.620〕、直徑 6 公分的模
具、擀麵棍〔P.622〕、抹刀
〔P.623〕、Silpat® 矽膠烤墊
〔P.623〕。

巧克力甜塔皮

* 25 克 …… 黑巧克力
  （可可含量 70% 的 Mélange
  JPH 調配款）
* 140 克 …… 軟化奶油
* 90 克 …… 糖粉
* 30 克 …… 杏仁粉
* 2 滴 …… 天然香草精
* 1 撮 …… 鹽
* 1 顆 …… 蛋（50 克）
* 230 克 …… 麵粉

巧克力甘納許

* 180 克 …… 黑巧克力
  （可可含量 64% 的
  Valrhona® Manjari 巧克力）
* 210 克 …… 打發鮮奶油
* 1/2 顆 …… 打散蛋液
* 1 顆 …… 蛋黃（20 克）
* 40 克 …… 奶油

法式酥脆薄餅捲碎片

* 85 克 …… 調溫牛奶巧克力
* 10 克 …… 可可脂
* 15 克 …… 榛果泥
* 120 克 …… 薄餅捲碎片（或
  Gavottes® 法式薄餅捲碎片）

鏡面巧克力淋醬

* 110 克 …… 打發鮮奶油
* 10 克 …… 轉化糖
  （或洋槐蜂蜜）
* 100 克 …… 黑巧克力
  （可可脂含量 67% 的 JPH
  調溫巧克力）

八角脆餅

* 6 張 …… 直徑 30 公分的
  Brick 薄餅皮
* 50 克 …… 融化奶油
* 50 克 …… 細砂糖
* 50 克 …… 糖粉
* 八角粉

01.

巧克力甜塔皮

使用本食譜的材料和份量，按照 P.8 的步驟製作甜塔皮。隔水加熱融化巧克力，加入塔皮麵糊中快速混拌，完成後放入冰箱鬆弛 2 小時。

利用擀麵棍擀出兩塊圓形塔皮，越薄越好。在 2 個 18 公分的中空圈模中裝入塔皮，放進冰箱 30 分鐘。烤箱預熱到 170℃（刻度 6）。預烤塔皮約 20 分鐘。烤好後取出塔殼，但不要關掉烤箱電源。

02.

巧克力甘納許

巧克力切碎，放入沙拉碗。打發鮮奶油煮沸，倒在巧克力上，攪拌直到巧克力完全融化。加入半顆蛋的蛋液和 1 顆蛋黃，攪拌均勻。放入切塊奶油，再度拌勻。

甘納許倒入預先烤好的塔殼，放入烤箱 5 分鐘，溫度依然為 170℃。烤好後自烤箱取出放涼。

03.

法式酥脆薄餅捲碎片

隔水加熱融化巧克力和可可脂，攪拌均勻，靜置結晶。先後加入榛果泥和薄餅捲碎片（或 Gavottes® 法式薄餅捲碎）。用攪拌匙輕柔混拌。

在烘焙紙或 Silpat® 矽膠烤墊上，利用上述材料做成 2 個 6 公分的圓片，放涼備用。

鏡面淋醬

在單柄鍋中煮沸鮮奶油和轉化糖（或蜂蜜）。巧克力切碎放入沙拉碗，倒進煮沸的鮮奶油，用打蛋器輕柔攪拌直到乳化。

在塔殼中放上巧克力薄脆餅碎片製成的圓片，倒入巧克力甘納許。用抹刀沿著塔緣和塔面抹上淋醬。放入冰箱冷卻 10 分鐘。

04.

這款巧克力塔如果放在盒中冷藏，
可以保存3天。
品嘗前先從冰箱取出，
放置室溫下2小時。

八角脆餅

烤箱預熱至 180℃（刻度 6）。Brick 薄餅皮兩面均刷上奶油，撒上砂糖。

一片薄餅皮切成四份，捏出皺褶，放入直徑 6 公分的小模具，送進烤箱烤 12 到 14 分鐘。然後撒上糖粉，以 250℃（刻度 8-9）烤 1 到 2 分鐘，烤至焦糖化。

從烤箱取出脆餅。撒上八角粉，脫模後放旁冷卻。品嘗前再擺設於巧克力塔表面。

05.

基礎食譜

製作時間：10分鐘
靜置時間：30分鐘

- ◆ 100 克 …… 細砂糖
- ◆ 1 顆 …… 蛋（50 克）
- ◆ 4 克 …… 鹽
- ◆ 125 克 …… 奶油
- ◆ 250 克 …… 麵粉

沙布蕾麵團

特色
一種餅底麵團，相當鬆脆，很容易製作。

用途
適用所有甜點塔派或小沙布蕾酥餅。

變化
克萊兒 · 艾茲勒的巧克力沙布蕾麵團〔P.30〕、克萊兒 · 艾茲勒的沙布蕾麵團〔P.36〕。

甜點師技法
打到發白〔P.616〕、軟化奶油〔P.616〕。

用具
刮刀〔P.621〕、攪拌機〔P.622〕。

應用食譜
- ◆ 古典檸檬塔〔P.27〕
- ◆ 酥脆巧克力覆盆子塔，**克萊兒 · 艾茲勒**〔P.30〕
- ◆ 只融你口開心果柑橘沙布蕾，**克萊兒 · 艾茲勒**〔P.36〕
- ◆ 無限香草塔，**皮耶 · 艾曼**〔P.198〕
- ◆ 香檳荔枝森林草莓輕慕斯，**克萊兒 · 艾茲勒**〔P.516〕
- ◆ 克洛伊薄片塔，**皮耶 · 艾曼**〔P.566〕

記得在製作前幾小時
從冰箱取出雞蛋，
讓蛋達到適當溫度。

01.

糖和蛋打到發白，加入鹽。

以刮刀攪拌奶油直到軟化，拌入步驟 1 的材料，用打蛋器攪打柔滑。

02.

03.

攪拌機裝上鉤子，步驟 2 的成品放入攪拌缸，加入麵粉開始揉製，但不要過分攪打成厚實團狀，只要打到麵糊均勻即可。用手塑形成圓球狀，放入冰箱鬆弛至少30 分鐘。

古典檸檬塔

8人份

製作時間：1小時
烹調時間：45分鐘
靜置時間：1小時50分鐘

甜點師技法

打到發白〔P.616〕、製作塔邊花紋〔P.616〕、盲烤〔P.617〕、稀釋〔P.617〕、塔皮入模〔P.618〕、打到柔滑均勻〔P.618〕、刷上亮光〔P.618〕、低溫慢煮〔P.618〕

用具

塔邊鑷子〔P.622〕、甜點刷〔P.622〕、Microplane® 刨刀〔P.621〕

糖煮檸檬

* 4 顆 …… 黃檸檬
* 250 毫升 …… 水
* 300 克 …… 細砂糖

塔殼

* 500 克 …… 沙布蕾麵團（參閱 P.24）

檸檬凝乳

* 3 顆 …… 黃檸檬汁
* 250 毫升 …… 水
* 3 顆 …… 蛋（150 克）
* 150 克 …… 細砂糖
* 30 克 …… Maïzena® 玉米粉
* 50 克 …… 奶油

組裝與完成

* 250 克 …… 無味透明果膠

入門食譜

鬆脆的沙布蕾麵團、吮指回味的檸檬凝乳、
鋪在塔面的樸素糖煮檸檬片，
就是這款超傳統甜塔的組成元素。
雖然質樸簡單，
帶來的感官享受卻極為豐富飽滿。

糖煮檸檬

切除黃檸檬兩端，等距刻劃溝紋，也就是使用檸檬刮皮器或刀子在檸檬外皮挖出凹槽，然後切成薄片。水和糖放入大單柄鍋，煮沸成糖漿。檸檬圓片放入微微沸騰的糖漿，低溫慢煮到檸檬變成透明為止。離火後放置冷卻 1 整個小時。

上鏡面不是必要步驟，但是能夠讓成品看起來晶瑩剔透，同時保護塔派。也可使用果醬或膠凍代替無味透明果膠。

01.

02.

塔殼

按照 P.24 的步驟製作沙布蕾麵團，塔皮入模後以手指或塔邊鑷子製作塔邊花紋。用叉子在塔殼上戳洞，冷藏鬆弛 20 分鐘。烤箱預熱到 200℃（刻度 7）。在冰涼的塔殼鋪上一張烘焙紙，務必完全包覆，裝入豆子或烘焙石。送進烤箱，降溫至 180℃（刻度 6），盲烤約 10 分鐘，直到塔邊烤熟。拿掉豆子和烘焙紙，繼續烘烤 15 分鐘，直到塔殼底部烤成金黃色。

03.

檸檬凝乳

使用 Microplane® 刨刀刨下黃檸檬皮細絲，放置一旁備用。黃檸檬榨汁，瀝除種籽，加入清水。蛋和細砂糖在沙拉碗中打到發白，以大約 50 毫升的檸檬汁稀釋，加入檸檬皮和玉米粉，用打蛋器拌勻。在上述蛋糖麵糊中加進剩下的檸檬汁，攪拌均勻，倒入單柄鍋煮沸，期間不斷攪拌。沸騰數秒後離火。加入切塊奶油，用打蛋器攪拌，讓凝乳變得柔滑細膩。

04.

組裝與完成

烤箱預熱到 160℃（刻度 5-6）。在盲烤塔殼中倒入尚有餘溫的凝乳，一起烘烤 10 分鐘。取出烤箱後脫模，移到涼架上放涼。

塔面均勻鋪上糖煮檸檬片。取少許剛才煮檸檬的糖漿與果膠一起加熱到微溫，用甜點刷在塔上大量塗刷這種鏡面光亮膠。等到完全冷卻後再上桌品嘗。

05.

進 階 食 譜

克萊兒・艾茲勒

酥脆巧克力覆盆子塔

10人份

製作時間：2小時
烹調時間：30分鐘
靜置時間：12小時

甜點師技法

擀麵〔P.616〕、打成鳥嘴狀〔P.616〕、用錐形濾網過濾〔P.616〕、結晶〔P.617〕、擠花〔P.618〕、過篩〔P.619〕、巧克力調溫〔P.619〕。

用具

錐形濾網〔P.620〕、直徑 4 公分和 8 公分的切模〔P.621〕、刮刀〔P.621〕、手持式電動攪拌棒〔P.621〕、直徑 4 公分和高 3 公分的圓柱狀矽膠模具〔P.622〕、塑膠軟板〔P.622〕、擠花袋和 8 號花嘴〔P.622〕、攪拌機〔P.622〕、半自動冰淇淋機〔P.623〕、Silpat® 矽膠烤墊〔P.623〕。

巧克力裝飾

* 500 克 ⋯⋯ 黑巧克力
  （Équatorial Valrhona®）

巧克力甘納許

* 100 克 ⋯⋯ 覆盆子果泥
* 20 克 ⋯⋯ 轉化糖
* 110 克 ⋯⋯ 黑巧克力
  （Manjari Valrhona®）
* 30 克 ⋯⋯ 奶油

孟加里慕斯

* 1 片 ⋯⋯ 吉利丁（2 克）
* 145 克 ⋯⋯ 黑巧克力
  （Manjari Valrhona®）
* 110 克 ⋯⋯ 牛奶
* 220 克 ⋯⋯ 軟性打發鮮奶油
  （參閱 P.360）

巧克力餅乾

* 85 克 ⋯⋯ 杏仁粉
* 115 克 ⋯⋯ 糖粉
* 25 克 ⋯⋯ 可可粉

* 5 克 ⋯⋯ 麵粉
* 5 顆 ⋯⋯ 蛋白（140 克）
* 37 克 ⋯⋯ 細砂糖

鏡面淋醬

* 7.5 片 ⋯⋯ 吉利丁（15 克）
* 225 克 ⋯⋯ 液態鮮奶油
* 130 克 ⋯⋯ 水
* 340 克 ⋯⋯ 細砂糖
* 60 克 ⋯⋯ 無糖可可粉

這款經典組合運用孟加里巧克力的濃郁風味和酸甜果香變化出萬千風情。我以不同質地的巧克力呈現這款令人垂涎的甜點，希望做的人開心，吃的人也驚奇。

巧克力沙布蕾麵團

- 250 克 …… 奶油
- 2 克 …… 鹽之花
- 70 克 …… 糖粉
- 50 克 …… 杏仁粉
- 3 顆 …… 蛋黃（60 克）
- 270 克 …… 麵粉
- 30 克 …… 可可粉
- 7 克 …… 發粉

覆盆子雪酪

- 500 克 …… 覆盆子果泥
- 300 毫升 …… 水
- 155 克 …… 細砂糖
- 30 克 …… 轉化糖
- 50 克 …… 檸檬汁

組裝

- 400 克 …… 覆盆子

巧克力裝飾

前一晚先將巧克力調溫，在塑膠軟板上攤鋪成薄薄一層。在巧克力開始稍微硬化的結晶初期，用直徑 8 公分和 4 公分的切模切出數個圓片，等待結晶 12 小時後才使用。

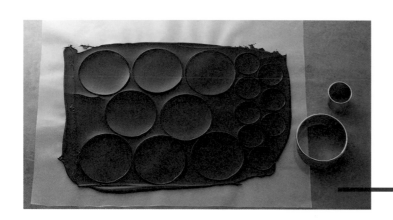

01.

02.

巧克力甘納許

煮沸覆盆子果泥和轉化糖。融化巧克力。分批倒入煮沸的果泥。當混合物達到 35 ～ 40℃時，加入切成小塊的奶油。最後用手持式電動攪拌棒攪打，但不要拌入空氣，就能做出柔滑均勻的甘納許。甘納許在室溫下結晶 12 小時。

03.

孟加里慕斯

用一碗冷水浸泡吉利丁，隔水加熱融化巧克力。煮沸牛奶，加入擠乾水分的吉利丁，分幾次把牛奶倒入融化的巧克力，攪拌直到質地柔滑均勻。等到混合物達到 35～40℃，加進軟性打發的鮮奶油。用木匙輕柔拌勻。

04.

慕斯放入擠花袋，擠入直徑 4 公分、高 3 公分的矽膠圓柱形模型，送入冷凍庫 4 小時。

05.

巧克力餅乾

製作當天，預熱旋風式烤箱到 180℃（刻度 6）。過篩杏仁粉、糖粉、可可粉和麵粉。攪拌機裝上打蛋器，蛋白和糖放入攪拌缸打發到呈鳥嘴狀。加入過篩的粉類，使用刮刀輕柔拌勻，倒在烘焙紙或 Silpat® 矽膠烤墊上，攤鋪成 40×30 公分的長方形，送進烤箱烘焙 7 分鐘左右。

06.

放涼後以直徑八公分的切模切出數個圓片。

07.

鏡面淋醬

用一碗冷水浸泡吉利丁。煮沸鮮奶油、水和半量的糖。拌勻剩下的糖和可可粉,加入上述鮮奶油混合物中,一邊攪拌一邊再次煮到大滾。加入擠乾水分的吉利丁,攪拌均勻,以錐形濾網過濾。孟加里小圓慕斯脫模,移放到直徑 4 公分的黑巧克力片上,澆上鏡面淋醬。放入冰箱讓慕斯解凍。

08.

巧克力沙布蕾麵團

烤箱預熱到 160℃(刻度 5-6)。使用本食譜的材料和份量,按照 P.24 的步驟製作巧克力沙布蕾麵團。取 60 克的麵團擀成 4 公釐厚,切成小方塊,放到鋪了烘焙紙的烤盤上,送入烤箱烘烤約 8 分鐘。

可以自己製作覆盆子果泥
或到特定店家購買。

09.

覆盆子雪酪

單柄鍋中放入水、糖和轉化
糖，煮沸後加進覆盆子果泥。
攪拌均勻。加入檸檬汁，放進
半自動冰淇淋機中製作雪酪。

組裝

使用裝了 8 號花嘴的擠花袋，
在餅乾表面擠滿巧克力甘納
許。

放上剛才組裝好的直徑 8 公分巧克力片和孟加里
小圓慕斯。沿著慕斯周圍擺上一圈覆盆子切片，以
巧克力沙布蕾小方塊酥餅點綴。上桌前，用湯匙將
覆盆子雪酪塑形成橢圓狀，放到孟加里慕斯上。

10.

進 階 食 譜

克萊兒‧艾茲勒

我在日本發現難以計數的柑橘品種。
這道食譜將開心果做成兩種不同質地，
利用它的溫潤甜美平衡柑橘的酸味。
這款色彩繽紛的甜點也是視覺上的饗宴。

只融你口開心果柑橘沙布蕾

12人份

製作時間：2小時
烹調時間：2小時
靜置時間：6小時

甜點師技法

打到發白〔P.616〕、用錐形濾網過濾〔P.616〕、切絲〔P.618〕、完整取下柑橘瓣果肉〔P.619〕、用湯匙塑形成橢圓狀〔P.619〕、刨磨皮茸〔P.619〕。

用具

錐形濾網〔P.620〕、削皮刀〔P.620〕、手持式電動攪拌棒〔P.621〕、36×26 公分矽膠模具〔P.622〕、即用型噴霧器〔P.622〕、Silpat® 矽膠烤墊〔P.623〕、半自動冰淇淋機〔P.623〕、溫度計〔P.623〕。

基礎蛋奶醬

- ◆ 145 克 ⋯⋯ 牛奶
- ◆ 290 克 ⋯⋯ 液態鮮奶油
- ◆ 85 克 ⋯⋯ 細砂糖
- ◆ 5 顆 ⋯⋯ 蛋黃（100 克）

開心果融口奶油醬

- ◆ 40 克 ⋯⋯ 特級開心果膏
- ◆ 2 片 ⋯⋯ 吉利丁（4 克）

- ◆ 475 克 ⋯⋯ 基礎蛋奶醬
  （參閱 P.38 食譜）
- ◆ 10 克 ⋯⋯ 橄欖油

開心果奶餡

- ◆ 15 克 ⋯⋯ 特級開心果膏
- ◆ 1 片 ⋯⋯ 吉利丁（2 克）
- ◆ 120 克 ⋯⋯ 液態鮮奶油
- ◆ 25 克 ⋯⋯ 細砂糖
- ◆ 2 顆 ⋯⋯ 蛋黃（40 克）

柑橘瓦片

- ◆ 1 顆 ⋯⋯ 柳橙
- ◆ 40 克 ⋯⋯ 麵粉
- ◆ 125 克 ⋯⋯ 細砂糖
- ◆ 40 克 ⋯⋯ 熱融化奶油

沙布蕾麵團

- ◆ 250 克 ⋯⋯ 奶油
- ◆ 3 克 ⋯⋯ 鹽之花
- ◆ 100 克 ⋯⋯ 細砂糖

- 40 克 …… 杏仁粉
- 20 克 …… 香草精
- 2 顆 …… 蛋黃（40 克）
- 200 克 …… 麵粉
- 5 克 …… 發粉
- 30 克 …… 切碎開心果

葡萄柚雪酪

- 6 顆 …… 葡萄柚
- 415 克 …… 細砂糖

- 2 克 …… 雪碧穩定劑
  （Super Neutrose）
- 20 克 …… 葡萄糖
- 500 克 …… 牛奶
- 200 克 …… 水
- 2 根 …… 香草莢

柳橙皮

- 1 顆 …… 柳橙
- 100 克 …… 細砂糖
- 300 克 …… 水

裝飾

- 50 克 …… 整粒開心果
- 2 顆 …… 柳橙
- 1 顆 …… 紅葡萄柚
- 1 顆 …… 粉紅葡萄柚
- 1 顆 …… 白葡萄柚
- 3 顆 …… 克萊門氏小柑橘
- 1 顆 …… 魚子檸檬
  （citron caviar）
- 2 顆 …… 金桔

01.

基礎蛋奶醬

烤箱預熱到 100℃（刻度 3-4）。單柄鍋中倒入牛奶和液態鮮奶油煮沸。攪散細砂糖和蛋黃，加進單柄鍋內，攪拌均勻。倒入 36×26 公分的矽膠模具或可以進烤箱的盤子，送入烤箱。烤到類似烤布蕾那樣不會流動，可以操作的凝結程度。根據烤箱火力，約需 45 分鐘到 1 小時 15 分鐘。

02.

開心果融口蛋奶醬

用一碗冷水浸濕吉利丁。秤出 475 克的溫熱基礎奶油醬，加入擠乾水分的吉利丁、橄欖油和開心果膏。混拌均勻。然後用手持式電動攪拌棒攪打到絲滑柔順，倒入 36×26 公分的矽膠模具，冷凍 4 小時。變硬後切成每邊 6 公分的正方體，噴上綠色粉末。送入冰箱，讓蛋奶醬解凍。

準備好紙樣就能輕鬆
切割開心果蛋奶醬、
沙布蕾麵團和柑橘瓦片。
也請準備好鏤空模板，
以便在盤面攤鋪
開心果蛋奶醬。

開心果奶餡

用一碗冷水浸濕吉利丁。在單柄鍋中煮沸液態鮮奶油。細砂糖和蛋黃打到發白。加入煮沸的鮮奶油，混拌均勻後倒回單柄鍋。加熱到83℃，加入擠乾水分的吉利丁。分小批將上述混合物倒在開心果膏上，加以稀釋。用手持式電動攪拌棒攪打柔滑，放涼備用。

03.

操作出爐的瓦片時
請留意溫度。
溫度太高，
瓦片可能會黏在刀子上；
溫度太低，
瓦片則可能破裂。
可以再把瓦片放回烤箱
烤幾分鐘，
烘烤溫度和時間
都可視情況，
根據烤箱火力自行調整。

柑橘瓦片

柳橙擠汁，使用錐形濾網過濾，秤出 70 克。在沙拉碗內混合麵粉和細砂糖。先加入 70 克柳橙汁，再倒進溫熱的融化奶油。攪拌均勻，放入冰箱鬆弛至少 2 小時。烤箱預熱到 160℃（刻度5-6）。在 Silpat® 矽膠烤墊上攤鋪瓦片麵糊。送入烤箱烤到上色，再切成每邊 6 公分的方形。

04.

05.

沙布蕾麵團

烤箱預熱到 160℃（刻度 5-6）。使用本食譜的材料和份量，按照 P.24 的步驟製作沙布蕾麵團。取 200 克擀成 3 公釐厚，撒上切碎的開心果，放到烘焙紙上送進烤箱。烘烤 5 分鐘後取出，在半熟狀態下切成每邊 6 公分的方塊，再放入烤箱續烤 7 分鐘。

葡萄柚雪酪

葡萄柚榨汁，以錐形濾網過濾。混合細砂糖、雪碧穩定劑和葡萄糖。在單柄鍋中加熱牛奶、水和香草莢刮下的香草籽，溫度達到 40℃ 時撒入上述糖、雪碧穩定劑和葡萄糖的混合物，煮沸後放涼。加入 500 克葡萄柚汁，倒進半自動冰淇淋機製成雪酪。

06.

07.

柳橙皮

用刨刀取下柳橙皮，切絲，放進單柄鍋，倒入冷水煮沸。瀝乾後以冷水沖涼柳橙皮絲。重複上述步驟三次。在單柄鍋中煮沸細砂糖和水，加入柳橙皮絲，用超小火慢慢糖漬，直到柳橙皮變得透明。

08.

裝飾

開心果縱切成兩半。切除柑橘外皮，取下完整的柑橘瓣果肉。魚子檸檬切半，取出種子。金桔切成小圓薄片。

組裝

使用每邊 6 公分的鏤空模板，在每個盤面抹上一層正方形開心果奶餡。

09.

10.

在開心果沙布蕾脆餅上擺放一塊開心果融口蛋奶醬，以部分重疊的方式，移到剛剛鋪好的奶餡上，再以同樣手法放上柳橙瓦片。在瓦片表面完成柑橘、開心果和糖漬柳橙皮。用湯匙將葡萄柚慕斯塑形成橢圓狀，放在開心果奶餡上。

基礎食譜

製作時間：15分鐘
烹調時間：25分鐘
靜置時間：15分鐘

- 125 克 …… 奶油 +25 克塗模用
- 250 克 …… 麵粉 +50 克工作檯撒粉用
- 5 克 …… 鹽
- 25 克 …… 細砂糖
- 62 克 …… 冷水

酥皮麵團

特色
餅底麵團，製作簡單快速。

用途
水果塔。

甜點師技法
擀麵〔P.616〕、製作塔邊花紋〔P.616〕、盲烤〔P.617〕、撒粉〔P.618〕、塔皮入模〔P.618〕、搓成沙狀〔P.619〕。

用具
直徑 28 公分和高約 3 公分的塔模或中空圈模〔P.620〕、擀麵棍〔P.622〕。

應用食譜
- 柳橙焦糖韃靼塔〔P.44〕
- 番紅花風味諾曼地塔〔P.46〕
- 亞爾薩斯櫻桃塔〔P.48〕
- 蘋果大黃塔〔P.50〕

———

製作塔邊花紋並非必要，
也可以單純切除超過模具上緣的多餘塔皮就好。
盲烤後絕對不要將塔殼脫模，
因為放上內餡後還要再進烤箱烘烤。

———

01.

攪拌機裝上葉片。冰奶油切成小方塊，放入攪拌缸，加進麵粉以高速攪打，直到麵糊呈沙狀。在冷水中溶解鹽和細砂糖，倒入攪拌缸。用攪拌鉤揉製麵團，直到質地均勻。塑形成球狀，用保鮮膜包好，放入冰箱鬆弛15分鐘。

02.

在工作檯面撒粉，用擀麵棍將酥皮麵團擀成3公釐厚。取小刀切一塊大於模具的圓形麵皮，裝入已塗抹奶油，直徑28公分、高約3公分的模具或中空圈模。

如果沒有攪拌機，使用打蛋器攪拌材料後再以雙手揉製也行。

03.

以塔邊鑷子或手指製作塔邊花紋。用叉子在塔皮上到處戳洞。

04.

烤箱預熱到180℃（刻度6）。塔殼鋪上烘焙紙，裝入豆類或烘焙石。盲烤脆皮塔皮約15分鐘。拿掉烘焙石和烘焙紙。降低烤箱溫度至170℃（刻度6），繼續盲烤塔殼10分鐘，讓中心均勻上色。

入門食譜

8人份

製作時間：30分鐘
烹調時間：1小時到1小時10分鐘
靜置時間：1小時

甜點師技法

擀麵〔P.616〕、加入液體或固體以降溫〔P.617〕、刨磨皮茸〔P.619〕。

用具

蘋果去核器〔P.621〕、直徑 24 公分和高 4-5 公分的塔模、柑橘榨汁器、Microplane® 刨刀〔P.621〕。

柳橙焦糖韃靼塔

柳橙焦糖

* 2 顆 …… 柳橙
* 125 克 …… 奶油
* 250 克 …… 細砂糖

內餡

* 2 顆 …… 柳橙
* 2.5 公斤 …… reinettes 蘋果

酥皮麵團

* 150 克 …… 麵粉
  +30 克工作檯撒粉用
* 75 克 …… 奶油
* 37 克 …… 水
* 3 克 …… 鹽
* 15 克 …… 細砂糖

在焦糖變硬前，轉動模具讓焦糖鋪滿整個表面。切半蘋果塞得越緊越好，視需要填補更多蘋果塊；烘烤過程中蘋果會軟化，尺寸也會跟著縮水。

柳橙焦糖

取一顆柳橙，使用 Microplane® 刨刀磨下碎皮。用榨汁器榨出兩顆柳橙的汁液。奶油放入單柄鍋中加熱融化，但不要煮到變色。加糖以小火煮成棕色焦糖，加入柳橙汁為焦糖降溫，放進柑橘皮碎。在直徑約 24 公分，邊緣約 4-5 公分高的模具中倒入焦糖。

01.

02.

內餡

烤箱預熱到 180℃（刻度 6）。蘋果削皮，以切成一半的柳橙塗抹整顆蘋果，避免蘋果氧化。用蘋果去核器取出蘋果芯，將蘋果切成兩半。

03.

在焦糖層上鋪滿切半蘋果，塞得越緊越好。放入烤箱烘烤 30 到 40 分鐘，直到蘋果烤軟。烤好後取出烤箱，靜置室溫下 30 分鐘。

04.

於此同時，按照 P.42 的步驟，使用這道食譜的材料和份量，製作酥皮麵團。烤箱預熱到 180℃（刻度 6）。切一塊圓形生酥皮塔皮，將非常冰涼的生塔皮覆蓋在蘋果表面，完全蓋住蘋果。再度送進烤箱烘烤 20 分鐘以烤熟塔皮，烤到金黃後靜置放涼。取一個要盛盤上桌的盤子，模具倒扣在盤子上，為蘋果塔脫模。

入門食譜

8人份

製作時間：20分鐘
烹調時間：35分鐘
靜置時間：20分鐘

甜點師技法

打到發白〔P.616〕、盲烤
〔P.617〕。

用具

打蛋盆〔P.620〕、蘋果去
核器〔P.621〕。

番紅花風味諾曼地塔

蘋果白蘭地燉蘋果

* 800 克 ⋯⋯ reinettes 蘋果
* 1 顆 ⋯⋯ 黃檸檬
* 50 毫升 ⋯⋯ 蘋果白蘭地
  （calvados）

番紅花蛋奶醬

* 200 克 ⋯⋯ 奶油
* 4 顆 ⋯⋯ 蛋（200 克）
* 200 克 ⋯⋯ 細砂糖
* 1 克 ⋯⋯ 番紅花粉末

組裝與完成

* 1 個 ⋯⋯ 盲烤過的酥皮塔殼
  （參閱 P.42）
* 50 克 ⋯⋯ 糖粉

蘋果白蘭地燉蘋果

蘋果削皮，以切半的檸檬塗抹。
用蘋果去核器取出果核，果肉先
切成四份，再切成兩公分左右的
厚片，放入沙拉碗，淋上蘋果白
蘭地，在陰涼處靜置 20 分鐘。

01.

02.

番紅花蛋奶醬

在單柄鍋中加熱奶油，煮到冒出
綿密泡沫後，放置一旁降到微
溫。蛋和細砂糖放入打蛋盆快速
攪打到發白，倒入融化奶油，以
番紅花粉末調味，繼續用打蛋器
快速攪打。放旁備用。

03.

組裝與完成

按照 P.42 的步驟製作酥皮麵
團，完成盲烤。烤箱預熱到
160℃（刻度 5-6）。在盲烤過
的酥皮塔殼底部緊密擺滿蘋果。

這款蘋果塔
最好溫熱品嘗。

04.

倒入番紅花蛋奶醬，烘烤20分鐘。
脫模後再烤 10 分鐘，讓外層烤出
均勻漂亮的顏色。以上火模式預熱
烤箱。蘋果塔表面撒上糖粉，放入
上火模式的烤箱中烘烤 3 分鐘。

入門食譜

8人份

製作時間：40分鐘
烹調時間：30分鐘
靜置時間：1小時15分鐘

甜點師技法
打到發白〔P.616〕、盲烤
〔P.617〕、浸漬〔P.618〕。

用具
打蛋盆〔P.620〕。

亞爾薩斯櫻桃塔

酒漬櫻桃

- 500 克 …… 櫻桃
- 100 毫升 …… 櫻桃白蘭地

布丁奶汁

- 200 毫升 …… 牛奶
- 半根 …… 香草莢
- 3 顆 …… 蛋（150 克）
- 100 克 …… 細砂糖
- 200 毫升 …… 乳脂含量 30% 的液態鮮奶油

組合與擺設

- 1 個 …… 盲烤過的酥皮塔殼（參閱 P.42）
- 50 克 …… 糖粉

酒漬櫻桃

櫻桃洗淨，去梗，去核，最好能保持完整形狀。放入沙拉碗。倒進淹過櫻桃的櫻桃白蘭地，浸漬 1 小時。期間用木匙輕柔攪拌幾次，翻動櫻桃。

 01.

 02.

03.

布丁奶汁

牛奶倒入單柄鍋煮到微滾。離火後放進半根縱切香草莢與取下的香草籽。浸泡 15 分鐘。在打蛋盆中快速攪拌蛋液和細砂糖，打到發白後加入液態鮮奶油。

取出單柄鍋中的半根香草莢。一邊將香草牛奶倒入鮮奶油蛋液，一邊輕柔攪拌。加進 50 毫升浸漬櫻桃的酒汁增添香味。放在陰涼處備用。

組裝與完成

按照 P.42 的步驟製作酥皮麵團，進行盲烤。烤箱預熱到 160℃（刻度 5-6）。櫻桃瀝乾汁液，緊密排列在盲烤過的塔殼底部。小心在櫻桃上倒入布丁奶汁，讓布丁奶汁均勻分布。放進烤箱烘烤 20 分鐘左右，直到奶汁凝固。櫻桃塔脫模，再度放入烤箱烘烤 10 分鐘，讓塔緣烤出均勻的金黃色。以上火模式預熱烤箱。在櫻桃塔表面撒上糖粉，放入烤箱烘烤 3-5 分鐘以烤出美麗的焦色。

04.

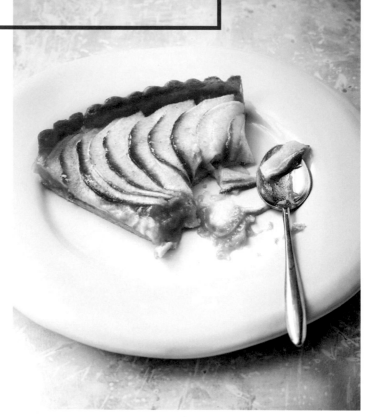

入門食譜

8人份

製作時間：45分鐘
烹調時間：1小時10分鐘

甜點師技法
煮成糊狀〔P.616〕、
盲烤〔P.617〕、
刷上亮光〔P.618〕。

用具
甜點刷〔P.622〕。

蘋果大黃塔

蘋果大黃糊
- 400 克 …… 大黃
- 400 克 …… 金黃蘋果
- 50 克 …… 奶油
- 100 克 …… 細砂糖

內餡
- 500 克 …… 金黃蘋果
- 1 顆 …… 黃檸檬

組裝
- 1 個 …… 盲烤過的塔殼
  （參閱 P.42）

鏡面
- 5 片 …… 吉利丁（10 克）
- 125 克 …… 水
- 150 克 …… 砂糖
- 半根 …… 香草莢

蘋果大黃糊

大黃莖梗削皮，用小刀切成約 3 公分的小段。奶油放入單柄鍋，以小火融化但不能煮到變色。加進切段大黃和細砂糖，蓋上鍋蓋煮 15 分鐘。蘋果削皮，用去核器取出蘋果芯。保留蘋果芯以供稍後製作鏡面時使用。蘋果果肉切塊，加進鍋中與大黃一起蓋鍋煮至少 30 分鐘。放置室溫冷卻。

01.

02.

內餡

依照 P.42 的步驟製作盲烤酥皮塔殼。蘋果削皮切半，切成 2 公分厚的薄片。

03.

組裝與完成

烤箱預熱到 160℃（刻度5-6）。在盲烤塔殼底部鋪上大黃蘋果糊到四分之三的高度。仔細放上蘋果片，以部分重疊的方式排成教堂花窗狀，從外圍排到中心，直到表面鋪滿。放入烤箱烘烤 20 分鐘，烘烤時間過一半後，先將蘋果塔脫模再繼續烘烤，以便塔殼外圍的烤色均勻美麗。移到涼架上放涼。

04.

鏡面

浸泡吉利丁。水中加糖煮到微滾，繼續保持微滾狀態 5 分鐘。離火，加入香草和蘋果核，浸泡 10 分鐘。過濾後加入擠乾水分的吉利丁，攪拌均勻。在單柄鍋中加熱上述鏡面膠至微溫，使質地變成光滑液狀。用甜點刷在蘋果大黃塔表面仔細刷上亮光。

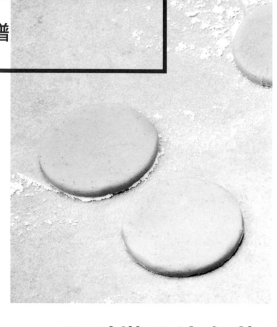

基礎食譜

製作時間：10分鐘
烹調時間：10到15分鐘
靜置時間：1小時

- ◆ 4 顆 …… 蛋黃（80 克）
- ◆ 160 克 …… 細砂糖
- ◆ 2 克 …… 鹽
- ◆ 160 克 …… 奶油
- ◆ 225 克 …… 麵粉
- ◆ 7 克 …… 發粉

不列塔尼沙布蕾

特色

這款香酥鬆脆的麵糊洋溢濃郁奶油香氣，可以做成小餅乾品嘗，也可以作為塔殼。

用途

現代風塔派。

變化

克里斯多福・亞當的不列塔尼沙布蕾麵糊〔P.56〕、皮耶・馬可里尼的可可開心果綠檸檬不列塔尼沙布蕾麵糊〔P.60〕。

甜點師技法

擀麵〔P.616〕、軟化奶油〔P.616〕、打到發白〔P.616〕。

用具

直徑 8 公分的切模〔P.621〕、刮刀〔P.621〕、8 個直徑 8 公分的模具或中空圈模〔P.620〕、擀麵棍〔P.622〕。

應用食譜

箭葉橙雪花蛋白餅〔P.54〕
不列塔尼沙布蕾、雷昂草莓、鹹奶油焦糖，**克里斯多福・亞當**〔P.56〕
巧克力塔，2007，**皮耶・馬可里尼**〔P.60〕

蛋黃放在沙拉碗中打散，分批加入細砂糖，攪打到發白。加鹽。用刮刀將奶油攪拌軟化，小心拌入打到發白的蛋糖糊。

01.

02.

混合麵粉和發粉，拌入上個步驟的蛋糖油糊中，不要過度攪拌。在麵糊表面覆蓋上保鮮膜，放入冰箱冷藏 1 小時。

03.

烤箱預熱到 160℃（刻度 5-6）。麵糊用擀麵棍擀成約 5 公釐厚。以直徑 8 公分的切模切出 8 個圓形。

04.

在 8 個直徑 8 公分的圓形模具或中空圈模內鋪上塔皮，放在鋪了烘焙紙的烤盤上。送入烤箱烘烤 10 到 15 分鐘。取出烤箱後放涼片刻，再將沙布蕾脫模。

入門食譜

8人份

製作時間：1小時
烹調時間：20～30分鐘
靜置時間：2小時

甜點師技法

打到發白〔P.616〕、乳化〔P.617〕、材料表面覆蓋上保鮮膜〔P.617〕、打到柔滑均匀〔P.618〕、低溫慢煮〔P.618〕、蛋白打到硬性發泡〔P.619〕、刨磨皮茸〔P.619〕。

用具

挖球器〔P.620〕、手持式電動攪拌棒〔P.621〕、圓形濾網〔P.622〕、8個直徑8公分的半圓形模、擠花袋〔P.622〕、Microplane® 刨刀〔P.621〕、攪拌機〔P.622〕、抹刀〔P.623〕。

箭葉橙雪花蛋白餅

箭葉橙蛋奶醬

- 1 片 …… 吉利丁（2克）
- 125 克 …… 黃檸檬汁
- 150 克 …… 細砂糖
- 2 顆 …… 箭葉橙皮碎
- 4 顆 …… 蛋（200克）
- 125 克 …… 奶油

8個不列塔尼沙布蕾餅（參閱 P.52）

雪花蛋白

- 8 顆 …… 蛋白（240克）
- 160 克 …… 細砂糖
- 4 顆 …… 箭葉橙皮碎
- 80 毫升 …… 葡萄籽油

以不列塔尼沙布蕾為餅底，放上用箭葉橙提味，中間填入檸檬凝乳內餡的半圓雪花蛋白霜殼，顛覆傳統小塔的形式。

箭葉橙蛋奶醬

用一碗冷水浸泡吉利丁。單柄鍋中放入黃檸檬汁、75 克細砂糖和磨好的箭葉橙皮碎，加熱直到沸騰。

蛋液加入剩下的細砂糖打到發白。用圓形濾網過濾箭葉橙糖漿，趁熱加入打到發白的蛋糖液，然後倒回單柄鍋煮到沸騰，期間以打蛋器不停攪拌。離火，加入切成小塊的奶油和擠乾水分的吉利丁。使用手持式電動攪拌棒攪打至少 2 分鐘，讓蛋奶醬乳化。在蛋奶醬表面覆蓋上保鮮膜，放入冰箱冷藏 1 小時。趁這段時間，按照 P.52 的步驟製作不列塔尼沙布蕾餅。

雪花蛋白霜殼

烤箱預熱到 100℃（刻度 3-4）。攪拌機裝上打蛋器，攪拌缸中放入蛋白和 40 克細砂糖打發。打到雪花狀後分批撒入剩下的糖。快速攪打蛋白直到硬性發泡，然後加入箭葉橙皮碎。為 8 個直徑 8 公分的半圓型模具刷上葡萄籽油，分別裝滿蛋白霜並用抹刀抹平表面。送入烤箱烘烤 10 到 12 分鐘，烤到蛋白變硬即可。

組裝和完成

使用抹上少許油的挖球器小心挖空半圓雪花蛋白霜殼的中心。箭葉橙蛋奶醬裝入擠花袋，擠入每個半圓霜殼內部。小心幫蛋白霜殼脫模，移到沙布蕾餅上，圓弧面朝上。

進 階 食 譜

克里斯多福·亞當

我用這款甜點向我引以為傲的出身地致敬。
蛋糕中的所有元素都令我想起家鄉不列塔尼的種種風味：
略帶海風鹹意的酥脆不列塔尼沙布蕾餅、酸甜美味的草莓，
當然還有不必多做介紹的知名鹹奶油焦糖。
這樣一趟雷昂地區的味覺之旅，你心動了嗎？

不列塔尼沙布蕾、雷昂草莓、鹹奶油焦糖，2004

8人份

製作時間：40分鐘
烹調時間：40分鐘
靜置時間：1小時30分鐘

甜點師技法

加入液體或固體降溫〔P.617〕、切除蒂頭〔P.617〕、打到柔滑均勻〔P.618〕、刨磨皮茸〔P.619〕。

用具

20×20×4 公分不鏽鋼無底方形框模〔P.620〕、刮刀〔P.621〕、Microplane® 刨刀〔P.621〕、抹刀〔P.623〕。

焦糖奶油醬

◆ 90 克 …… 細砂糖
◆ 56 克 …… 奶油
◆ 1 撮 …… 鹽之花
◆ 115 克 …… 乳脂含量 35% 的液態鮮奶油
◆ 1 克 …… 吉利丁粉
◆ 175 克 …… 馬斯卡彭乳酪

不列塔尼沙布蕾麵糊

◆ 100 克 …… 奶油
◆ 100 克 …… 細砂糖
◆ 3 顆 …… 蛋黃（50 克）
◆ 80 克 …… T55 麵粉（即中筋麵粉）
◆ 60 克 …… 黑麥麵粉
◆ 8 克 …… 發粉
◆ 1 克 …… 鹽之花
◆ 10 克 …… 柳橙皮碎

組裝與完成

◆ 50 克 …… 開心果粉
◆ 30 顆 …… 草莓
◆ 15 克 …… 開心果碎
◆ 幾片 …… 薄荷葉
◆ 半顆 …… 柳橙皮碎

01.

焦糖奶油醬

單柄鍋中倒入細砂糖,以中火加熱並用木匙不斷攪拌,直到煮成褐色焦糖。加入奶油和鹽之花,攪拌,等待降溫。取另一個單柄鍋,加入液態鮮奶油和吉利丁粉,靜置 5 分鐘讓吉利丁粉溶解。加熱鮮奶油,倒進剛才製作的焦糖中讓焦糖降溫。焦糖醬完成後放置室溫冷卻約 30 分鐘。

———————

慢慢在鮮奶油中拌入焦糖,
攪拌均勻,
別讓焦糖奶油中含有空氣。

———————

02.

馬斯卡彭乳酪放入沙拉碗,倒進一部分焦糖。使用刮刀慢慢攪拌混合物,直到光滑均勻。然後在馬斯卡彭乳酪中分批倒入剩下的焦糖,每次都要攪拌均勻。完成的焦糖奶油醬需放入冰箱冷藏 1 小時。

不列塔尼沙布蕾麵糊

按照 P.52 的步驟,使用本食譜的材料與份量,製作不列塔尼沙布蕾麵糊。烤盤鋪上烘焙紙,放上長寬各為 20 公分、高 4 公分的無底方形框模。用刮刀或攪拌匙在無底方形框模中鋪上一層沙布蕾麵糊。烘烤 30 分鐘,烤熟後靜置冷卻再脫模。

03.

04.

組裝與完成

在沙布蕾餅中央鋪上焦
糖奶油醬，用抹刀抹平
表面。沿著蛋糕邊緣撒
上大量開心果粉。

05.

草莓去除蒂頭，橫切成兩半：圓胖的下半部和
尖尖的上半部，然後交替擺放在沙布蕾餅上。
最後在草莓表面撒上切碎的開心果、薄荷葉和
柳橙皮碎。

皮耶·馬可里尼

這款甜塔的創作靈感來自童年回憶，
在慶生會或尋常的家族晚餐大啖
這種甜點是我們家的習慣。
這讓我自然而然想利用這些甜蜜的美食回憶，
製作出我的巧克力塔版本。

巧克力塔，2007

6人份

製作時間：30分鐘
烹調時間：30分鐘

甜點師技法

打到發白〔P.616〕、結晶〔P.617〕、隔水加熱〔P.616〕、低溫慢煮〔P.618〕、過篩〔P.619〕、刨磨皮茸〔P.619〕。

用具

直徑 16 公分的中空圈模〔P.620〕、裝有 8 號圓形花嘴的擠花袋〔P.622〕、攪拌機〔P.622〕、溫度計〔P.623〕。

可可開心果綠檸檬不列塔尼沙布蕾麵糊

* 280 克 …… 奶油
* 90 克 …… 細砂糖
* 半顆 …… 蛋黃（10 克）
* 280 克 …… 麵粉
* 15 克 …… 可可粉
* 2 克 …… 發粉
* 100 克 …… 切碎開心果
* 2 顆 …… 綠檸檬皮碎
* 4 克 …… 鹽之花

軟心內餡

* 70 克 …… 奶油
* 70 克 …… 甜點用黑巧克力
* 2 顆 …… 蛋（100 克）
* 6 顆 …… 蛋黃（120 克）
* 70 克 …… 杏仁粉
* 4 顆 …… 蛋白（120 克）
* 130 克 …… 細砂糖
* 20 克 …… 可可粉

軟焦糖

* 300 克 …… 翻糖
* 200 克 …… 葡萄糖
* 200 克 …… 甜點用
  牛奶巧克力

黑巧克力圓片

* 300 克 …… 甜點用黑巧克力

01.

可可開心果綠檸檬
不列塔尼沙布蕾麵糊

烤箱預熱到 180℃（刻度 6）。攪拌機裝上葉片，奶油和糖放入攪拌缸打成沙狀。加入半顆蛋黃，攪拌均勻。取另一個容器，過篩麵粉、可可粉和發粉。分批將麵粉、可可粉、發粉混合物倒入攪拌機，最後加進檸檬皮碎、開心果和鹽。使用裝有 8 號圓形花嘴的擠花袋，在直徑 16 公分的中空圈模中擠入 1 公分高的麵糊。放入烤箱 15 分鐘，烤好後不要脫模。

02.

軟心內餡

烤箱降溫到 170℃（刻度 6）。隔水加熱融化奶油和巧克力。等待融化期間將蛋液、蛋黃和杏仁粉打到發白，加到巧克力中。蛋白加糖打到硬性發泡，輕巧拌入上述混合物。最後加進可可粉。

使用裝有圓形花嘴的擠花袋，在沙布蕾餅底表面擠滿 1 公分高的軟心內餡。放入烤箱烘烤 10 分鐘，烤好後脫模。

03.

軟焦糖

加熱翻糖、葡萄糖和巧克力。在溫度達到 120℃後停止加熱焦糖。用湯匙沾上焦糖，在烘焙紙上畫出線條。放旁備用。

04.

黑巧克力圓片

讓黑巧克力在 30℃下結晶，攤鋪在烘焙紙上。開始硬化後用模具切出一個圓片，讓它繼續結晶。蛋糕移到盤面，放上黑巧克力圓片。取幾條焦糖絲裝飾。

05.

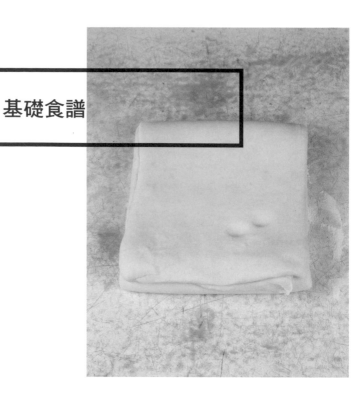

基礎食譜

製作時間：30分鐘
靜置時間：6小時

- ◆ 125 克 +250 克 …… 奶油
- ◆ 500 克 …… 麵粉
- ◆ 12 克 …… 鹽
- ◆ 220 克 …… 全脂鮮奶或水

千層派皮

特色
細緻輕盈，帶有酥鬆空氣感的塔皮，藉由一連串折疊製造出千層效果。

用途
千層派、清爽的塔派。

甜點師技法
擀麵〔P.616〕、折疊〔P.619〕。

用具
攪拌機〔P.622〕、擀麵棍〔P.622〕。

應用食譜
千層派式檸檬塔〔P.66〕
千層酥條蘸馬達加斯加香草卡士達、果香焦糖醬，**克里斯多福・亞當**〔P.396〕
聖多諾黑泡芙塔〔P.441〕

01.

攪拌機裝上攪拌勾。125 克奶油切成小塊放入攪拌缸，依序加進麵粉和鹽，低速攪拌。接著加入牛奶，仔細拌勻到麵團吃進去，繼續揉製直到質地均勻。麵團塑形成圓球狀，用保鮮膜包好，放入冰箱冷藏鬆弛 2 小時。

麵團用擀麵棍擀成 1 公分厚的方塊。取 250 克奶油放在兩張烘焙紙之間，擀成方形，移到方形麵團中央。

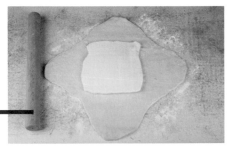

02.

04.

包了奶油的方形麵皮擀成長寬比 3:1 的長方形，然後折成三折。

03.

麵皮四角往內折包覆奶油，形狀如同信封。

麵皮折痕朝向自己，再度擀成長度為寬度三倍的長方形，如此即完成第一個雙折。麵團放入冰箱鬆弛 2 小時。重複上述步驟，再做 2 次雙折，每完成一次雙折都要冷藏鬆弛 2 小時。總共要做 6 次。

05.

這是一款以千層派思維製作的檸檬塔，交替疊放檸檬凝乳醬和千層派皮，再於頂端放上一塊酥脆的長方形蛋白霜餅，共同譜成一品美味絕倫的甜點。

8人份

製作時間：30分鐘
烹調時間：1小時30分鐘

甜點師技法

擀麵〔P.616〕、撒粉〔P.618〕、打發〔P.618〕、擠花〔P.618〕、蛋白打到硬性發泡〔P.619〕、過篩〔P.619〕。

用具

刮刀〔P.621〕、裝有8號圓形花嘴的擠花袋〔P.622〕、攪拌機〔P.622〕、擀麵棍〔P.622〕、抹刀〔P.623〕、Silpat® 矽膠烤墊〔P.623〕。

千層派式檸檬塔

蛋白霜長方餅

◆ 2個 …… 蛋白（60克）
◆ 60克 …… 細砂糖
◆ 60克 …… 糖粉

長方形千層酥

◆ 6克 …… 鹽
◆ 150克 …… 冷水
◆ 300克 …… 麵粉 + 100克工作檯撒粉用
◆ 225克 …… 奶油

組裝與完成

◆ 800克 …… 檸檬凝乳（參閱 P.490）

要讓千層派皮更酥脆，可在烤好後用濃稠的糖漿塗在千層派皮表面，或是撒上糖粉。

蛋白霜長方餅

烤箱預熱到 120℃（刻度 4）。攪拌機裝上打蛋器，蛋白和 20 克細砂糖放入攪拌缸中低速打發，打成雪花狀後再加入 20 克細砂糖，期間持續攪拌。打到足夠緊實後，加入剩下的細砂糖，將蛋白霜快速攪打到硬性發泡。用刮刀將過篩的糖粉輕輕拌入打發的蛋白霜內。拿一張薄紙板，切出 6×12 公分的長方形鏤空模板，放在 Silpat® 矽膠烤墊上，用抹刀在鏤空處鋪抹蛋白霜。小心拿起模板，重複上述動作，直到做出 8 個長方形。以 120℃（刻度 4）烘烤 10 分鐘，降溫到 100℃（刻度 3-4）再烤 1 小時。放置在不潮濕處。

01.

02.

長方形千層酥

按照 P.64 的步驟，使用本食譜的材料和份量，製作千層派皮。烤箱預熱到 170℃（刻度 6）。在撒了大量麵粉的工作檯面，用擀麵棍將千層派皮盡量擀薄（約 2 公釐厚）。用叉子在酥皮上到處戳洞，放到鋪了烘焙紙的烤盤上，蓋上另一張烘焙紙，壓上另一個烤盤，放入烤箱。千層派皮壓在兩個烤盤之間烘烤 20 到 30 分鐘，隨時檢查烘烤程度。派皮取出烤箱後先放涼，再切成 16 個 6×12 公分的長方形。

組裝與完成

按照 P.490 的步驟製作檸檬凝乳，冷藏到足夠冰涼後放入裝有 8 號圓形花嘴的擠花袋，在每片長方形千層酥表面擠上圓球或長條狀的檸檬凝乳。

04.

03.

取上述步驟中的檸檬凝乳千層派，兩兩組裝起來，酥皮面疊放在檸檬凝乳表面。品嘗前在每個千層派上放一片蛋白霜餅。

基礎食譜

製作時間：30分鐘
靜置時間：8小時

- 490 克 …… 奶油
- 500 克 …… T45 麵粉（即低筋麵粉）
- 150 克 …… 礦泉水
- 17.5 克 …… 鹽之花
- 2.5 克 …… 白醋

反轉千層派皮
皮耶 · 艾曼

特色
以反折派皮的方式製作千層派皮，用奶油麵團包覆以得到更酥脆的口感。

用途
如同千層派皮，用於製作千層派和清爽的塔派。

變化
克萊兒 · 艾茲勒的反轉千層派皮〔P.70〕、皮耶 · 艾曼的反轉千層派皮〔P.74〕、皮耶 · 艾曼的番茄千層派皮〔P.80〕、菲利普 · 康帝辛尼的反轉千層派皮〔P. 84〕。

甜點師技法
擀麵〔P.616〕、折疊〔P.619〕。

用具
擀麵棍〔P.622〕。

應用食譜
媽媽家傳人氣白乳酪塔，**克萊兒 · 艾茲勒**〔P.70〕
兩千層派，**皮耶 · 艾曼**〔P.74〕
神來之筆（番茄／草莓／橄欖油），**皮耶 · 艾曼**〔P.80〕
韃靼蘋果塔，2009，**菲利普 · 康帝辛尼**〔P.84〕

可以把擀好的麵皮
儲存在冷藏庫。

01.

375 克奶油和150 克麵粉攪拌均勻，塑形成圓球狀後壓平，用保鮮膜包好，放入冰箱冷藏 1 小時。

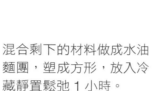

02.

混合剩下的材料做成水油麵團，塑成方形，放入冷藏靜置鬆弛 1 小時。

03.

水油麵團放在步驟 1 的奶油麵團中間。

04.

縱向擀開麵皮，兩端往中間折，然後對半折起。這是第一個雙折。放入冰箱 2 小時。重複上述動作，再放入冰箱 2 小時。

製作單折：擀開麵團，將三分之一的麵皮往內折，然後將剩下三分之一的麵皮折起，疊在第一個三等份麵皮上。使用擀麵棍擀開千層派皮，切成想要的尺寸，用叉子戳洞。放入冰箱鬆弛至少 2 小時。

05.

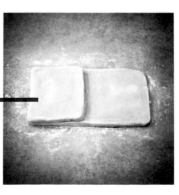

進 階 食 譜

克萊兒‧艾茲勒

我母親多明妮克在我小時候經常製作這款甜點,我愛死那些葡萄乾和杏仁了!由於她是用目測法做菜,完全不秤量,所以我第一次試做時是個大災難。之後我又做了無數次,但每次回爸媽家,烤箱裡永遠有一個等著我。光是聞到它的香味,就是幸福的保證。

媽媽家傳人氣白乳酪塔

1個10人份乳酪塔

製作時間:45分鐘
烹調時間:1小時20分鐘
靜置時間:7小時

甜點師技法

擀麵〔P.616〕、盲烤〔P.617〕、塔皮入模〔P.618〕。

用具

塔模、攪拌機〔P.622〕、擀麵棍〔P.622〕。

反轉千層派皮麵團

奶油麵糊

* 350 克 …… 奶油
* 100 克 …… T55 麵粉

水油麵團

* 200 克 …… 麵粉
* 100 克 …… 溫水
* 7 克 …… 鹽
* 25 克 …… 融化奶油

餡料

* 1 公斤 …… 乳脂含量 40% 的白乳酪
* 160 克 …… 細砂糖
* 5 顆 …… 蛋(250 克)
* 25 克 …… 玉米粉
* 50 克 …… 葡萄乾
* 30 克 …… 杏仁片

反轉千層派皮

奶油麵糊

攪拌機裝上葉片，放入切成小塊的奶油和麵粉，攪拌直到麵團均勻。取出麵團，擀成3公分厚的長方形，用保鮮膜包好，送入冰箱冷藏3小時。

01.

油水麵團（內層麵團）

攪拌機裝上葉片，攪拌缸中放入麵粉。混合溫水、鹽和融化奶油，加到麵粉中攪拌，直到獲得質地均勻的麵團。取出麵團，擀成3公分厚的長方形，用保鮮膜包好，送入冰箱冷藏3小時。

層疊

在製作前20分鐘從冰箱取出油水麵團和奶油麵糊。奶油麵糊平鋪成1公分厚的長方形。油水麵團擀成奶油麵糊三分之二大小的長方形。油水麵團放到奶油麵糊上，將三分之一的奶油麵糊折向油水麵團，再把另外一端疊放上來，使三層奶油麵糊中間夾有兩層油水麵團。麵團轉90度，折痕面向自己，擀成2公分厚的長方形。按照上述步驟折成三份，再轉90度，折痕面向自己。重複進行同樣的作業，然後放入冰箱冷藏2小時。再度進行三折兩次，記得每次都要旋轉90度，冷藏2小時。重複最後一輪的三折兩次，靜置鬆弛。烤箱預熱到170℃（刻度6）。擀薄反轉千層派皮，裝入塔模，盲烤30分鐘。

02.

餡料

盲烤期間，攪拌白乳酪、細砂糖、蛋、
玉米粉和葡萄乾。

03.

完成塔殼盲烤後，烤箱降溫
至 160℃（刻度 5-6）。倒
入步驟 2 的混合物，撒上
杏仁片，放入烤箱烘烤 50
分鐘。烤好後脫模，移到涼
架上放涼，如此可讓千層派
皮保持酥脆。

皮耶・艾曼

這款帕林內夾心千層派融合高潮迭起的酥脆與柔滑口感，帕林內的千層質地來自細緻的不列塔尼法式薄餅捲碎片。

兩千層派

1個6-8人份的甜點

製作時間：2小時
烹調時間：1小時
靜置時間：8小時

甜點師技法

擀麵〔P.616〕、粗略弄碎〔P.616〕、隔水加熱〔P.616〕、溶化〔P.617〕、材料表面覆蓋上保鮮膜〔P.617〕、打到鬆發〔P.618〕、打到柔滑均勻〔P.618〕、低溫慢煮〔P.618〕、過篩〔P. 619〕。

用具

電動攪拌器〔P.620〕、17×17公分的無底方形框模〔P.620〕、錐形超細篩濾網〔P.620〕、打蛋盆〔P.620〕、彎柄抹刀〔P.622〕、擠花袋〔P.622〕、攪拌機〔P.622〕、擀麵棍〔P.622〕、Silpat® 矽膠烤墊〔P.623〕。

焙烤去皮杏仁和榛果

◆ 70 克 …… 整顆杏仁
◆ 20 克 …… 皮埃蒙整粒榛果

焦糖杏仁

◆ 250 克 …… 細砂糖
◆ 75 克 …… 礦泉水

榛果千層帕林內

◆ 50 克 …… 榛果帕林內 60/40
◆ 50 克 …… 純榛果醬
　（榛果泥）
◆ 20 克 …… 可可含量 40% 的
　Jivara 巧克力
◆ 10 克 …… 奶油
◆ 50 克 …… Gavottes® 法式
　薄餅捲碎片
◆ 20 克 …… 壓碎的烤榛果

焦糖反轉千層派皮

◆ 1 片 …… 反轉千層派皮
　（參閱 P.68）
◆ 80 克 …… 細砂糖
◆ 50 克 …… 糖粉

卡士達醬

- 500 克 ⋯⋯ 全脂牛奶
- 5 克 ⋯⋯ 香草莢
- 150 克 ⋯⋯ 細砂糖
- 15 克 ⋯⋯ 麵粉
- 45 克 ⋯⋯ Maïzena® 玉米粉
- 60 克 ⋯⋯ 奶油
- 7 顆 ⋯⋯ 蛋黃（140 克）

義式蛋白霜

- 4 顆 ⋯⋯ 蛋白（125 克）
- 250 克 ⋯⋯ 細砂糖
- 75 克 ⋯⋯ 礦泉水

英式蛋奶醬

- 180 克 ⋯⋯ 新鮮全脂牛奶
- 7 顆 ⋯⋯ 蛋黃（140 克）
- 80 克 ⋯⋯ 細砂糖

奶油霜餡

- 175 克 ⋯⋯ 英式蛋奶醬
- 375 克 ⋯⋯ 室溫奶油
- 175 克 ⋯⋯ 義式蛋白霜

帕林內奶油霜餡

- 250 克 ⋯⋯ 奶油霜餡
- 50 克 ⋯⋯ 榛果帕林內 60/40
- 40 克 ⋯⋯ Fugar 純榛果醬

帕林內慕絲林奶油餡

- 60 克 ⋯⋯ 卡士達醬
- 340 克 ⋯⋯ 帕林內奶油霜餡
- 70 克 ⋯⋯ 打發鮮奶油

焙烤去皮杏仁和榛果

杏仁鋪在烤盤上，放入 160℃（刻度 5-6）的烤箱 20 分鐘。放旁備用。對榛果進行相同作業，然後壓碎。水和糖煮到 118℃，倒在杏仁上，一起放回爐火加熱直到焦糖化。烤盤鋪上 Silpat® 矽膠烤墊，倒入焦糖杏仁，一邊攪拌再分開，以便冷卻。放入保鮮盒保存。

01.

榛果千層帕林內

以 45℃隔水加熱融化奶油和巧克力。混合榛果帕林內、榛果醬、巧克力和奶油，加入 Gavottes® 法式薄餅捲碎片和壓碎的烤榛果。取 200 克榛果千層帕林內鋪入 17×17 公分的無底方形框模中，用彎柄抹刀抹平表面，放入冷凍庫。

焦糖反轉千層派皮

依照 P.68 的步驟製作反轉千層派皮，用擀麵棍擀開，切成適合 60×40 公分烤盤的大小，用叉子在表面戳洞。烤盤鋪上烘焙紙，放上派皮，送入冰箱冷藏：派皮必須至少鬆弛 2 小時，在烤箱烘焙時才能完全膨脹，不會倒縮。烤箱預熱到 230℃（刻度 8）。派皮撒上細砂糖，放入烤箱，降溫到 190℃（刻度 6-7），先烘烤 10 分鐘後，在派皮表面壓上一個烤架，繼續烤 8 分鐘。從烤箱取出派皮，移除烤架，倒扣在烘焙紙上。拿掉烘焙紙，在派皮表面均勻撒上糖粉，重新放入 250℃（刻度 8）的烤箱，再烤幾分鐘後即可。

02.

03.

卡士達醬

香草莢和 125 克牛奶一起加熱，煮沸後讓香草莢繼續泡在牛奶中 20 分鐘。倒入錐形濾網過濾。加進剩下的牛奶和 50 克細砂糖，再度煮到沸騰。

麵粉和 Maïzena® 玉米粉過篩。加入蛋黃和剩下的糖。以牛奶稀釋後一起煮沸，一邊攪拌一邊加熱五分鐘，然後倒入沙拉碗冷卻。

先加入半份奶油，攪拌均勻後再加進另一半奶油。裝入保鮮盒，並在卡士達醬表面覆蓋上保鮮膜。

英式蛋奶醬

使用本食譜的材料和份量，按照 P.372 的步驟製作英式蛋奶醬。攪拌機裝上打蛋器，高速攪打蛋奶醬直到冷卻。

義式蛋白霜

使用本食譜的份量，按照 P.114 的步驟製作義式蛋白霜。

04.

05.

奶油霜餡

奶油用攪拌器打到鬆發。加入英式蛋奶醬,然後手動混拌到 175 克的義式蛋白霜中。立刻使用。

帕林內奶油霜餡

250 克奶油霜餡用攪拌器打到鬆發,拌入帕林內和榛果醬。

06.

07.

帕林內慕絲林奶油餡

卡士達醬放入打蛋盆，用打蛋器攪拌至柔滑
均勻。取 340 克帕林內奶油霜餡用攪拌器
打到鬆發，加入卡士達醬，然後手動拌入打
發鮮奶油。立刻使用。

組裝

切下三片 17×17 公分的正方形焦糖千層派皮。

在烤盤上放置一片焦糖正方酥皮，散發光澤的焦
糖面向上。使用丟棄式擠花袋，不加花嘴，在派
皮表面擠上 100 克帕林內慕絲林奶油餡，放上
一片仍然冷凍的千層帕林內，再度擠上 100 克
帕林內慕絲林奶油餡。放上另一片焦糖千層派
皮，用擠花袋在表面均勻擠上 250 克慕絲林奶
油餡，放上最後一片焦
糖千層派皮。在千層派
四角撒上糖粉，點綴幾
顆焦糖烤杏仁。

08.

進 階 食 譜

皮耶・艾曼

「與人分享的感動。」這個作品結合橄欖油馬斯卡彭乳酪餡的柔滑和切片黑橄欖乾的濃縮美味，激盪出難以言喻的極致感受……但更適合眾人一起分著吃！千層派皮經過高溫烘烤變得酥脆可口，番茄的風味則帶來餘韻不絕的顛覆震撼。

神來之筆（番茄/草莓/橄欖油）

6-8人份
製作時間：1 小時 30 分鐘
烹調時間：30 分鐘
靜置時間：8 小時

甜點師技法
擀麵〔P.616〕、去皮〔P.618〕。

用具
刮 刀〔P.621〕、 彎 柄 抹 刀〔P.622〕、直徑 19 公分的容器、食 物 調 理 機〔P.621〕、30×40 公分 Silpat® 矽膠烤墊〔P.623〕。

黑橄欖乾
* 40 克 …… 無香料希臘去核黑橄欖

番茄千層派皮
* 490 克 …… 奶油
* 60 克 …… 番茄粉（Oliviers & Co.）
* 425 克 …… T55 麵粉
* 18 克 …… 鹽之花
* 150 克 …… 礦泉水
* 2.5 克 …… 白醋

番茄千層酥條
* 足夠的細砂糖

喬孔達杏仁海綿蛋糕

- 4 顆 …… 蛋（200 克）
- 150 克 …… 杏仁粉
- 120 克 …… 糖粉
- 40 克 …… T55 麵粉
- 30 克 …… 奶油
- 4 顆 …… 蛋白（130 克）
- 20 克 …… 細砂糖

番茄草莓糊

- 850 克 …… 番茄
- 150 克 …… 新鮮草莓泥
- 150 克 …… 細砂糖
- 100 克 …… 檸檬汁
- 12.5 片 …… 金級吉利丁
  （膠強度 200，25 克）

橄欖油香草馬斯卡彭乳酪餡

- 50 克 …… 乳脂含量
  32-34% 的液態鮮奶油
- 60 克 …… 細砂糖
- 1.5 根 …… 香草莢
- 1.5 片 …… 金級吉利丁
  （膠強度 200，3 克）
- 175 克 …… Ravida 橄欖油
  （Oliviers & Co.）
- 250 克 …… 馬斯卡彭乳酪

黑橄欖乾

前一夜,橄欖切半放入 90℃(刻度 3)烤箱烘乾 12 小時。製作當天,小心切碎橄欖乾,放入保鮮盒保存。

01.

番茄千層派皮

按照 P.68 的步驟製作反轉千層派皮,但在奶油麵糊部分使用 350 克奶油、75 克麵粉和番茄粉。攪拌其餘材料,做成油水麵團。擀開千層派皮。稍微沾濕派皮兩面,沾裹細砂糖,放入冰箱。然後用刀子切成數個 8×2 公分的長條,放置陰涼處鬆弛 3 到 4 小時。烤盤鋪上烘焙紙,放上長條派皮,以 170℃(刻度 6)烘烤 12 到 15 分鐘。

02.

喬孔達杏仁海綿蛋糕

按照 P.208 的步驟製作喬孔達杏仁海綿蛋糕。

取 530 克杏仁蛋糕麵糊,用彎柄抹刀鋪抹在 30×40 公分的 Silpat® 矽膠烤墊上,放入旋風式烤箱以 230℃(刻度 8)烘烤 5 分鐘。蛋糕倒扣在烘焙紙上,取下矽膠烤墊,放涼備用。烘烤時留意不要過度上色。

03.

番茄草莓糊

吉利丁片浸冷水至少 20 分鐘。番茄放入滾水中川燙 1 分鐘,去皮,壓成泥。取四分之一番茄泥稍微加熱到 45℃,用來溶解擠乾水分的吉利丁。拌入剩下的番茄泥和草莓泥、糖與檸檬汁,快速攪拌。取 250 克果泥糊倒入直徑 19 公分的容器。

04.

橄欖油香草馬斯卡彭乳酪餡

吉利丁浸冷水 20 分鐘。鮮奶油、糖、縱切香草莢和取出的香草籽一起煮沸，讓香草莢繼續浸泡 20 分鐘再取出。吉利丁擠乾水分，加入仍有餘溫的鮮奶油拌勻。倒入食物調理機，一邊攪拌一邊以細線狀倒入橄欖油，直到質地接近美乃滋。加進馬斯卡彭乳酪，繼續攪打。最後放入橄欖，以刮刀輕柔攪拌。

組合

在番茄草莓糊上放一片圓形杏仁蛋糕體，冷涼後鋪上 200 克橄欖油馬斯卡彭乳酪餡和黑橄欖乾。表面擺滿番茄千層酥條，再度鋪上 200 克橄欖油馬斯卡彭乳酪餡和黑橄欖乾。放入冰箱冷藏至少 1 小時。裝飾切半的櫻桃番茄和切半草莓。最後點綴 6 塊番茄千層酥條。

05.

菲利普·康帝辛尼

韃靼蘋果塔的組成元素是奶油、糖、蘋果和很多果膠。這些原料在烘烤過程中將整顆蘋果燉煮到香熟軟透，引出韃靼塔獨特的風味。我可以不用爐火，僅用烤箱就做出這款蘋果塔。祕訣是將蘋果切得極薄，並用奶油和糖做成的煮汁建構出漬煮美味。接著我將煮汁直接淋到蘋果上，讓蘋果在烘烤前就先吸飽煮汁。

韃靼蘋果塔，2009

6～7人份

製作時間：30分鐘
烹調時間：1小時30分鐘
靜置時間：1夜+40分鐘

甜點師技法

擀麵〔P.616〕、薄切〔P.617〕、去芯〔P.617〕、澆淋〔P.618〕。

用具

刨片器〔P.621〕、手持式電動攪拌棒〔P.621〕、18×10×5公分的防沾蛋糕模〔P.622〕、大平面抹刀〔P.622〕、攪拌機〔P.622〕、擀麵棍〔P.622〕。

---

* 6 顆 ⋯⋯ 金黃蘋果

反轉千層派皮

油水麵團

* 400 克 ⋯⋯ 麵粉
* 1 小匙 ⋯⋯ 隆起的鹽
* 250 克 ⋯⋯ 液態鮮奶油
* 1 大匙 ⋯⋯ 水

焦糖

* 80 克 ⋯⋯ 細砂糖
* 2 大匙 ⋯⋯ 水

韃靼煮汁

* 25 克 ⋯⋯ 水
* 1 大匙 ⋯⋯ 檸檬汁
* 25 克 ⋯⋯ 奶油
* 25 克 ⋯⋯ 細砂糖
* 1 根 ⋯⋯ 香草莢
* 2 撮 ⋯⋯ 鹽之花

鹽之花榛果奶酥

* 50 克 ⋯⋯ 半鹽奶油
* 50 克 ⋯⋯ 黃蔗糖
* 65 克 ⋯⋯ 榛果粉
* 50 克 ⋯⋯ T45 麵粉
* 2 撮 ⋯⋯ 鹽之花
* 糖粉

千層派皮與焦糖

前一夜先按照 P.68 的步驟，使用本食譜的材料和份量，製作反轉千層派皮。水中加糖煮成焦糖，立刻倒入長 18 公分、寬 10 公分、高 5 公分的長方形防沾蛋糕模，向每個方向微微傾斜轉動，好讓焦糖完全覆蓋模型底部。

讓千層派皮焦糖化十分重要，
除了帶來美味之外，
這層融化糖衣還可以保護
千層派皮不被蘋果浸得濕軟，
盡可能保持酥脆度。

韃靼煮汁

在單柄鍋中加熱水、檸檬汁、奶油、糖、香草籽和鹽之花。用手持式電動攪拌棒攪打所有材料。

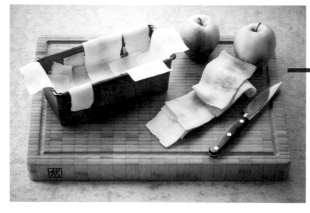

奶油、糖、果膠
需要長時間才能凝結和醇化，
形成一層膠衣，創造出韃靼專有的釉面，
無比光滑且香氣誘人。

韃靼蘋果

烤箱預熱到 170℃（刻度 6）。蘋果削皮去芯，用刨片器刨成 2 公分厚的長方薄片。取 500 克蘋果薄片鋪入烤模，重疊鋪放直到鋪滿為止。

淋上韃靼煮汁，確實讓汁液滲到最底層，裹覆每一層蘋果。放入烤箱烘烤韃靼蘋果50分鐘。取出烤箱後在室溫中稍微放涼。拿一個烤模大小的小木塊壓在蘋果上（就像烹煮鵝肝醬後的壓實作業）。放涼後為壓實的韃靼蘋果蓋上保鮮膜，放入冰箱冷藏過夜。

05.

鹽之花榛果奶酥，反轉千層派皮

製作當天，所有材料放入攪拌機，攪打成奶酥狀。擀開 200 克千層派皮，切出 1 個 25×35 公分，厚約 0.5 公分的長方形，放到鋪了烘焙紙的烤盤上，送入冰箱 30 分鐘。烤箱預熱到 170℃（刻度 6）。千層派皮上覆蓋一張烘焙紙，放上一個烤架，送入烤箱烘焙 17 到 18 分鐘。在室溫下稍微放涼，然後撒上糖粉。再度放入 240℃（刻度 8）的烤箱烘焙 1 到 2 分鐘，使黃蔗糖焦糖化。

04.

冷凍剩下的千層派皮供下次使用。
層層疊疊的蘋果片創造出
從淺棕到琥珀褐的美麗漸層色。
切得極薄的蘋果實現無可比擬的溶融口感。
可以冷食或溫食，但絕對不可以熱食，
以免破壞這款韃靼蘋果塔的細緻美味。

完成

趁著千層派皮還熱，用鋸齒刀切出 2 個 12×20 公分的長方形。裝了韃靼蘋果的模具先放入冷凍庫 40 分鐘固定成形，然後送入 150℃（刻度 5）的烤箱稍微加熱 5 到 6 分鐘。取一個盤子覆蓋在烤模上，倒扣烤模讓韃靼蘋果脫模。用大平面抹刀鏟起蘋果，移到或滑送到焦糖千層派皮上，千層派皮的四邊會比韃靼蘋果略長。沿著蘋果的兩個長邊撒上榛果奶酥。

06.

基礎食譜

製作時間：30分鐘
靜置時間：4小時

- 500 克 …… T45 麵粉
- 50 克 …… 細砂糖
- 10 克 …… 鹽
- 120 克 …… 軟化奶油
- +250 克 …… 硬奶油塊（折疊用奶油）
- 1 包（6 克）…… Francine® 速發酵母粉
- 250 毫升 …… 冷牛奶

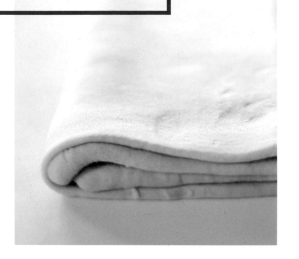

發酵千層派皮

特色
混合發酵麵團和千層派皮麵團，創造輕盈酥脆的口感。

用途
可頌、巧克力可頌、葡萄乾可頌。

甜點師技法
擀麵〔P.616〕、
撒粉〔P.618〕、
揉麵〔P.618〕。

用具
攪拌機〔P.622〕、擀麵棍〔P.622〕。

應用食譜
巧克力可頌〔P.90〕
可頌〔P.92〕

01.

攪拌機裝上揉麵鉤，攪拌缸放入麵粉、糖、鹽、軟化奶油霜和酵母粉。開始揉麵，分批加入牛奶，持續揉製至少 5 分鐘。

02.

麵團會變得光滑，不再沾黏攪拌缸並形成圓球狀。用保鮮膜包好，放入冰箱冷藏 1 小時。

工作檯面撒上適量麵粉，擀開麵團成 60×30 公分的長方形麵皮。

03.

04.

折疊用奶油放在兩張烘焙紙之間，捶扁成每邊 25 公分的正方形。奶油放在半邊麵皮上，再以另外半邊麵皮蓋在奶油上方，形成每邊 30 公分的正方形。按壓兩塊麵皮的邊緣讓麵皮接合，避免奶油跑出。麵皮轉 90 度（之後都以同方向操作），擀成 30×60 公分，厚 6 公釐的長方形。

05.

麵皮兩端折到長方形中央，然後再次對折，得到四層麵團，這是第一次。用保鮮膜包覆麵團，放入冰箱鬆弛 1 小時。

06.

麵團放到工作檯上，折痕朝右，再度擀成 6 公釐厚的長方形。麵皮折成三折，形成三層結構，這是第二次。用保鮮膜包覆麵團，放入冰箱鬆弛 1 小時。重複上述步驟，做出第三輪，再度放入冰箱鬆弛 1 小時即可使用。

入門食譜

20個巧克力可頌

製作時間：45分鐘
靜置時間：6～7小時
烹調時間：12分鐘

甜點師技法
擀麵〔P.616〕。

用具
甜點刷〔P.622〕、擀麵棍
〔P.622〕。

巧克力可頌

- ◆ 1 個 …… 發酵千層派皮麵團
  （參閱 P.88）
- ◆ 20 根 …… 黑巧克力條
- ◆ 2 顆 …… 蛋黃（40 克）
- ◆ 2 大匙 …… 水（供表面上色
  用）

01.

按照 P.88 的步驟製作發酵千層派皮麵團，擀成一塊 4 公釐厚大正方形麵皮。用銳利的長刀切出寬 12 公分的長條，再將每個長條切成每邊 12 公分的正方形。

02.

在每片正方形麵皮上放置巧克力棒，然後捲起，注意不要捲得太緊。用刷子沾水塗抹麵皮邊緣以便黏合。

03.

烤盤鋪上烘焙紙，放上巧克力可頌，置於溫暖處（如靠近烤箱或暖氣的地方）發酵 2 到 3 小時。麵包的體積應該變成兩倍。

04.

烤箱開啟旋風模式，預熱到 180℃（刻度 6）。取一個碗，打散蛋黃和 2 大匙水，用刷子刷在巧克力可頌表面以烤出金黃色澤。送入烤箱烘烤 12 分鐘，隨時注意不要過度上色。

入門食譜

25個可頌

製作時間：30分鐘
烹調時間：15～20分鐘
靜置時間：2小時

甜點師技法
擀麵〔P.616〕。

用具
甜點刷〔P.622〕、擀麵棍
〔P.622〕。

可 頌

◆ 一個發酵千層派皮麵團（參閱 P.88）
◆ 2 顆 …… 蛋黃（40 克）
◆ 2 大匙 …… 水（供表面上色用）

01.

按照 P.88 的步驟製作發酵千層派皮麵團。製作可頌前 30 分鐘從冰箱取出麵團。用擀麵棍擀薄成一塊長方形大麵皮，分成 15 到 20 公分的長條，每個長條切出數個三角形。在三角形麵皮底部中央切出 1 公分的小割痕，稍微拉開，然後捲成可頌，不要捲得太緊。

02.

烤盤鋪上烘焙紙，放上可頌，置於無風的溫暖處發酵 1 小時 30 分鐘到 2 小時。可頌的體積應該變大一倍。

03.

烤箱預熱到 210℃（刻度 7）。取一個碗，打散蛋黃和 2 大匙水，用刷子刷在可頌表面以烤出金黃色澤。送入烤箱烘烤 15 到 20 分鐘，隨時注意上色程度。

基礎食譜

20個小蛋白霜餅

製作時間：15分鐘
烹調時間：1小時

◆ 3 顆 …… 非常冰涼的蛋白
◆ 2 倍蛋白重的細砂糖

法式蛋白霜

特色

混合蛋白和糖，打發成光亮美麗的白色霜體。法式蛋白霜餅可以單獨品嘗，也可以用於製作其他食譜。

用途

蛋白霜餅小點、達克瓦茲杏花酥的基底。

變化

克里斯多福 · 米夏拉的蛋白霜餅〔P.98〕、尚 - 保羅 · 艾凡的法式蛋白霜餅〔P.102〕、皮耶 · 馬可里尼的巧克力蛋白霜餅〔P.106〕、克里斯多福 · 米夏拉的法式蛋白霜餅〔P.110〕。

用具

攪拌機〔P.622〕。

應用食譜

無麩質檸檬塔〔P.10〕
箭葉橙雪花蛋白餅〔P.54〕
千層派式檸檬塔〔P.66〕
礁島萊姆派〔P.96〕
絕妙索麗葉無花果，**克里斯多福 · 米夏拉**〔P.98〕
富士山，**尚 - 保羅 · 艾凡**〔P.102〕
協和樹幹蛋糕，2010，**皮耶 · 馬可里尼**〔P.106〕
覆盆子荔枝綠檸檬**帕芙洛瓦，克里斯多福 · 米夏拉**〔P.110〕
法式蛋白霜馬卡龍〔P.120〕
達克瓦茲杏花酥，**皮耶 · 艾曼**〔P.164〕
手指餅乾〔P.192〕
絕世驚喜，**皮耶 · 艾曼**〔P.404〕
黃袍加身柑橘泡芙，**克里斯多福 · 米夏拉**〔P.498〕

烤箱開啟旋風模式，預熱到 100℃（刻度 3-4）。攪拌機裝上打蛋器，高速攪打攪拌缸中的蛋白。

01.

接近打到緊實的時候分批撒入細砂糖，同時持續攪拌。蛋白霜必須變得非常緊實光亮。

02.

用擠花袋或一根小湯匙，在鋪了烘焙紙的烤盤擠上一球球蛋白霜。如果想要烤出外酥內軟的蛋白霜餅，請烘烤 1 小時。如果偏好非常酥脆的口感，請延長烘烤時間。

03.

8人份

製作時間：20分鐘
烹調時間：25～35分鐘
靜置時間：3小時20分

甜點師技法

擠花〔P.618〕、蛋白打到硬性發泡〔P.619〕、鋪底〔P.619〕、刨磨皮茸〔P.619〕。

用具

直徑 24 公分的甜點用中空圈模〔P.620〕、刮刀〔P.621〕、食物調理機〔P.621〕、擠花袋〔P.622〕、Microplane® 刨刀〔P.621〕、攪拌機〔P.622〕。

礁島萊姆派

塔底

* 125 克 …… 奶油 +25 克塗模用
* 250 克 …… Petit Beurre® 奶油酥餅

綠檸檬蛋奶餡

* 400 克 …… 全脂甜味煉乳
* 2 顆 …… 蛋（100 克）
* 125 克 …… 綠檸檬汁
* 1 顆 …… 綠檸檬皮碎

法式蛋白霜餅

* 3 顆 …… 蛋白（90 克）
* 150 克 …… 細砂糖

這款道地的美國塔派以其發源地：佛羅里達礁島群命名，結合綠檸檬與奶油酥餅，跟起司蛋糕十分類似，但多了些許酸香。

塔底

奶油放入微波爐稍微融化，冷卻備用。Petit Beurre® 奶油酥餅放入攪拌缸攪打成極細的粉末。用刮刀在餅乾粉末中拌入軟化奶油，直到獲得均勻的餅糊。烤盤鋪上烘焙紙或 Silpat® 矽膠烤墊，放上已事先塗抹奶油的直徑 24 公分中空圈模。在圈模內部鋪上餅糊，盡量鋪平。放入冰箱 20 分鐘以固定成形。

01.

02.

03.

綠檸檬蛋奶餡

烤箱預熱到 170℃（刻度 6）。煉乳、蛋和綠檸檬汁放入沙拉碗，加進以 Microplane® 刨刀刨下的細碎檸檬皮碎，用打蛋器將所有材料攪拌均勻。

在鋪了餅底的中空圈模中倒入蛋奶餡。送進烤箱烘烤 20 到 30 分鐘，直到蛋奶餡凝固。取出塔派，放在室溫下降溫，然後冷藏至少 3 小時。小心取走中空圈模。

04.

法式蛋白霜

以燒烤模式預熱烤箱。攪拌器裝上打蛋器，蛋白和 30 克細砂糖放入攪拌缸中低速打發。等到蛋白開始呈慕斯狀，一邊攪打，一邊分批加入 60 克細砂糖。蛋白打到非常緊實之後，撒入剩下的糖，繼續高速攪打直到硬性發泡。放入擠花袋，在塔的整個表面擠滿蛋白霜花。放入烤箱，讓蛋白霜在燒烤模式下烘烤 5 分鐘以烤出焦糖。

進 階 食 譜

克里斯多福・米夏拉

> 無花果是一種無與倫比的食材,由於產季短,很少運用在甜點中。我喜歡用蛋白霜餅的概念搭配勝利香堤伊,讓無花果的風味全面昇華。

絕妙索麗葉無花果

15個

製作時間:1小時
烹調時間:3小時30分鐘
靜置時間:1夜

甜點師技法

鋪覆〔P.616〕、煮成糊狀〔P.616〕、薄切〔P.617〕、打到柔滑均勻〔P.618〕、擠花〔P.618〕、蛋白打到硬性發泡〔P.619〕。

用具

電動攪拌器〔P.620〕、錐形超細篩濾網〔P.620〕、刮刀〔P.621〕、手持式電動攪拌棒〔P.621〕、15 連直徑 6 公分半圓凹槽 Flexipan® 模具、直徑 4.5 公分半圓凹槽 Flexipan® 模具〔P.622〕、擠花袋〔P.622〕、抹刀〔P.623〕。

無花果葉蛋奶醬

- 900 克 ⋯⋯ 乳脂含量 30% 的 UHT 超高溫滅菌鮮奶油
- 100 克 ⋯⋯ 無花果葉
- 25 克 ⋯⋯ 黃蔗糖
- 3 顆 ⋯⋯ 蛋黃(60 克)
- 3 片 ⋯⋯ 吉利丁(6 克)
- 280 克 ⋯⋯ 馬斯卡彭乳酪
- 130 克 ⋯⋯ 卡士達醬(參閱 P.392)

蜂蜜無花果糊

- 220 克 ⋯⋯ 熟透無花果
- 20 克 ⋯⋯ 千花蜂蜜
- 5 克 ⋯⋯ 黃蔗糖
- 1 克 ⋯⋯ NH 果膠
- 半顆 ⋯⋯ 綠檸檬汁(10 克)
- 1 滴 ⋯⋯ 紅色色素

蛋白霜餅

- 4 顆 ⋯⋯ 蛋白(120 克)
- 2 克 ⋯⋯ 鹽之花
- 110 克 ⋯⋯ 細砂糖
- 110 克 ⋯⋯ 糖粉
- 5 克 ⋯⋯ 紫色色素

完成

- 糖粉
- 無花果乾

無花果葉蛋奶醬

前一夜,洗淨並切碎無花果葉。煮沸鮮奶油,加入無花果葉,裝進容器後蓋上保鮮膜,放入冰箱浸泡15分鐘。使用錐形超細篩濾網過濾,視需要再加入鮮奶油,最後的鮮奶油總重須為900克。

01.

02.

吉利丁片浸泡冷水。

取300克浸泡過無花果葉的鮮奶油放入單柄鍋,加進黃蔗糖和蛋黃,攪拌均勻後加熱至85℃。放入擰乾水分的吉利丁、馬斯卡彭乳酪和卡士達醬(按照P.392的步驟製作)。使用手持式電動攪拌棒攪打所有材料,放進冰箱靜置1夜。留下剩餘的600克鮮奶油做為澆淋用外層。

03.

蜂蜜無花果糊

洗淨無花果,切半。單柄鍋中放入千花蜂蜜,煮到變成褐色並焦糖化,加進無花果塊和色素。以中火熬煮5分鐘。混合黃蔗糖和果膠,加到蜂蜜無花果中。烹煮到沸騰後加入綠檸檬汁,倒入直徑4.5公分的半圓Flexipan®模具中,置於冷凍庫1夜。

04.

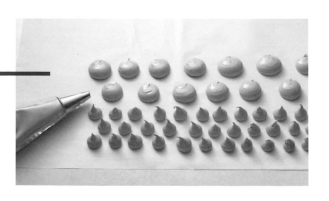

蛋白霜餅

製作當天，烤箱預熱到 80℃（刻度 2-3）。
蛋白加鹽打發成雪花狀後，加入細砂糖打到
硬性發泡。用刮刀輕柔拌入糖粉和紫色色
素。烤盤鋪上烘焙紙，擠上 15 個直徑 4 公
分的大蛋白霜球。在另一個鋪了烘焙紙的烤
盤上，用剩下的蛋白糊擠出許多直徑 1.5 公
分的水滴狀蛋白霜。放入烤箱烘烤 3 小時。

05.

完成

用攪拌器打發馬斯卡彭鮮奶
油，鋪抹在 15 連直徑 6 公分
Flexipan® 半圓凹槽模具裡。
放進 15 個蛋白霜球，抹平表
面使其與模具邊緣齊平，放入
冷凍庫 12 小時。在另外 15
連直徑 6 公分 Flexipan® 半圓
凹槽模具中擠入蛋奶餡，放上
無花果糊，以刮刀抹平表面，
冷凍 6 小時。使用蛋奶餡做
為黏著劑，將兩個半圓黏合成
一個圓球。

06.

圓球浸入 600 克帶有無花果
葉香味的鮮奶油，立放在蛋糕
紙杯中，在整個表面擺放水滴
狀蛋白霜餅，撒上糖粉，隨意
點綴幾塊無花果乾。

進 階 食 譜

尚-保羅 · 艾凡

對我而言，這款以個人風格詮釋的「蒙布朗」（法文意為：白朗峰）是登峰造極的美味，也是對日本美食文化的讚頌。

富士山

3個5人份蛋糕

製作時間：30分鐘
烹調時間：1小時30分鐘

甜點師技法

擠花〔P.618〕。

用具

漏勺〔P.621〕、裝有 4 公釐花嘴、12 公釐花嘴、3 公釐麵條狀花嘴和有圖案的花嘴〔P.622〕、麵條擠壓器或壓泥器、攪拌機〔P.622〕。

法式蛋白霜餅

- 3 顆 …… 蛋白（100 克）
- 100 克 …… 細砂糖
- 160 克 …… 糖粉
- 5 克 …… 榛果泥

香堤伊鮮奶油

- 450 克 …… 打發鮮奶油
- 20 克 …… 糖粉
- 1/3 根 …… 香草莢

栗子麵條

- 520 克 …… 栗子膏
- 120 克 …… 奶油
- 10 克 …… 純開心果膏

組裝

- 20 克 …… 純開心果膏
- 210 克 …… 栗子膏
- 栗子粉（選用）
- 糖粉

法式蛋白霜

烤箱預熱到 120℃（刻度 4）。攪拌機裝上打蛋器，在攪拌缸中放入蛋白打到雪花狀，同時分批加入細砂糖。蛋白打到緊實後停下攪拌機，撒入糖粉。一邊加入榛果泥，一邊用漏勺輕輕攪拌。在烘焙紙或 Silpat® 塑膠烤墊上，用裝了直徑 4 公釐花嘴的擠花袋擠出三個直徑 16 公分的圓餅，邊緣多擠一圈蛋白，使邊緣高度增加一倍，然後撒上糖粉。在另一張烘焙紙或 Silpat® 塑膠烤墊表面，擠出 3 個 60 克的半圓形蛋白霜球，同樣撒上糖粉。圓餅和半圓球一起放入烤箱烘焙 1 小時 30 分鐘。

01.

02.

香堤伊鮮奶油

攪拌缸中放入打發鮮奶油，打發成香堤伊（參閱 P.360）。加入糖粉和香草籽，然後輕柔攪拌。香堤伊放入裝有 12 公釐花嘴的擠花袋。

03.

栗子麵條

攪拌缸中放入栗子膏、奶油和開心果膏，攪拌直到糊料均勻，放入裝有 3 公釐線狀花嘴的擠花袋。

組裝

擠花袋中裝入開心果膏，擠在蛋白霜餅底表面。

04.

05.

在開心果膏上擠滿香堤伊，使用裝了圖案花嘴的擠花袋為每個蛋白霜餅擠上 70 克栗子膏。

06.

為每個蛋白霜餅放上一個半圓蛋白霜球，用麵條擠壓器（若無，可用壓泥器代替）在每個半圓蛋白霜餅上擠滿栗子麵條。最後撒上栗子粉和糖粉。

這款甜點單純是為了向偉大的甜點師加斯通・勒諾特
（Gaston Lenôtre）致敬。

協和樹幹蛋糕，2010

8人份

製作時間：20分鐘
烹調時間：2小時

甜點師技法

結晶〔P.617〕、隔水加熱
〔P.616〕、擠花〔P.618〕、
過篩〔P.619〕。

用具

電動打蛋器〔P.620〕、刮刀
〔P.621〕、表面有紋路的半圓
模具、裝有 6 號和 8 號圓形花
嘴的擠花袋、Microplane® 刨
刀〔P.621〕、抹刀〔P.623〕、
篩 子〔P.623〕、 溫 度 計〔P.
623〕。

巧克力蛋白霜餅

◆ 100 克 …… 糖粉
◆ 20 克 …… 可可粉
◆ 4 個 …… 蛋白（120 克）
◆ 120 克 …… 細砂糖

巧克力慕斯

◆ 200 克 …… 甜點用黑巧克力
◆ 50 克 …… 奶油
◆ 5 個 …… 蛋黃（100 克）
◆ 200 克 …… 液態法式酸奶油
◆ 10 個 …… 蛋白（300 克）
◆ 60 克 …… 細砂糖

鏤空巧克力球

◆ 300 克 …… 甜點用黑巧克力
◆ 少許金箔

巧克力蛋白霜餅

烤箱預熱到 100℃（刻度 3-4）。用篩子過篩糖粉和可可粉。以電動打蛋器打發蛋白，在蛋白開始起泡後分批加入糖，以便糖能與蛋白均勻融合。撒入糖粉和可可粉，用刮刀從下往上輕輕攪拌，以免蛋白霜塌陷。放入裝了 6 號圓形花嘴的擠花袋，在烘焙紙上擠出 2 個 12×16 公分的長方形，放入烤箱烘焙 2 小時。

01.

在前一天下午製作蛋白霜餅，放入未開火的烤箱中靜置乾燥一整晚。可以在紙上畫一個跟蛋白餅尺寸相同大小的方形，墊在烘焙紙下方，有助擠出齊整的形狀。

02.

巧克力慕斯

在烘烤蛋白霜餅的同時，隔水加熱融化奶油和巧克力，用刮刀攪拌均勻。切記溫度不得超過 40℃。蛋黃打到發白，倒進上述巧克力奶油糊中。

用打蛋器攪打法式酸奶油，加進剛才準備的材料中。蛋白加糖打發成緊實霜狀，輕巧地與巧克力酸奶油糊拌勻。蓋上保鮮膜，放入冰箱冷藏待其凝固（至少在蛋白霜餅烘烤期間都須放冷藏）。

03.

鏤空巧克力球

巧克力要變得絲滑光亮，須照以下方法製作結晶曲線。先隔水加熱融化巧克力到 40℃，然後用冷水水浴法降溫到 26℃，再以溫水水浴法升溫到 28℃。

04.

取烘焙紙捲出一個小三角錐，裝入已結晶的巧克力，尖端剪一個小口，在半圓塑膠模具凹槽表面擠出交錯縱橫的巧克力線條，創造蕾絲效果。用抹刀抹掉多餘的巧克力，讓外觀乾淨俐落。接著在半圓模具的邊緣補一圈巧克力。送進冰箱冷藏 20 分鐘。

05.

為半圓巧克力脫模。在裝了熱水的單柄鍋上放一片金屬板，利用溫度讓半圓巧克力邊緣稍微融化，組合兩個半圓成為一顆圓球。送入冰箱冷藏凝固。

06.

組裝

使用 Microplane® 刨刀磨平蛋白糖霜餅的邊緣，做出方整的正方形。在盤底放上第一片蛋白霜餅，以裝有 8 號圓形花嘴的擠花袋擠滿直徑 4 公分的巧克力慕斯圓球，放上另一片蛋白霜餅，最後以一顆鏤空巧克力球和少許金箔作為裝飾。

進 階 食 譜

克里斯多福・米夏拉

一款迷人的甜點，外表酥脆內心極致柔軟的蛋白霜餅，味道與口感的探索之旅。這道原本沒有多少人認識的甜點是我的輝煌成功之作……菲利普・康帝辛尼向我坦承整體的平衡感令他大為驚豔，並看到創作者的才華，這真是莫大的讚譽！

覆盆子荔枝綠檸檬帕芙洛瓦

1個大帕芙洛瓦（8人份）

製作時間：40分鐘
烹調時間：30分鐘

甜點師技法
打到柔滑均勻〔P.618〕、擠花〔P.618〕、蛋白打到硬性發泡〔P.619〕、過篩〔P.619〕、刨磨皮茸〔P.619〕。

用具
12×35×2 公分無底方形框模〔P.620〕、刮刀〔P.621〕、手持式電動攪拌棒〔P.621〕、擠花袋〔P.622〕、攪拌機〔P.622〕、彎柄抹刀〔P.623〕、Silpat® 矽膠烤墊〔P.623〕、刮皮器〔P.623〕。

法式蛋白霜
- 4 顆 …… 蛋白（110 克）
- 100 克 …… 細砂糖
- 100 克 …… 過篩糖粉
- 1 顆 …… 綠檸檬汁和皮碎
- 1 撮 …… 鹽

Philadelphia®菲力奶油乳酪餡
- 175 克 …… 乳脂含量 35% 的 UHT 鮮奶油
- 25 克 …… Soho® 荔枝利口酒
- 70 克 …… Philadelphia® 菲力奶油乳酪

糖煮覆盆子醬
- 200 克 …… 覆盆子
- 30 克 …… 黃砂糖
- 2 克 …… NH 果膠

裝飾
- 500 克 …… 覆盆子
- 150 克 …… 荔枝
- 2 顆 …… 綠檸檬皮碎
- 糖粉

01.

法式蛋白霜

烤箱預熱到 150℃（刻度 5）。蛋白加入一小撮鹽打成雪花狀，然後放進細砂糖打到硬性發泡。用刮刀拌入糖粉、綠檸檬皮碎和綠檸檬汁。

02.

在 Silpat® 矽膠烤墊上放上一個 12×35×2 公分的無底方形框模，倒入上一個步驟準備好的糊料，以彎柄抹刀抹平表面，使邊緣齊整，送進烤箱烘焙 25 分鐘。移到涼架冷卻，脫模並放在盤子上。

03.

Philadelphia®菲力奶油乳酪餡

攪拌機裝上打蛋器，攪拌缸中加入 Soho® 荔枝利口酒和 Philadelphia® 菲力奶油乳酪，打到質地變得綿密，裝入擠花袋。

糖煮覆盆子醬

覆盆子、黃砂糖和 NH 果膠放入單柄鍋，煮到沸騰後繼續加熱 1 分鐘。放涼，以手持式電動攪拌棒攪打成泥，裝入擠花袋。

04.

完成

荔枝剝皮去核。蛋白霜餅表面鋪上一層覆盆子醬，擠滿厚厚的乳酪餡，排列覆盆子和荔枝，撒上糖粉和綠檸檬皮碎。

05.

基礎食譜

製作時間：10分鐘
烹調時間：5分鐘

- ◆ 2 顆 …… 蛋白（60 克）
- ◆ 120 克 …… 細砂糖
- ◆ 50 毫升 …… 水

義式蛋白霜

特色
混合蛋白和糖漿一起打發，技術
難度高於法式蛋白霜，可用於製
作各種食譜。

用途
做為蛋白霜檸檬塔的表面裝飾、
馬卡龍餅殼的材料。

用具
攪 拌 機〔P.622〕、 溫 度 計
〔P.623〕。

應用食譜
杏桃椰子雪絨蛋糕，**克萊兒 · 艾茲勒**〔P.116〕
羅勒檸檬塔〔P.13〕
兩千層派，**皮耶 · 艾曼**〔P.74〕
義式蛋白霜馬卡龍〔P.136〕
伊斯巴罕，**皮耶 · 艾曼**〔P.148〕
錫蘭，**菲利普 · 康帝辛尼**〔P.172〕
雷夢妲，**菲利普 · 康帝辛尼**〔P.412〕
摩卡，**菲利普 · 康帝辛尼**〔P.412〕
希布斯特奶油餡〔P.438〕
檸檬舒芙蕾塔〔P.492〕
荔枝森林草莓香檳輕慕斯，**克萊兒 · 艾茲勒**〔P.516〕
草莓牛奶巧克力啾啾熊，**克里斯多福 · 米夏拉**〔P.598〕

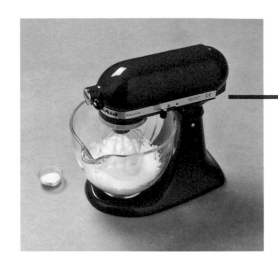

01.

單柄鍋中放入糖與水，插入探針
式溫度計，開始加熱。同時間，
用攪拌機打發蛋白至緊實霜狀。

使用與蛋黃分離
並已放上幾天的澄清蛋白，
可以獲得更好的打發效果。

糖漿達到118°C後以細絲狀倒入打發的蛋白中，
持續攪打至完全冷卻。

02.

進 階 食 譜

克萊兒 · 艾茲勒

椰子是唯一能用於甜點製作的純白食材。
這款鬆軟如枕的多層次甜點內藏酸甜杏桃夾心，
為整體注入熱情活力，
平衡椰子的「柔絨」質感，舒心療癒。

杏桃椰子雪絨蛋糕

2個8人份甜點

製作時間：1小時30分鐘
烹調時間：35分鐘
靜置時間：6小時

甜點師技法

打成鳥嘴狀〔P.616〕、切丁
〔P.616〕、打到柔滑〔P.618〕。

用具

3 個直徑 16 公分慕斯圈和 2 個
直徑 18 公分慕斯圈〔P.620〕、
火焰槍〔P.620〕、錐形濾網
〔P.620〕、刮刀〔P.621〕、
食物調理機〔P.621〕、彎柄抹
刀〔P.622〕。

糖煮杏桃

- 325 克 …… 杏桃
- 250 克 …… 杏桃泥
- 112 克 …… 細砂糖
- 20 克 …… 黃檸檬汁
- 5 克 …… NH 果膠
- 2 克 …… 洋菜
- 25 克 …… 葡萄糖

椰子酥餅

- 110 克 …… 椰子粉
- 50 克 …… 糖粉
- 5 顆 …… 蛋白（60+90 克）
- 10 克 …… 液態鮮奶油
- 50 克 …… 細砂糖

杏桃果醬

- 500 克 …… 杏桃
- 8 克 …… 維他命 C
- 60 克 …… 蜂蜜
- 1 根 …… 香草莢

椰子慕斯

- 400 克 …… 椰子果泥
- 5 片 …… 吉利丁（10 克）
- 50 克 …… 義式蛋白霜
  （參閱 P.114）
- 240 克 打成軟性發泡的鮮奶
  油（參閱 P.360）

裝飾

- 1 顆 …… 新鮮椰子
- 2 顆 …… 杏桃
- 100 克 …… 椰子粉

糖煮杏桃

杏桃洗淨、去核、切丁。取糖量的一半、果膠、洋菜和葡萄糖，在沙拉碗中混合均勻。單柄鍋放入杏桃丁、杏桃泥、剩下的糖和黃檸檬汁，加熱到 40℃，然後加進沙拉碗中的材料，煮沸 1 分鐘。放進食物調理機攪打，再以錐形濾網過濾。在 2 個直徑 16 公分的慕斯圈內鋪上 1.5 公分高的糖煮杏桃醬，送進冷凍庫 4 小時。

01.

杏桃泥可以自己製作
或在專門店購買。

02.

椰子酥餅

烤箱預熱到 160℃（刻度 5-6）。椰子粉和糖粉一起打成更細。加入 2 顆蛋白（60 克）和液態鮮奶油，攪拌均勻。剩下的 3 顆蛋白和細砂糖打發成鳥嘴狀蛋白霜，以刮刀輕柔拌入前面準備的糊料。在烘焙紙或 Silpat® 矽膠烤墊上放置 1 個直徑 16 公分的慕斯圈，倒入椰子餅糊。送入烤箱 18 分鐘左右，冷卻之後脫模，橫剖成兩半。

杏桃果醬

杏桃洗淨、去核、切丁，和維他命 C、蜂蜜、香草莢一起放入單柄鍋，煮到水分完全蒸發，約需 15 分鐘，放涼備用。橫剖成半的椰子酥餅分別放入兩個直徑 16 公分的慕斯圈模底。在每片酥餅表面均勻鋪上果醬，拿掉中空圈模。

03.

04.

椰子慕斯

用一碗冷水浸泡吉利丁。加熱 100 克椰子果泥，加進擠乾水分的吉利丁，攪拌均勻。放入剩下的 300 克未加熱椰子果泥，再度攪拌。

05.

按照 P.114 的步驟製作義式蛋白霜。分小批加入椰子吉利丁混合物來稀釋義式蛋白霜。用刮刀輕柔拌入打到軟性發泡的鮮奶油（步驟在 P.360）。立刻組裝。

06.

裝飾與組裝

在 2 個直徑 18 公分的慕斯圈內放入步驟 3 的椰子酥餅杏桃果醬組合。鋪上一小部分剛才做好的椰子慕斯。從慕斯圈中取出冷凍的杏桃果醬圓片，放到椰子慕斯上。

———————

刀子泡入熱水，
刀尖插入慕斯圈邊緣轉一圈，
即可將糖煮杏桃圓片脫模。

———————

07.

———————

烘烤的時間和溫度不是絕對，
必須視烤箱火力大小調整。
最好使用放在室溫下
幾個小時的蛋白，
可以打出更具空氣感的
輕盈蛋白霜。

———————

在果醬圓片上鋪滿糖煮杏桃和剩餘的椰子慕斯，以彎柄抹刀抹平表面。送入冰箱冷藏至少 4 小時。
打開椰子，用削皮刀削下椰子片。
2 顆杏桃切成四份。
用火焰槍加熱慕斯圈周圍，以便脫模。
甜點撒上椰子粉，以椰子片和切成四分之一的杏桃裝飾。

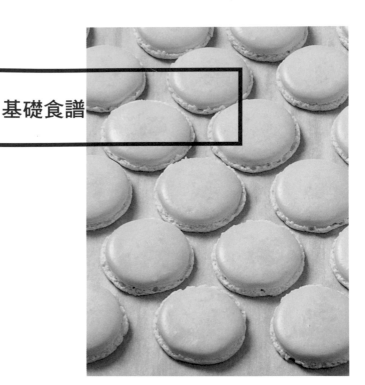

基礎食譜

40個馬卡龍

製作時間：25分鐘
烹調時間：14分鐘
靜置時間：30分鐘

- 110 克 …… 杏仁粉
- 225 克 …… 糖粉
- 125 克 …… 蛋白（約 4 個）
- 50 克 …… 細砂糖

法式蛋白霜馬卡龍

特色
外酥內軟，甜度較低的馬卡龍。
這個食譜比義式蛋白霜馬卡龍簡
單，但質地較為脆弱。

用途
各種馬卡龍。

變化
克里斯多福 · 米夏拉的馬卡龍
〔P.124〕、巧克力馬卡龍殼
〔P.133〕。

甜點師技法
結皮〔P.617〕、製作馬卡龍糊
〔P.618〕、擠花〔P.618〕、
過篩〔P.619〕。

用具
電動攪拌器〔P.620〕或攪拌機〔P.622〕、裝有 7 號圓形花
嘴的擠花袋〔P.622〕、食物調理機〔P.621〕。

應用食譜
酥軟義式杏仁馬卡龍〔P.122〕
梅爾芭蜜桃馬卡龍，**克里斯多福 · 米夏拉**〔P.124〕
芒果與葡萄柚馬卡龍〔P.129〕
巧克力薄荷馬卡龍〔P.133〕
椰子綠茶柑橘手指馬卡龍〔P.157〕
玫瑰冰沁馬卡龍佐紅莓醬汁〔P.153〕
覆盆子天竺葵與黑醋栗紫羅蘭馬卡龍花環〔P.161〕

如果同時烘烤兩盤馬卡龍，
烘烤到一半時
記得上下對調烤盤。

01.

杏仁粉和糖粉放入食物調理機的調理杯中攪打 20 秒左右，過篩以獲得十分細緻均勻的粉末。放旁備用。

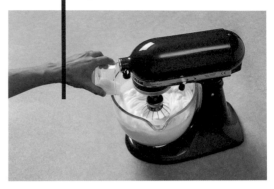

02.

使用裝上打蛋器的攪拌機或電動攪拌器打發蛋白，呈刮鬍膏質地後改成高速攪打，分小批加入細砂糖，繼續打發成美麗緊實的蛋白霜。

03.

蛋白霜中加入已經過篩的粉類，用抹刀或刮刀以畫大圓的手法輕柔拌勻糊料。讓蛋白霜馬卡龍化，亦即用刮刀快速攪拌，直到糊料光亮並形成柔滑的緞帶狀。

04.

馬卡龍麵糊放入裝有 7 號圓形花嘴的擠花袋，在鋪了烘焙紙的烤盤上，以類似骰子面五點排列的方式，擠出直徑 3.5 公分的圓餅。讓馬卡龍在室溫下結皮約 30 分鐘。

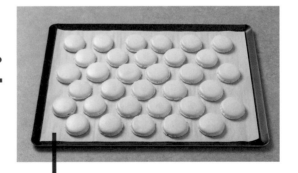

05.

烤箱預熱到 160℃（刻度 5-6），放入烤箱烘焙 14 分鐘。馬卡龍烤好後從烘焙紙取下，移到涼架冷卻。請小心拿取。

入門食譜

40個馬卡龍

製作時間：20分鐘
烹調時間：10分鐘
靜置時間：12小時

甜點師技法
擠花〔P.618〕。

用具
電動攪拌器〔P.620〕或攪拌機〔P.622〕、裝有 8 號圓形花嘴的擠花袋〔P.622〕、食物調理機〔P.621〕。

酥軟義式杏仁馬卡龍

- 225 克 …… 細砂糖
- 50 克 …… 糖漬柳橙皮
- 135 克 …… 杏仁粉
- 130 克 …… 蛋白（約 4 顆）
- 5 克 …… 杏仁甜酒
- 糖粉

這款略帶苦味的小酥餅來自義大利，使用糖漬柳橙皮突顯杏仁的濃郁風味。

01.

前一夜，在食物調理機的調理杯中放入
175 克細砂糖和糖漬柳橙皮攪打，加進
杏仁粉和 65 克蛋白繼續攪拌，直到形成
均勻糊狀。

使用裝有打蛋器的攪拌機或電動攪拌器打發剩下的
65 克蛋白，分批加入剩下的 50 克細砂糖。用刮
刀輕柔拌勻蛋白霜和步驟 1 的糊料。

03.

02.

麵糊放入裝有 8 號圓形花嘴的擠花袋，烤盤鋪上烘焙紙，以
類似骰子五點排列的方式，在表面擠出直徑 3.5 公分的圓餅。
撒上一層薄薄糖粉，靜置乾燥 1 夜。製作當天，烤箱預熱到
180℃（刻度 6），用指尖稍微捏尖杏仁馬卡龍。

04.

從烤箱取出時
可在烤盤和烘焙紙之間倒入水，
利用產生的蒸氣更輕鬆取下馬卡龍。

送入烤箱烘焙約 10 分鐘。從烤箱取
出後在烘焙紙和烤盤之間注入清水，
可更容易取下馬卡龍。放涼到微溫後
取下義式杏仁馬卡龍，兩兩黏成一
組。保存在防潮的保鮮盒中。

克里斯多福·米夏拉

> 我一直想做出這世界上還不存在的甜點……藉由馬卡龍展現桃子皮的絨毛感是我最滿意的成就之一。內餡融合梅爾芭的所有代表性元素：香草香堤伊鮮奶油、玻里尼亞克杏仁、桃子、紅醋栗醬汁……一口囊括所有滋味。

梅爾芭蜜桃馬卡龍

30顆馬卡龍

製作時間：40分鐘
烹調時間：20分鐘
靜置時間：2晚+20分鐘

甜點師技法

製作馬卡龍糊〔P.618〕、擠花〔P.618〕、過篩〔P.619〕。

用具

壓縮空氣噴霧器〔P.622〕或甜點刷〔P.622〕、刮刀〔P.621〕、手持式電動攪拌棒〔P.621〕、擠花袋〔P.622〕。

梅爾芭蜜桃奶油餡

- 200 克 …… 黃桃泥
- 10 克 …… 綠檸檬汁
- 50 克 …… 紅醋栗泥
- 20 克 …… 馬鈴薯澱粉
- 1.5 片 …… 吉利丁
- 150 克 …… 可可含量 33% 的 Opalys de Valrhona® 覆蓋白巧克力
- 100 克 …… 奶油
- 10 克 …… 桃子烈酒
- 1 滴 …… 桃子香精

馬卡龍殼

- 4 顆 …… 蛋白（120 克）
- 50 克 …… 細砂糖
- 1/2 撮 …… 鹽
- 125 克 …… 杏仁粉
- 200 克 …… 糖粉
- 1 克 …… 水溶性紅色色素
- 5 克 …… 水溶性黃色色素

完成

- 紅色色素
- 藍色色素

梅爾芭蜜桃奶油餡

前一夜,吉利丁片泡入冷水。單柄鍋中混合黃桃泥、綠檸檬汁、紅醋栗泥和馬鈴薯澱粉,一起煮到沸騰。擠乾吉利丁水分,倒進熱果泥中,攪拌均勻。

01.

02.

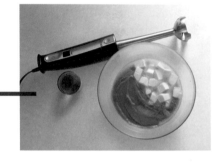

切碎巧克力,倒入步驟 1 的桃子糊料,攪拌均勻後放涼到 45℃。加入奶油、桃子烈酒和桃子香精一起攪打。放入擠花袋,送進冰箱冷藏 1 夜。

———————

桃子泥可以自製:
3顆桃子去皮去核,
攪打成泥即可。

———————

03.

馬卡龍殼

前一夜,蛋白、細砂糖和鹽一起打發成蛋白霜。杏仁粉和糖粉過篩,拌入蛋白霜內。用幾滴水稀釋 2 種色素並混合均勻,在蛋白霜中加入少許,用刮刀翻拌做成馬卡龍蛋白糊,裝入擠花袋。在烤盤上鋪一張烘焙紙,擠出馬卡龍,靜置結皮 20 分鐘。烤箱預熱到 150℃(刻度 5),送入烤箱烘烤 16 分鐘。

完成

利用壓縮空氣噴霧器在馬卡龍的一側噴上紅色色素，然後噴上藍色色素。撒上糖粉，吹掉多餘的量。

04.

05.

取一半馬卡龍殼，放上大量梅爾芭蜜桃奶油餡。蓋上另一半殼完成組裝，送入冰箱冷藏至少 1 夜。冰涼食用。

如果沒有噴槍，
可以用甜點刷在馬卡龍殼
表面刷上色素。

芒果與葡萄柚馬卡龍

40顆馬卡龍

製作時間：35分鐘
烹調時間：20分鐘

甜點師技法
擠花〔P.618〕、刨磨皮茸
〔P.619〕。

用具
裝有 7 號和 8 號花嘴的擠花袋
〔P.622〕、溫度計〔P.623〕、
刮皮器〔P.623〕。

馬卡龍殼
◆ 法式或義式蛋白霜馬卡龍
　（參閱 P.120 或 136）
◆ 黃色色素
◆ 紅色色素

葡萄柚奶油餡
◆ 1.5 片 …… 吉利丁（3 克）
◆ 65 克 …… 粉紅葡萄柚汁
◆ 65 克 …… 細砂糖
◆ 2 顆 …… 蛋（100 克）
◆ 1 顆 …… 粉紅葡萄柚皮
◆ 75 克 …… 奶油

芒果果醬
◆ 150 克 …… 芒果果肉
◆ 35 克 …… 細砂糖
◆ 6 克 …… NH 果膠
◆ 25 克 …… 黃檸檬汁

進階食譜

這款馬卡龍風靡亞倫・杜卡斯廚藝學校。每一口都
能品嘗到葡萄柚的濃郁和芒果的香甜，相互衝擊但
又均衡和諧。

馬卡龍殼

烤箱預熱到160℃（刻度5-6）。按照P.120或136的步驟，加入黃色色素製作馬卡龍。取一小部分麵糊加入紅色色素。黃色麵糊放入裝有7號圓形花嘴的擠花袋，在烤盤上擠出直徑3.5公分的馬卡龍，並於每個殼上擠上一個小橘點。送入烤箱烘烤14分鐘，放涼備用。

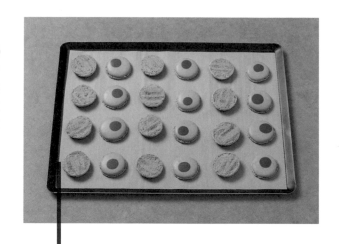

01.

02.

利用溫度計確認溫度。
等到餡料降至40℃之後再加入奶油。
如果溫度太低，奶油會凝固，
無法與餡料融合。如果溫度太高，
奶油則會融化，使餡料變得油膩厚重，
無法做出預期中的輕盈質感。

葡萄柚奶油餡

用一碗冷水浸泡吉利丁。單柄鍋中放入葡萄柚汁、細砂糖、蛋和粉紅葡萄柚皮碎一起加熱。邊煮邊用打蛋器攪拌，沸騰後再煮1分鐘，煮好的奶油餡倒入沙拉碗，加進擠乾水分的吉利丁。攪拌後將此沙拉碗放入裝有冰塊的較大沙拉碗中，等到餡料降溫到40℃左右，加入奶油並以打蛋器攪拌均勻。冷藏備用。

03.

芒果果醬

芒果果肉放入單柄鍋，加熱到 40℃左右。混合細砂糖和 NH 果膠，加到果肉內。加熱直至沸騰，繼續煮 1 分鐘，邊煮邊攪拌。倒入黃檸檬汁，攪拌均勻後冷藏備用。

果膠（水果的天然膠質）
需要酸性物質才能凝結，
所以要在果泥和果醬中
加入檸檬汁。

組裝

04.

在裝有 8 號圓形花嘴的擠花袋中放入非常冰涼的葡萄柚奶油餡。翻轉馬卡龍殼使平坦面朝上，擠上一圈葡萄柚奶油餡。在裝有 8 號圓形花嘴的擠花袋中裝入芒果果醬，擠在葡萄柚奶油餡中間。蓋上另一半馬卡龍殼，輕輕按壓。

巧克力薄荷馬卡龍

40個馬卡龍

製作時間：25分鐘
烹調時間：3小時+34分鐘
靜置時間：10分鐘

甜點師技法

擠花〔P.618〕。

用具

錐形超細篩濾網〔P.620〕、裝有7號和9號圓形花嘴的擠花袋〔P.622〕。

結晶薄荷

◆ 20 片 …… 薄荷葉
◆ 30 克 …… 蛋白（1 顆蛋白）
◆ 50 克 …… 細砂糖

馬卡龍殼

◆ 法式或義式蛋白霜馬卡龍
  （參閱 P.120 或 136）
◆ 15 克 …… 可可粉
◆ 紅色色素
◆ 巧克力米

巧克力薄荷甘納許

◆ 250 克 …… 液態鮮奶油
◆ 半把 …… 新鮮薄荷
◆ 110 克 …… 可可含量 70% 的黑巧克力
◆ 100 克 …… 牛奶巧克力
◆ 25 克 …… 奶油
◆ 4 滴 …… 薄荷香精
  （Ricqlès® 或其他薄荷烈酒）

進階食譜

細細品嘗這款經典馬卡龍，薄荷的清新提升巧克力的美味境界，如「龍」添翼。

01.

結晶薄荷

稍微打散蛋白，浸入薄荷葉，取出後撒上細砂糖，放在烘焙紙或 Silpat® 矽膠烤墊上，以 30℃（刻度 1）烘乾至少 3 小時。薄荷葉必須變得非常酥脆，但顏色仍應保持鮮綠。

可可粉和杏仁粉總會有點潮濕，
請放入75℃（刻度2）的烤箱
烘乾約20分鐘。

02.

馬卡龍殼

烤箱預熱到 160℃（刻度 5-6）。混合可可粉、糖粉和杏仁粉，加入色素，按照 P.120 或 136 的步驟製作馬卡龍糊。放入裝有 7 號圓形花嘴的擠花袋，在兩個烤盤上分別擠出直徑 2 公分和 4 公分的馬卡龍。撒上巧克力米，小馬卡龍放入烤箱烘焙 10 分鐘，大馬卡龍烘烤 14 分鐘。放涼備用。

巧克力薄荷甘納許

單柄鍋中放進鮮奶油和半量薄荷，煮沸後浸泡 10 分鐘。倒入錐形超細篩濾網過濾，用力擠壓以萃取最濃郁的滋味。

03.

可可粉和杏仁粉總會有點潮濕，
請放入75℃（刻度2）的烤箱
烘乾約20分鐘。

04.

切碎巧克力，放入沙拉碗。加
熱步驟 3 的液體，倒在巧克力
上，靜置 1 分鐘。用打蛋器
攪拌均勻，放入切成小塊的奶
油。加進薄荷香精和切絲的剩
餘薄荷。送進冰箱冷藏直到甘
納許凝固，但不要冰得太硬。

05.

組裝

在裝了 9 號圓形花嘴的擠花袋中放入巧克力薄荷甘
納許，在大馬卡龍的平坦面擠上份量豐富的一球。插
上結晶薄荷葉，蓋上較小的馬卡龍，輕輕按壓。

基礎食譜

40顆馬卡龍

製作時間：30分鐘
烹調時間：14分鐘
靜置時間：1夜+30分鐘

* 125 克 …… 糖粉
* 125 克 …… 杏仁粉
* 3 顆 …… 蛋白（90 克）
* 125 克 …… 細砂糖
* 35 克 …… 水

義式蛋白霜馬卡龍

特色
這種馬卡龍的質地較為緻密，口感較甜。比法式蛋白霜的製作技術性高。

用途
相較於法式蛋白霜馬卡龍，義式的保存時間較長。

變化
皮耶 · 艾曼 的 馬卡龍殼〔P.140〕

甜點師技法
結皮〔P.617〕、製作馬卡龍糊〔P.618〕、擠花〔P.618〕、過篩〔P.619〕。

用具
電動攪拌器〔P.620〕或攪拌機〔P.622〕、裝有 7 號圓形花嘴的擠花袋〔P.622〕、溫度計〔P.623〕。

應用食譜
巴黎香草絲滑馬卡龍〔P.138〕
摩加多爾馬卡龍，**皮耶 · 艾曼**〔P.140〕
蒙特貝羅葛拉葛拉小姐，**皮耶 · 艾曼**〔P.144〕
伊斯巴罕，**皮耶 · 艾曼**〔P.148〕
椰子綠茶柑橘手指馬卡龍〔P.157〕
玫瑰冰沁馬卡龍佐紅莓醬汁〔P.153〕
覆盆子天竺葵與黑醋栗紫羅蘭馬卡龍花環〔P.161〕
激情渴望，**皮耶 · 艾曼**〔P.210〕

這道食譜技術性較高，但是馬卡龍殼受潮的時間較慢，所以可保存更久。

01.

前一夜，糖粉和杏仁粉過篩，從冰箱中取出蛋白。

製作當天，在沙拉碗中混合糖粉、杏仁粉和 45 克蛋白。

細砂糖和水放入單柄鍋，加熱到 118℃，使用溫度計確認溫度。煮糖漿的同時，使用裝了打蛋器的攪拌機或電動攪拌器開始打發剩下的 45 克蛋白。在稍微打發的蛋白上倒入 118℃的糖漿，繼續攪打。

02.

攪打到蛋白霜變溫，拌入步驟 1 中沙拉碗內的材料。使用攪拌匙或刮刀拌勻，快速攪拌直到形成光滑綢緞狀。

03.

在裝了 7 號圓形花嘴的擠花袋中放入剛才製作的蛋白糊，以類似骰子五點排列的方式，在鋪了烘焙紙的烤盤上擠出直徑 3.5 公分的圓餅。

04.

讓馬卡龍在室溫下結皮約 30 分鐘。烤箱預熱到 160℃（刻度 5-6）。送入烤箱烘烤約 14 分鐘。如果同時烘烤兩盤，記得在烤到一半時上下對調烤盤。烤好後從烘焙紙取下馬卡龍，移到涼架上冷卻。請小心拿取。

入門食譜

40顆馬卡龍

製作時間：30分鐘
烹調時間：14分鐘
靜置時間：12小時

甜點師技法

製作馬卡龍糊〔P.618〕、擠
花〔P.618〕、過篩〔P.619〕。

用具

電動攪拌器〔P.620〕或攪拌
機〔P.622〕、裝上 7 號圓形
花嘴的擠花袋〔P.622〕、溫
度計〔P.623〕。

巴黎香草絲滑馬卡龍

- 125 克 …… 糖粉
- 125 克 …… 杏仁粉
- 3 顆 …… 蛋白（90 克）
- 半根 …… 香草莢
- 1 克 …… 香草精
- 125 克 …… 細砂糖
- 35 克 …… 水

最完美的巴黎馬卡龍：別
緻、高雅、微帶香氣。總
之就是一款不可不嘗的法
式甜點。

前一夜，糖粉和杏仁粉過篩，從冰箱取出蛋白。

製作當天，烤箱預熱到160℃（刻度5-6）。沙拉碗中放入過篩的糖粉、杏仁粉、45克蛋白、半根香草莢刮下的籽和香草精，攪拌直到變成均勻的糊料。

01.

細砂糖和水放入單柄鍋，加熱到118℃。煮糖漿的同時，使用攪拌機或電動攪拌器開始打發剩下的45克蛋白。在稍微打發的蛋白上倒入118℃的糖漿，繼續攪打到蛋白霜變溫，拌入步驟1中沙拉碗內的材料。用刮刀拌勻成馬卡龍蛋白糊，直到形成光滑綢緞狀。

02.

03.

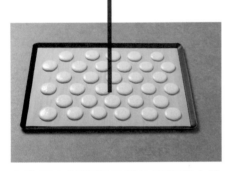

在裝了7號圓形花嘴的擠花袋中放入剛才製作的蛋白糊，以類似骰子五點排列的方式，在鋪好烘焙紙的烤盤上擠出直徑3.5公分的圓餅。

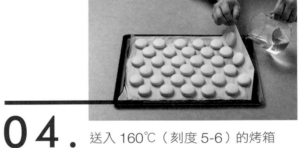

04.

送入160℃（刻度5-6）的烤箱烘焙約14分鐘。取出烤箱後在烘焙紙和烤盤之間倒入水，方便取下馬卡龍。

取出烤箱後在烤盤和烘焙紙之間倒入水以製造蒸氣，有助更輕易取下馬卡龍。

趁馬卡龍仍然酥軟濕潤時，將兩片餅殼黏合起來，形成一顆完整的馬卡龍，放入保鮮盒冷藏保存。

05.

這款馬卡龍外殼酥脆，內在柔嫩軟綿。甘納許
中的牛奶巧克力使百香果的酸味變得柔和，也
突顯香氣。

摩加多爾馬卡龍

約72個馬卡龍

製作時間：45分鐘
烹調時間：25分鐘

甜點師技法
結 皮〔P.617〕、 隔 水 加 熱
〔P.616〕、材料表面覆蓋上保
鮮膜〔P.617〕、擠花〔P.618〕、
過篩〔P.619〕。

用具
裝有 11 號平口圓頭花嘴
和 11 號圓形花嘴的擠花袋
〔P.622〕、篩子〔P.623〕、
溫度計〔P.623〕。

百香果牛奶巧克力甘納許

◆ 10 個 …… 百香果
  （250 克果汁）
◆ 550 克 …… Valrhona®
  Jivara 巧克力或可可含量
  40% 的牛奶巧克力
◆ 100 克 …… 室溫奶油
◆ 可可粉

百香果馬卡龍酥餅

◆ 300 克 …… 杏仁粉
◆ 300 克 …… 糖粉
◆ 7 顆 …… 蛋白（220 克）
◆ 5 克 …… 檸檬黃色素
◆ 約 0.5 克 …… 紅色色素
  （1/2 小匙）
◆ 300 克 …… 細砂糖
◆ 75 克 …… 礦泉水

百香果牛奶巧克力甘納許

奶油切成小塊,用鋸齒刀切碎巧克力。百香果剖成兩半,用小湯匙挖出果肉並過篩,得到 250 克果汁。加熱果汁直到煮沸。在單柄鍋中隔水加熱融化半量巧克力。分三次將熱果汁倒在巧克力上,在巧克力糊達到 60℃時分批加入奶油塊。攪拌直到甘納許變得光滑柔順。倒入深烤盤,在甘納許表面蓋上一層保鮮膜,放入冰箱冷藏,直到甘納許變得濃稠綿密。

百香果馬卡龍酥餅

糖粉和杏仁粉過篩。取半量蛋白混入色素,拌入過篩的糖粉和杏仁粉。加熱水和糖煮到 118℃。在糖漿達到 115℃時開始打發剩下的蛋白,打發後倒入 118℃的糖漿,以打蛋器繼續攪拌並降溫到 50℃。

蛋白霜拌入糖粉、杏仁粉、蛋白和色素的混合物,壓拌麵糊讓所有材料混和均勻。放入裝有 11 號平口圓頭花嘴的擠花袋中。

04.

烤盤鋪上烘焙紙或 Silpat® 矽膠烤墊，擠上直徑約 3.5 公分的麵糊圓餅，
彼此間隔 2 公分。工作檯面鋪上廚房用織物，拿起烤盤在檯面輕敲幾下。
用篩子在殼面薄薄撒上一層可可粉。讓馬卡龍殼在室溫下結皮至少 30 分
鐘。開啟烤箱的旋風，預熱烤箱到 180℃（刻度 6）。烤盤送入烤箱烘焙
12 分鐘，期間快速打開烤箱門兩次。從烤箱取出後放在工作檯面冷卻。

請將馬卡龍放入冰箱
冷藏24小時，
隔天品嘗更美味。

05.

甘納許放入裝有 11 號平口圓頭花嘴的擠花袋中，在馬卡龍
殼的平坦面擠上大量甘納許，蓋上另一半餅殼。品嘗前兩小
時從冰箱取出。

一款獨特的長方形冰淇淋，入口果香最先竄出，在草莓雪酪和帶有烤過開心果仁的開心果冰淇淋之間，組成完美和諧的風味。

蒙特貝羅葛拉葛拉小姐

約18個葛拉葛拉小姐

製作時間：1小時
烹調時間：30分鐘
靜置時間：1夜+1小時45分鐘

甜點師技法

過篩〔P.619〕。

用具

57×11公分不銹鋼無底方形框模〔P.620〕、錐形濾網〔P.620〕、錐形超細篩濾網〔P.620〕、手持式電動攪拌棒〔P.621〕、Silpat® 矽膠烤墊〔P.623〕、全自動冰淇淋機〔P.623〕。

草莓雪酪

- 650 克 …… 草莓
- 15 克 …… 黃檸檬汁
- 90 克 …… 礦泉水
- 190 克 …… 細砂糖

開心果冰淇淋

- 350 克 …… 全脂牛奶
- 30 克 …… 奶粉
- 100 克 …… 細砂糖
- 2 顆 …… 蛋黃（50 克）
- 100 克 …… 打發鮮奶油
- 55 克 …… 開心果膏
- 35 克 …… 烤過的去皮開心果

開心果馬卡龍酥餅

- 300 克 …… 杏仁粉
- 300 克 …… 糖粉
- 7 顆 …… 蛋白（200 克）
- 1 滴 …… 開心果綠色素
- 1 滴 …… 檸檬黃色素
- 300 克 …… 細砂糖
- 75 克 …… 礦泉水

01.

草莓雪酪

前一夜,煮沸水並倒在細砂糖上,趁熱攪打,放入冰箱冷藏。草莓絞碎成泥,以錐形濾網過濾。靜置冰箱熟成24小時。

02.

開心果冰淇淋

加熱牛奶、奶粉、開心果膏、鮮奶油和糖到 35℃,加入蛋黃,繼續加溫到 40℃。維持在 85℃煮成英式蛋奶醬。放入冰箱熟成 24 小時。

開心果馬卡龍酥餅

製作當天,糖粉與杏仁粉過篩。取半量蛋白混入色素,拌入過篩的粉類。加熱水和糖直到 118℃。開始打發剩下的蛋白,打發後倒入糖漿。繼續攪打直到溫度下降至 50℃,然後拌入加了粉類的蛋白,壓拌蛋白糊。烤盤鋪上 Silpat® 矽膠烤墊,利用鏤空模板鋪抹出長方形馬卡龍。

拿開鏤空模板。讓長方形餅糊在室溫下至少結皮 1 小時。放入 160℃(刻度 5-6)的循環氣流烤箱烘焙 8 分鐘,烘烤期間快速打開烤箱門。烤好後放涼備用。

03.

在厚紙板上裁出6個
3.5×12公分的矩形,
製成馬卡龍模板。

04.

品嘗前30分鐘從冷凍庫取出。
成品可在 － 18／－ 20°C的
冷凍庫保存8週。

蒙特貝羅大理石

糖漿中加入草莓果肉和黃檸檬汁。攪打後放入全自動冰淇淋機。步驟2的開心果蛋奶糊放入錐形超細篩濾網過濾，攪打後放入全自動冰淇淋機。在冰淇淋快要製作完成時加入烤過的去皮開心果仁。

預先取一不銹鋼容器放入冷凍庫，凍涼後取出，放入草莓雪酪，然後放上開心果冰淇淋。

用冰淇淋勺輕柔混拌兩種冰淇淋，製造想要的大理石雲彩效果。

烤盤鋪上烘焙紙，放上長57公分、寬 11 公分、高 2.5 公分的不銹鋼無底方形框模，填入冰淇淋混合物，送進冷凍庫凝固至少45分鐘。

冰淇淋切成 3×11.5 公分的長方體。放置冷凍庫備用。

05.

取一塊冰淇淋長方體夾在兩片開心果馬卡龍長方形酥餅之間。放置冷凍庫保存。

進 階 食 譜

皮耶・艾曼

柔和甜美的玫瑰花瓣奶油餡與荔枝相輔相成，攜手共譜細膩優雅的協奏曲。荔枝的濃郁風味與酸香和玫瑰奶油餡映成趣，餘韻綿長。外酥內軟的馬卡龍殼負責將這些美味合為一體。

伊斯巴罕

6～8人份

製作時間：1小時30分鐘
烹調時間：1小時
靜置時間：1夜+30分鐘

甜點師技法

打 成 鳥 嘴 狀〔P.616〕、結 皮〔P.617〕、打到鬆發〔P.618〕、擠花〔P.618〕、過篩〔P.619〕。

用具

甜點刷〔P.622〕、裝有 12 號和 10 號平口圓頭花嘴的擠花袋〔P.622〕、攪拌機〔P.622〕、Silpat® 矽 膠 烤 墊〔P.623〕、溫度計〔P.623〕。

玫瑰馬卡龍酥餅

* 250 克 …… 杏仁粉
* 250 克 …… 糖粉
* 6 顆 …… 蛋白（180 克）
* 3 克 …… 胭脂紅色素
* 250 克 …… 細砂糖
* 65 克 …… 礦泉水

義式蛋白霜

* 4 顆 …… 蛋白（120 克）
* 250 克 …… 細砂糖
* 75 克 …… 礦泉水

玫瑰花瓣奶油餡

* 90 克 …… 全脂鮮奶
* 3 到 4 顆 …… 蛋黃（70 克）
* 45 克 …… 細砂糖
* 450 克 …… 室溫奶油
* 4 克 …… 玫瑰香精
  （藥房可購買）
* 30 克 …… 玫瑰糖漿
  （或使用 Monin® 牌糖漿）

組裝

* 200 克 …… 瀝乾的罐頭荔枝
* 250 克 …… 覆盆子
* 果糖

01.

前一夜,視荔枝大小切成兩份或三份,在冰箱中放置一整夜以滴乾水分。

玫瑰馬卡龍酥餅

製作當天,糖粉和杏仁粉過篩。3 顆蛋白加入色素攪拌,倒在粉類上,攪拌均勻。水和糖煮沸至 118℃,在達到 110℃ 時開始打發剩下的蛋白。糖漿倒入打發蛋白內繼續攪打,直到溫度降到 50℃。加入一開始準備的蛋白糊,不斷壓拌。

02.

玫瑰花瓣奶油醬

攪拌蛋黃和糖。加熱牛奶,倒入蛋糖糊中,按照製作英式蛋奶醬的方法加熱到 85℃。攪拌機裝上打蛋器,在攪拌缸中快速攪打剛才準備好的奶油醬以降低溫度。請注意,蛋奶醬加熱時容易黏在單柄鍋底部。

攪拌機先後裝上葉片與打蛋器將奶油打到鬆發。加入放涼的英式蛋奶醬拌勻。然後手動拌入義式蛋白霜、玫瑰香精和玫瑰糖漿。立刻使用。

馬卡龍麵糊放入裝有 12 號平口圓頭花嘴的擠花袋中,烤盤鋪上 Silpat® 矽膠烤墊,以螺旋狀擠出 2 個直徑 20 公分的圓盤,放在室溫下結皮至少 30 分鐘。烤箱開啟旋風模式,預熱到 180℃(刻度 6),送入烤箱烘烤 20 到 25 分鐘,期間快速開啟烤箱門 2 次。烤好後取出放涼。

義式蛋白霜

在單柄鍋中煮沸水和糖,一開始沸騰即用沾水的甜點刷清理鍋子邊緣,直到加溫至 118℃。蛋白打成鳥嘴狀,也就是不要打到太緊實。糖漿呈細線狀倒入蛋白霜。繼續攪打直到降溫。僅取其中的 175 克使用。

03.

最好使用在室溫下保存幾天的蛋白。

04.

取一個盤子，在盤面放置一片翻面的玫瑰馬卡龍酥餅。使用裝了 10 號花嘴的擠花袋，以螺旋手法在餅面擠滿玫瑰花瓣奶油餡，在玫瑰馬卡龍酥餅的最外圈擺上一圈覆盆子，讓成品看得到覆盆子，然後根據馬卡龍酥餅的大小，再擺上兩圈覆盆子。

品嘗前都要放在冰箱。
這款甜點冷藏可保存兩天。

05.

在覆盆子圈的空隙之間擺滿荔枝，再度擠上玫瑰花瓣奶油餡，蓋上第二片玫瑰馬卡龍酥餅，輕輕按壓。

06.

在表面裝飾 3 顆覆盆子和 5 片紅玫瑰花瓣，使用塑膠或烘焙紙做成的圓錐，在花瓣擠上果糖做成的露珠增色。

建議在品嘗前一夜
製作這款多層次甜點，
口感才會酥軟。

玫瑰冰沁馬卡龍佐紅莓醬汁

15人份

製作時間：2小時
烹調時間：5小時30分鐘

甜點師技法

隔水加熱〔P.616〕、醬汁煮稠到可裹覆匙面〔P.617〕、用湯匙塑形成橢圓狀〔P.619〕、澆淋〔P.618〕、擠花〔P.618〕。

用具

錐形超細篩濾網〔P.620〕、裝有 8 號圓形花嘴的擠花袋〔P.622〕、溫度計〔P.623〕、全自動冰淇淋機〔P.623〕或半自動冰淇淋機〔P.623〕。

結晶玫瑰

- 10 片 …… 無農藥玫瑰花瓣
- 1 顆 …… 蛋白（30 克）
- 50 克 …… 細砂糖

馬卡龍殼

- 法式或義式蛋白霜馬卡龍
  （參閱 P.120 或 136）
- 紅色色素

擺盤

- 100 克 …… 草莓
- 50 克 …… 森林草莓
- 100 克 …… 覆盆子
- 50 克 …… 紅醋栗

草莓醬汁

- 375 克 …… 草莓
- 60 克 …… 細砂糖
- 3 克 …… NH 果膠
- 1 根 …… 香草莢
- 15 克 …… 黃檸檬汁

玫瑰冰淇淋

- 10 顆 …… 蛋黃（100 克）
- 50 克 …… 細砂糖
- 300 克 …… 牛奶
- 200 克 …… 液態鮮奶油
- 3 滴 …… 玫瑰香精
- 60 克 …… 玫瑰糖漿
- 紅色色素

沒錯，馬卡龍也可以做為盤飾甜點享用……

進階食譜

結晶玫瑰

玫瑰花瓣浸入稍微打發的蛋白，撒上細砂糖，放在烘焙紙或 Silpat® 矽膠烤墊上，送進 30℃（刻度 1）的烤箱烘乾 3 小時。花瓣必須變得酥脆，但是保持鮮豔的顏色。

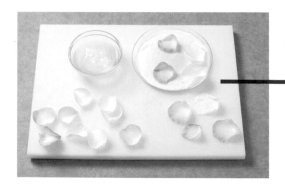

01.

02.

草莓醬汁

草莓切成兩半，與糖、果膠、香草籽和檸檬汁一起放入沙拉碗。以隔水加熱方式蓋上鍋蓋加熱 2 小時。

煮出的果汁放入錐形超細篩濾網過濾，冷藏備用。

也可以用冷凍草莓
來做草莓醬汁。
多餘的馬卡龍麵糊
則可放冰庫保存。

03.

馬卡龍殼

烤箱預熱到 160℃（刻度 5-6）。按照 P.120 或 136 的步驟，在材料中加入色素製作馬卡龍麵糊，放入裝了 8 號圓形花嘴的擠花袋中。在兩個鋪了烘焙紙的烤盤上，擠出直徑 6 公分，數量相同的圓圈和圓餅。放入烤箱，圓圈烘焙 10 分鐘，圓餅烘烤 15 分鐘。放涼備用。

玫瑰冰淇淋

蛋黃和細砂糖在沙拉碗中混合。單柄鍋中倒入牛奶和液態鮮奶油，加熱至沸騰。

在上述液體中加入蛋糖糊，煮到稠度可附著於刮刀上且溫度達到 84℃，如同英式蛋奶醬。手指劃過刮刀時，蛋奶醬必須留下痕跡。

蛋奶醬下面墊冰塊冷卻，然後加入玫瑰香精、玫瑰糖漿和少許紅色色素，好稍微加重顏色。攪拌均勻。

04.

05.

玫瑰蛋奶醬冰涼後，放入全自動冰淇淋機或半自動冰淇淋機。冰淇淋完成後放入冷凍庫保存。

馬卡龍殼放入冷凍庫片刻，
冰淇淋更容易固著在上面。

06.

擺盤

草莓和覆盆子切成兩半。在平盤中以和諧美感的方式，將草莓、森林草莓、覆盆子和紅醋栗擺放成圈狀，然後淋上草莓醬汁。

在中心擺放一片馬卡龍殼，平坦面向上，放上一球塑形成橢圓狀的玫瑰冰淇淋，蓋上一個馬卡龍圓圈。用結晶玫瑰花瓣裝飾，立刻品嘗。

椰子綠茶柑橘手指馬卡龍

20個馬卡龍

製作時間：40分鐘
烹調時間：1小時30分鐘

甜點師技法
川燙〔P.616〕、擠花
〔P.618〕、完整取下
柑橘瓣果肉〔P.619〕。

用具
手持式電動攪拌棒〔P.621〕、
裝有 7 號圓形花嘴的擠花袋
〔P.622〕。

馬卡龍殼
+ 法式或義式蛋白霜馬卡龍
　（參閱 P.120 或 136）
+ 50 克 …… 椰子粉
+ 綠色色素

綠茶甘納許
+ 180 克 …… 液態鮮奶油
+ 170 克 …… 白巧克力
+ 1 克 …… 鹽
+ 3 克 …… 抹茶粉

裝飾
+ 1 顆 …… 粉紅葡萄柚
+ 1 顆 …… 柳橙
+ 100 克 …… 新鮮椰子肉
+ 5 克 …… 抹茶粉
+ 1 顆 …… 魚子檸檬
　（由自選用）

葡萄柚果醬
+ 250 克 …… 粉紅葡萄柚
+ 75 克 …… 細砂糖
+ 1 根 …… 香草莢
+ 6 克 …… NH 果膠

這款滋味豐富的特殊馬卡龍結合異國風情
和鮮明色彩，是名副其實的小珠寶！

進階食譜

馬卡龍殼

烤箱預熱到 160℃（刻度 5-6）。按照 P.120 或 136 的步驟，混合 30 克椰子粉、糖粉和杏仁粉製作馬卡龍麵糊，加入色素。放進裝了 7 號圓形花嘴的擠花袋，在鋪了烘焙紙的烤盤上，擠出長 8 公分的手指馬卡龍。撒上剩下的椰子粉，放入烤箱烘焙 15 分鐘。放涼備用。

01.

02.

葡萄柚果醬

葡萄柚切成四份，切掉中央部分去除種子，川燙兩次後切成細絲，放入單柄鍋加熱，加進半數的糖和香草莢取出的籽。

蓋上鍋蓋以小火燉煮。等到葡萄柚皮煮熟且變成透明，加入與果膠混合的剩餘細砂糖。掀開鍋蓋，用小火煮到收乾。

煮到剩下一點水分時，用電動攪拌棒稍微攪碎果醬，裝到沙拉碗中，放冰箱冷藏保存。

如果希望減少果醬的苦味，
可以把切成四塊的
葡萄柚多川燙幾次。
也可以用檸檬或柳橙製作這道食譜。
如果使用柳橙，
糖量可以減少至50克。

03.

綠茶甘納許

單柄鍋中倒入 80 克液態鮮奶油，加熱到沸騰。沙拉碗內放入白巧克力、鹽和抹茶，澆上沸騰的鮮奶油，攪拌以融化白巧克力。加入剩下的鮮奶油，以手持式電動攪拌棒攪打至甘納許滑順均勻，放入冰箱冷藏保存。

剩下的 100 克液態鮮奶油打發成可以擠花的鮮奶油霜。

取出甘納許放在室溫下幾分鐘，用攪拌匙或刮刀輕柔拌入打發的鮮奶油霜。放在室溫下保存備用。

04.

裝飾

完整取下葡萄柚瓣和柳橙瓣的果肉，放在廚房紙巾上吸掉一些水分。用削皮刀削下椰子肉薄片。

在馬卡龍的平坦面鋪上一層薄薄果醬。

綠茶甘納許放入擠花袋中，先剪掉擠花袋的尖端，再斜剪一個開口。在葡萄柚果醬上擠出波浪狀甘納許。

多餘的馬卡龍麵糊可以保存在冷凍庫中。

05.

06.

用柑橘瓣果肉和新鮮椰子片裝飾馬卡龍，撒上薄薄一層綠茶粉。

冬天比較容易找到魚子檸檬，汁液豐富的細小果粒除了可以做為裝飾，還能帶來清爽的酸味。

覆盆子天竺葵與黑醋栗紫羅蘭馬卡龍花環

5人份

製作時間：40分鐘
烹調時間：30分鐘

甜點師技法

擠花〔P.618〕。

用具

5 個裝有 8 號圓形花嘴的擠花袋〔P.622〕。

馬卡龍殼

- 法式或義式蛋白霜馬卡龍（參閱 P.120 或 136）
- 紅色色素
- 紫色色素
- 50 克 …… 結晶紫羅蘭
- 5 朵 …… 結晶芳香天竺葵

白巧克力、天竺葵和紫羅蘭奶油餡

- 40 克 …… Maïzena® 玉米粉
- 275 克 …… 牛奶
- 180 克 …… 液態鮮奶油
- 220 克 …… 白巧克力
- 160 克 …… 奶油
- 紅色色素
- 紫色色素
- 3 滴 …… 天竺葵香精
- 3 滴 …… 紫羅蘭香精

糖煮覆盆子

- 200 克 …… 覆盆子
- 75 克 …… 細砂糖
- 5 克 …… NH 果膠
- 10 克 …… 檸檬汁

糖煮黑醋栗

- 200 克 …… 黑醋栗
- 75 克 …… 細砂糖
- 5 克 …… NH 果膠
- 10 克 …… 檸檬汁

和親朋好友一人一片花瓣，共享這款花形馬卡龍的風味。

進階食譜

01.

馬卡龍花環

烤箱預熱到 160℃（刻度 5-6）。按照 P.120 或 136 的步驟製作馬卡龍糊，分成兩份，各染成紫色和紅色，分別放入 2 個裝有 8 號圓形花嘴的擠花袋。在烘焙紙上畫出環環相連的直徑 6 公分圓餅，組成一個直徑 18 公分的花環。以 2 種顏色的麵糊交替擠出馬卡龍殼。再製作第二個花環。放入烤箱烘烤 15 分鐘。

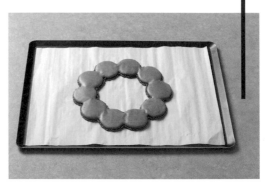

白巧克力、天竺葵和紫羅蘭奶油餡

在沙拉碗中混合 Maïzena® 玉米粉和冰牛奶。鮮奶油倒入單柄鍋中煮沸，加入玉米粉糊同時不斷攪拌。加熱 1 分鐘。

白巧克力放入沙拉碗，澆上熱鮮奶油，放置 1 分鐘後以打蛋器攪拌，隨後加入切成小塊的奶油。奶油餡放入冰箱冷藏凝固，均分成兩份。

若想更精準地掌控擠花袋，可以先使用較小的擠花袋，好控制擠出的馬卡龍麵糊量。
如要收攏擠花袋的袋口，可以利用冷凍袋夾。
為了方便在擠花袋中裝入麵糊，
可將擠花袋放入圓柱形容器內，
袋口折下來貼在容器邊緣，然後裝入麵糊。

02.

03.

糖煮覆盆子

在單柄鍋中放入覆盆子和半量的糖，加熱到微溫。混合 NH 果膠和剩下的糖，加入單柄鍋中煮到沸騰。倒進檸檬汁，一邊攪拌一邊加熱 30 秒。裝到沙拉碗中，放置冰箱冷藏。

糖煮黑醋栗

按照先前製作糖煮覆盆子的方式烹調。

———————

多餘的馬卡龍麵糊
可冷凍保存。

———————

04.

05.

組裝

要做成天竺葵口味的白巧克力奶油餡染成粉紅色，紫羅蘭口味的染成紫色，各自加入對應的香精，分別放入 2 個裝有 8 號圓形花嘴的擠花袋。取一個馬可龍花環，按照馬卡龍的顏色擠上對應的甘納許。

糖煮覆盆子放入裝有 8 號圓形花嘴的擠花袋，在每個天竺葵甘納許中間擠上一點。

糖煮黑醋栗放入裝有 8 號圓形花嘴的擠花袋，在每個紫羅蘭甘納許中間擠上一點。蓋上第二片馬卡龍花環，以結晶紫羅蘭和結晶芳香天竺葵花瓣裝飾。

06.

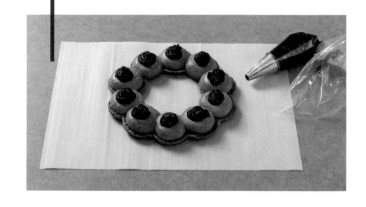

———————

參閱P.154，按照結晶玫瑰花瓣的做法，製作結晶紫羅蘭和
芳香天竺葵花瓣。

———————

基礎食譜

製作時間：30分鐘
烹調時間：1小時

- ◆ 100 克 …… 皮埃蒙整顆生榛果
- ◆ 210 克 …… 皮埃蒙榛果粉
- ◆ 230 克 …… 糖粉
- ◆ 8 顆 …… 蛋白（230 克）
- ◆ 75 克 …… 細砂糖

達克瓦茲杏花酥
皮耶・艾曼

特色

以杏仁蛋白霜或榛果蛋白霜為基礎的餅糊。

用途

做為多層次甜點的基底。

變化

開心果達克瓦茲〔P.166〕
克萊兒・艾茲勒的達克瓦茲〔P.168〕
菲利普・康帝辛尼的達克瓦茲杏花酥〔P.172〕。

甜點師技法

粗略弄碎〔P.616〕、過篩〔P.619〕、焙烤〔P.619〕。

用具

37×28×3 或 4 公分的無底方形框模〔P.620〕、彎柄抹刀〔P.622〕。

應用食譜

開心果覆盆子達克瓦茲〔P.166〕
百香熱情戀人，**克萊兒・艾茲勒**〔P.168〕
錫蘭，**菲利普・康帝辛尼**〔P.172〕
甜蜜歡愉，**皮耶・艾曼**〔P.178〕

烤盤鋪上烘焙紙，平鋪一層榛果，不要重疊，以160℃（刻度 5-6）焙烤 20 分鐘。用篩子磨掉外皮，然後壓碎。

榛果粉放在烤盤上以 150℃（刻度 5）焙烤 10 分鐘。糖粉和榛果粉一起過篩。打發蛋白，分三次加入糖，手動拌入過篩的粉類，用刮刀由下往上翻拌蛋白糊。

01.

烤盤鋪上烘焙紙或 Silpat® 矽膠烤墊，放上長 37、寬 28、高 3-4 公分的無底方形框模。秤出 700 克榛果達克瓦茲餅糊填入模具，用彎柄抹刀鋪平，均勻撒上壓碎的榛果。

送入旋風式烤箱以 170℃（刻度 6）烘烤約 30 分鐘，烤箱門稍微打開，避免達克瓦茲膨脹後因為烤箱中的水蒸氣濃度立刻塌陷。烤好後應該既有彈性又濕潤柔軟。靜置放涼。

02.

入門食譜

4人份

製作時間：30分鐘
烹調時間：30分鐘
靜置時間：4小時到1夜

甜點師技法

粗略弄碎〔P.616〕、刨磨皮茸〔P.619〕。

用具

中空圈模〔P.620〕、直徑 22 公分 的 高 邊 模〔P.622〕、攪 拌 機〔P.622〕、刮 皮 器〔P.623〕。

開心果覆盆子達克瓦茲

開心果達克瓦茲

* 2 顆 …… 蛋白
* 15 克 …… 細砂糖
* 50 克 …… 糖粉
* 50 克 …… 無鹽開心果粉
* 40 克 …… 無鹽壓碎開心果
* 1 撮 …… 鹽

餡料

* 1 大匙 …… 牛奶（15 毫升）
* 1 片 …… 吉利丁（2 克）
* 1 顆 …… 蛋黃（20 克）
* 35 克 …… 細砂糖
* 125 克 …… 馬斯卡彭乳酪
* 1 顆 …… 黃檸檬
* 2 顆 …… 蛋白（60 克）
* 1 大匙 …… 植物油
* 150 克 …… 覆盆子

開心果達克瓦茲

烤箱預熱到 180℃（刻度 6）。使用本食譜的材料和份量，按照 P.164 的步驟製作達克瓦茲。為直徑 22 公分的高邊模塗抹奶油，倒入麵糊，撒上壓碎的開心果。送進烤箱烘焙 30 分鐘。

01.

02.

餡料

烘烤期間加熱牛奶到微溫。用一碗冷水浸泡吉利丁片，瀝乾水分後放入溫牛奶溶化。放旁備用。取 30 克糖與蛋黃一起以中速攪打到發白。降低速度，加進馬斯卡彭乳酪和溶有吉利丁的牛奶、檸檬皮和檸檬汁。稍微加快速度再攪打 1 分鐘。

03.

攪拌缸中放入蛋白以最高速攪打，加入剩下的糖，繼續攪打 1 分鐘。輕柔拌入步驟 2 準備的材料。

04.

達克瓦茲脫模，用中空圈模切出 4 個圓形。在 4 個中空圈模邊緣塗抹一層薄薄的植物油，放入圓形達克瓦茲餅底。

05.

擺上幾顆覆盆子，在模具中填滿檸檬餡，放入冰箱 4 小時到 1 夜。品嘗之前脫模，以開心果和覆盆子裝飾。

進 階 食 譜

克萊兒‧艾茲勒

百香熱情戀人

60個小蛋糕

製作時間：1小時30分鐘
烹調時間：8分鐘
靜置時間：12小時+5小時

甜點師技法

打成鳥嘴狀〔P.616〕、結晶〔P.617〕、攪拌到柔滑〔P.618〕、擠花〔P.618〕、過篩〔P.619〕、巧克力調溫〔P.619〕。

用具

2 個 36×26 公分的無底方形框模〔P.620〕或矽膠模具〔P.622〕、手持式電動攪拌棒〔P.621〕、彎柄抹刀〔P.622〕、塑膠軟板〔P.622〕、噴槍或即用型噴霧器〔P.622〕、擠花袋〔P.622〕、攪拌機〔P.622〕、Silpat® 矽膠烤墊〔P.623〕。

白巧克力片

◆ 500 克 …… Opalys Valrhona® 白巧克力

百香果蛋奶餡

◆ 2 片 …… 吉利丁（4 克）
◆ 230 克 …… 百香果泥
◆ 6 顆 …… 蛋（300 克）
◆ 135 克 …… 細砂糖
◆ 190 克 …… 奶油

達克瓦茲

◆ 5 顆 …… 蛋白（140 克）
◆ 50 克 …… 細砂糖
◆ 85 克 …… 杏仁粉
◆ 100 克 …… 糖粉
◆ 30 克 …… 麵粉

帕林內脆片

◆ 300 克 …… 帕林內
◆ 150 克 …… 脆片
◆ 75 克 …… 白巧克力

百香果香堤伊

◆ 100 克 …… 液態鮮奶油
◆ 25 克 …… 百香果泥

組合與裝飾

◆ 黃色色素
◆ 1 顆 …… 百香果

這款百香果奢華小點是我在日本的作品，我喜歡與摯愛的人分享⋯⋯尤其是我的伴侶朱利安。百香果和帕林內的平衡風味是重點所在，咬下一小口就讓人難以自拔！

01.

白巧克力片

前一夜為白巧克力調溫（參閱 P.565），鋪抹在塑膠軟板上，切成每邊 3 公分的方塊。靜置結晶 12 小時後才能使用。

烘烤的時間和溫度不是絕對，
得視烤箱的火力調整。

百香果泥可在
專門店或網路上購得。

02.

百香果蛋奶餡

用一碗冷水浸泡吉利丁。在單柄鍋中煮沸百香果泥。攪打蛋和細砂糖，倒進百香果泥中，一邊攪拌一邊煮到沸騰。依序加入擠乾水分的吉利丁和切成小塊的奶油。攪拌均勻後用手持式電動攪拌棒打到柔滑，倒進放置在 Silpat® 矽膠烤墊上的 36×26 公分無底方形框模或矽膠模具，放入冷凍庫 4 小時。

03.

達克瓦茲

製作當天，烤箱預熱到 180℃（刻度 6）。使用攪拌機將蛋白和糖打發成鳥嘴狀。杏仁粉、糖粉、麵粉一起過篩，加進打發的蛋白霜中。用攪拌匙輕柔翻拌，注意別讓蛋白霜消泡。在烘焙紙或 Silpat® 矽膠烤墊上放置 36×26 公分的無底長方形模具或矽膠模具，倒入蛋白糊，用彎柄抹刀鋪平，送進烤箱烘烤 8 分鐘。

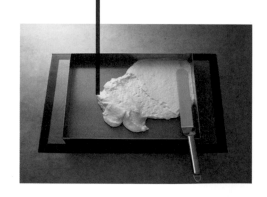

帕林內脆片

等待達克瓦茲烘烤期間，混合帕林內、脆片和融化的白巧克力。在兩片塑膠軟板或烘焙紙之間鋪抹長 36 公分、寬 26 公分、厚 3 公釐的帕林內脆片。把這塊長方形帕林內脆片放在猶有熱度的達克瓦茲上，使兩個部分穩固接合在一起。放入冰箱 1 小時，切成每邊 3 公分的方塊。

04.

05.

百香果香堤伊

用攪拌機將十分冰冷的液態鮮奶油打發成香堤伊，加入百香果泥後輕柔混拌，裝進擠花袋。

06.

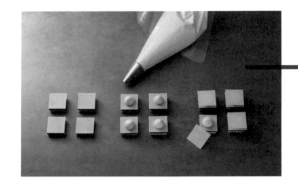

組合與裝飾

冷凍的百香果蛋奶餡切成每邊 2.5 公分的正方體，噴上黃色色素。

挖出百香果果肉，取出種子。在帕林內脆片 - 達克瓦茲餅表面放上白巧克力片。擠上百香果香堤伊。

使用噴槍或即用型噴霧器在巧克力片噴上顏色。

07.

放上第二片巧克力和一塊噴上黃色色素的百香果蛋奶餡。最後以百香果籽做為裝飾。

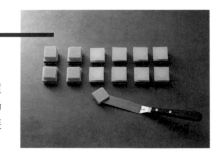

菲利普·康帝辛尼

我採用為菜餚調味的方式建構這款甜點。精準的平衡在口中創造整體感受,精妙入微的細節才是重點所在:檸檬為白巧克力增添風味,茉莉花茶營造柔和甜美的整體感。奶油餡中添加牛奶巧克力是為了利用可可脂延長味道在口中的餘韻。

錫 蘭

6人份

製作時間:45分鐘
烹調時間:2小時
靜置時間:3小時

甜點師技法

擀麵〔P.616〕、打成鳥嘴狀〔P.616〕、川燙〔P.616〕、結皮〔P.617〕、隔水加熱〔P.616〕、打到柔滑均勻〔P.618〕、製作馬卡龍糊〔P.618〕、澆淋〔P.618〕、過篩〔P.619〕、刨磨皮茸〔P.619〕。

用具

20×30 公分的無底方形框模〔P.620〕、刮刀〔P.621〕、食物調理機〔P.621〕、擀麵棍〔P.622〕、篩子〔P.623〕、刮皮器〔P.623〕。

杏仁醬

- 600 克 ⋯⋯ 整顆生杏仁果
- 400 克 ⋯⋯ 糖粉

杏仁醬脆片

- 40 克 ⋯⋯ 杏仁醬
- 25 克 ⋯⋯ 白巧克力
  (Chocolaterie de l'Opéra 的 Concerto 覆蓋用巧克力)
- 15 克 ⋯⋯ 薄脆餅碎片
- 1 撮 ⋯⋯ 鹽之花

糖漬黃檸檬

- 100 克 ⋯⋯ 檸檬皮
- 250 克 ⋯⋯ 黃檸檬汁
- 150 克 ⋯⋯ 細砂糖

黃檸檬錫蘭紅茶酥餅

- 6 顆 ⋯⋯ 蛋(300 克)
- 1 小匙 ⋯⋯ 千花蜂蜜
- 1 小匙 ⋯⋯ 糖漬檸檬
  (見上方)
- 50 克 ⋯⋯ 細砂糖

- 60 克 ⋯⋯ 麵粉
- 30 克 ⋯⋯ 奶油
- 20 克 ⋯⋯ 黃檸檬汁

達克瓦茲杏花酥

- 90 克 ⋯⋯ 杏仁粉
- 4 顆 ⋯⋯ 蛋白(110 克)
- 25 克 ⋯⋯ 細砂糖
- 90 克 ⋯⋯ 糖粉

茶湯

* 100 克 …… 水
* 20 克 …… 茉莉花茶

茶香奶油餡

* 65 克 …… 茉莉花茶茶湯
  （見上方）
* 1 片 …… 吉利丁（2 克）
* 1 顆 …… 大型蛋的蛋黃
  （30 克）

* 20 克 …… 細砂糖
* 70 克 …… 液態鮮奶油
* 100 克 …… 牛奶巧克力（最
  好是覆蓋用巧克力）

義式蛋白霜

* 145 克 …… 細砂糖
* 3 顆 …… 蛋白（80 克）
* 40 克 …… 水

白巧克力佛手柑慕斯

* 240 克 …… 液態鮮奶油
* 2.5 片 …… 吉利丁（5 克）
* 100 克 …… 白巧克力
  （覆蓋用巧克力）
* 1 小匙 …… 現磨佛手柑皮
  （若無可用檸檬皮碎代替）
* 60 克 …… 義式蛋白霜（見
  左方）

如果沒有薄脆餅碎片，可以用Ga-vottes®法式薄餅捲碎片取代。

由於苦味集中在皮層，所以請川燙檸檬皮三次，糖漬檸檬的香氣就不會被苦味破壞。請注意，這種酸味食材的味道非常強烈而且濃郁。

杏仁醬白巧克力脆片

製作杏仁醬的步驟如下：全粒生杏仁放在烤盤上，以140℃（刻度5）烘烤40分鐘。放入食物調理機，加進糖粉攪打直到獲得柔軟的杏仁糊。隔水加熱融化白巧克力，倒進杏仁醬中混拌。加入薄脆餅碎片和鹽之花，再度攪拌均勻。

杏仁糊放在兩張烘焙紙之間，擀成5公釐厚。放入冰箱冷藏2小時直到變硬。等到杏仁醬脆片變得夠硬之後，切成19.5×9.5公分的長方形。

01.

02.

糖漬黃檸檬

單柄鍋中裝滿一半的水，放進檸檬皮，煮沸川燙去除苦澀味。瀝乾水分，換水並重複上述步驟兩次。處理好的檸檬皮與檸檬汁和糖一起以中火煮40到50分鐘。用食物調理機攪碎仍然熱燙的糖漬檸檬。

錫蘭餅乾

烤箱預熱到 170℃（刻度 6）。融化奶油。在裝了打蛋器的攪拌機中加入蛋、蜂蜜、糖漬檸檬和糖，以中速攪打 10 分鐘，直到柔軟並呈鳥嘴狀。加入過篩的麵粉，混拌均勻。依序拌入熱奶油和檸檬汁。倒在鋪了烘焙紙的烤盤上，高度約 1 公分，送進烤箱烘焙 8 分鐘。餅乾的觸感必須柔軟有彈性，放涼後切成 19.5×9.5 公分的長方形。

03.

這款蛋糕必須使用高品質的茉莉花茶，花朵應該盛開並且香氣濃郁。品質較差的茶葉會釋放苦澀，破壞整體風味的平衡感。

達克瓦茲杏花酥

使用這個食譜的材料和份量，按照 P.164 的步驟製作達克瓦茲杏花酥。

烤箱預熱到 180℃（刻度 6）。

烤盤鋪上烘焙紙，放置一個 20×30 公分的無底方形框模，使用攪拌匙在模具內鋪上 5 到 6 公釐厚的餅糊。撒上糖粉，靜置結皮 5 分鐘，再度撒上糖粉。送進烤箱烘烤 10 分鐘，放置室溫冷卻。

04.

05.

茉莉花茶湯

在小單柄鍋中煮沸水，加入茉莉花茶，倒入碗中，蓋上保鮮膜，最多浸泡 4 分鐘，時間再長的話，茶葉的苦澀會滲入茶湯中無法消除。立刻過濾，留下茶湯，放置室溫備用。

06.

茶香蛋奶餡

用一碗冷水浸泡吉利丁。在沙拉碗中攪打蛋黃和細砂糖,加入 65 克茶湯和液態鮮奶油,拌勻後以隔水加熱法加熱,同時不斷攪打。等到糊料膨脹到 2 倍體積後,加入擠乾水分的吉利丁,再度攪拌。隔水加熱融化巧克力,加入上述糊料,攪拌均勻,然後將茶香蛋奶餡倒進鋪有達克瓦茲的無底方形框模中,高度約 7 到 8 公釐。送進冰箱冷藏約 1 小時。使用本食譜的份量,按照 P.114 的步驟製作義式蛋白霜。

07.

佛手柑白巧克力慕斯

200 克液態鮮奶油打發成慕斯狀香堤伊,不要打得太過緊實,送入冰箱冷藏。浸泡吉利丁。隔水加熱融化白巧克力。在單柄鍋中煮沸剩下的液態鮮奶油,加入擠乾水分的吉利丁。攪拌均勻後倒入白巧克力。加進佛手柑皮碎。以輕巧手法依序拌入義式蛋白霜和香堤伊。在 20×10 公分的長方形模具邊緣與底部抹上一層慕斯。

08.|

在達克瓦茲杏花酥上切出一個
19.5×9.5公分的長方形，放在模具
底部鋪抹的白巧克力慕斯表面，倒入
剩下的白巧克力慕斯。錫蘭餅乾表面
塗抹一層薄薄的糖漬檸檬醬，放上杏
仁醬脆片。

在鋪了白巧克力慕斯的模
具中放上餅乾，送入冷凍
庫，脫模後開始裝飾多層次
甜點。如果有噴槍，以2:1
的比例混合白巧克力和可可
脂，稍微加熱到37/38℃
加以融化，噴灑在多層次甜
點表面。不然也可以在表面
黏上白巧克力片做為裝飾。

09.|

進 階 食 譜

皮耶 · 艾曼

甜蜜歡愉

30 個蛋糕

製作時間：1小時30分鐘
烹調時間：1小時
靜置時間：1夜

甜點師技法

粗略弄碎〔P.616〕、隔水加熱〔P.616〕、打到柔滑均勻〔P.618〕、擠花〔P.618〕、過篩〔P.619〕、焙烤〔P.619〕。

用具

20×30 公分的塑膠片、彎柄抹刀〔P.622〕、裝有扁鋸齒嘴的擠花袋〔P.622〕、裝有不鏽鋼 12 號圓形花嘴的塑膠擠花袋〔P.622〕、攪拌機〔P.622〕、篩子〔P.623〕。

牛奶巧克力香堤伊

- 300 克 …… 液態鮮奶油
- 210 克 …… Jivara Valrhona® 牛奶巧克力（40% 可可）

烤焙碎榛果

- 100 克 …… 皮埃蒙整顆榛果

榛果達克瓦茲杏花酥（參閱 P.164）

榛果帕林內脆片

- 150 克 …… 榛果帕林內 60/40（Valrhona®）
- 150 克 …… 純榛果膏（榛果泥）
- 75 克 …… Jivara Valrhona® 牛奶巧克力（40% 可可）
- 150 克 …… Gavottes® 法式薄餅捲碎片
- 30 克 …… 奶油

10×2.5公分牛奶巧克力薄片

- 160 克 …… Jivara Valrhona® 牛奶巧克力（40% 可可）

牛奶巧克力甘納許

- 250 克 …… Jivara Valrhona® 牛奶巧克力（40% 可可）
- 230 克 …… 液態鮮奶油

這款甜點由牛奶巧克力蛋糕、帕林內脆片和皮埃蒙榛果組成，以突顯牛奶巧克力的風味做為基調，運用酥鬆、爽脆、柔滑和絲絨等不同口感提供精采紛呈的感官享受。

前一夜,切碎巧克力,淋上煮沸的鮮奶油,攪拌均勻,倒入盤中,送進冰箱冷藏約 12 小時。

烤焙並壓碎榛果

製作當天,烤盤鋪上烘焙紙,平鋪一層榛果,以 160℃(刻度 5-6)烘烤 20 分鐘。用篩子去掉榛果外皮,然後壓碎。

榛果達克瓦茲杏花酥

按照 P.164 的步驟製作達克瓦茲杏花酥。

榛果帕林內脆片

用隔水加熱法分別以 40 到 45℃ 融化奶油和覆蓋用巧克力。在裝了葉片的攪拌缸或打蛋盆中以打蛋器攪拌榛果帕林內、榛果膏、覆蓋用巧克力和奶油。加入 Gavottes® 法式薄餅捲碎片。

秤出 550 克帕林內脆片,鋪入放了達克瓦茲杏花酥的無底方形框模中,並以彎柄抹刀抹平。送進冰箱冷藏。在榛果帕林內脆片 - 達克瓦茲杏花酥上切出數個 10×2.5 公分的長方形。放冰箱保存。

牛奶巧克力薄片

在 20×30 公分的塑膠片鋪上一層經過調溫的牛奶巧克力(參閱 P.565)。巧克力凝固後,切出數個 10×2.5 公分的長方形。在上面墊一張烘焙紙並壓上一個烤盤,放入冰箱冷藏凝固。

04.

牛奶巧克力甘納許

切碎巧克力，淋上煮沸的鮮奶油，攪拌均勻後倒入盤中，置於室溫凝固。

05.

烤盤鋪上烘焙紙，放上牛奶巧克力薄片（光滑面朝下）。使用裝有扁鋸齒嘴的擠花袋，在巧克力片上沿長邊均勻擠滿牛奶巧克力甘納許。放上第二片長方形巧克力片，重複上述步驟。不要在第二層甘納許上放置長方形巧克力片。送入冷凍庫。

———————

成品請放置冰箱保存，直到品嘗時才取出。
務必冰涼食用。
這款蛋糕可以在冰箱冷藏保存24小時。

———————

06.

牛奶巧克力香堤伊

鮮奶油放入碗中打發。在裝了 12 號不銹鋼圓形花嘴的塑膠擠花袋中放入牛奶巧克力香堤伊。取出之前做好且切成長方形的榛果帕林內脆片達克瓦茲杏花酥，擠上兩條細香堤伊。放上牛奶巧克力甘納許和牛奶巧克力薄片的組合。並排擠上 2 條粗巧克力香堤伊。最後放上一片長方形牛奶巧克力片（光滑面朝上）。

基礎食譜

8人份

製作時間：1小時30分鐘
烹調時間：30分鐘

* 25 克 …… 奶油
* 75 克 …… 麵粉 +25 克撒在模具上用
* 25 克 …… Maïzena® 玉米粉
* 25 克 …… 可可粉
* 4 顆 …… 蛋（200 克）
* 125 克 …… 細砂糖

全 蛋 海 綿 蛋 糕

特色
柔軟輕盈的蛋糕體，可做為許多甜點的基底。

用途
蛋糕或多層次甜點的基底。

變化
女爵巧克力蛋糕〔P.189〕

甜點師技法
鋪覆〔P.616〕、打發至糊料落下呈緞帶狀〔P.618〕、過篩〔P.619〕。

用具
漏勺〔P.621〕、直徑 24 公分模具、甜點刷〔P.622〕。

應用食譜
帕林內甘納許巧克力海綿蛋糕〔P.184〕
女爵巧克力蛋糕〔P.189〕
覆盆子無麩質熔岩巧克力蛋糕〔P.228〕
草莓園蛋糕〔P.402〕
摩卡，**菲利普 · 康帝辛尼**〔P.418〕

模具內部沾裹麵粉：用甜點刷沾取融化奶油塗在直徑 24 公分的模具內部。放在陰涼處幾分鐘讓奶油凝固，倒入麵粉，一邊轉動一邊拍打邊緣，讓整個模具沾滿麵粉。等到模具均勻沾滿麵粉之後，倒扣模具讓多餘的麵粉掉落，放置一旁備用。

01.

02.

烤箱預熱到 180℃（刻度 6）。混合麵粉、玉米粉和可可粉一起過篩，放旁備用。單柄鍋中加入熱水，放上一個沙拉碗，在碗中加入蛋和糖，以打蛋器慢速但持續攪拌。

03.

不妨加入一點發粉讓全蛋海綿蛋糕的質地更加輕盈。

在步驟 2 的混合物中，用漏勺撒上加了可可粉的麵粉，由下往上輕輕拌勻。

等到混合物變得溫熱且糖完全融化後，離火快速攪拌，直到混合物完全冷卻。必須攪打成慕斯質地且在滴落時呈緞帶狀。

05.

全蛋海綿蛋糕糊倒入模具，避免中央形成隆起。送進烤箱，降低烤箱溫度至 160℃（刻度 5-6），烘烤約 30 分鐘。

04.

烘烤全蛋海綿蛋糕的前 15 分鐘絕對不可打開烤箱門，這樣可能導致蛋糕體塌陷且無法挽救。

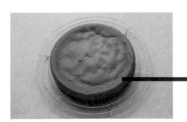

06.

用刀尖戳入全蛋海綿蛋糕確認熟度，拔出刀尖時必須毫無沾黏麵糊。蛋糕趁熱脫模，移到涼架上放涼。

8人份

製作時間：1小時30分鐘
烹調時間：30分鐘
靜置時間：30分鐘

甜點師技法

打到柔滑均勻〔P.618〕、蘸
刷糖漿或液體〔P.619〕。

用具

甜點刷〔P.622〕。

帕林內甘納許巧克力海綿蛋糕

糖漿

- ◆ 100 克 …… 細砂糖
- ◆ 200 毫升 …… 水
- ◆ 半根 …… 香草莢
- ◆ 20 毫升 …… 蘭姆酒

巧克力海綿蛋糕
（參閱P.182）

帕林內甘納許

- ◆ 300 克 …… 牛奶巧克力
- ◆ 150 克 …… 杏仁榛果帕林內
- ◆ 1200 克 …… 全脂液態鮮奶油

組裝

- ◆ 100 克 …… 焦糖堅果碎粒

柔軟質地與翻糖香甜結合成為
極致美味。巧克力和帕林內共
譜最歡愉的饗宴。盡情品嘗，
不要客氣……

01.

糖漿

水中放入糖和香草一起煮到
沸騰，放置冷卻後加進蘭姆
酒，置於陰涼處備用。

02.

巧克力全蛋海綿蛋糕

按照 P.182 的步驟製作全蛋海綿蛋
糕。

03.

帕林內甘納許

切碎巧克力，和帕林內一起放入沙拉碗。煮沸鮮奶
油，淋在巧克力帕林內糊料上，稍待片刻，讓鮮奶
油的熱度發揮作用。

04.

甘納許用打蛋器攪拌到柔滑均勻。靜置於室溫。

先將蛋糕片放入中空圈模後再抹上甘納許，
可以讓組裝成品更加齊整。

組裝

全蛋海綿蛋糕橫切成三片。用甜點刷在最厚的那一片
塗上糖漿，然後抹上一層薄而均勻的甘納許，再放上
最薄的蛋糕片。

05.

蛋糕表面塗滿糖漿，抹上甘納許，放上最後一片全蛋海綿蛋糕，同樣塗上糖漿。組裝好的蛋糕放入冰箱 20 到 30 分鐘讓結構穩固。

06.

可以用隔水加熱法
稍微加熱甘納許，
讓質地更加均勻。

07.

視需要再將甘納許攪打至柔滑，塗滿整個蛋糕體。在蛋糕邊緣鋪上焦糖堅果碎粒，表面畫上格線或以巧克力片、巧克力米或酥脆巧克力球裝飾。

女爵巧克力蛋糕

6人份

製作時間：1小時
烹調時間：45分鐘
靜置時間：3小時

甜點師技法

粗略弄碎〔P.616〕、隔水加熱〔P.616〕、溶化〔P.617〕、打到柔滑均勻〔P.618〕、打發至糊料落下呈緞帶狀〔P.618〕、澆淋〔P.618〕、軟化奶油〔P.616〕、過篩〔P.619〕。

用具

直徑 20 公分海綿蛋糕模〔P.622〕、彎柄抹刀〔P.622〕。

巧克力全蛋海綿蛋糕

- 60 克 …… 奶油
- 105 克 …… 麵粉
- 35 克 …… 馬鈴薯澱粉
- 30 克 …… 可可粉
- 6 顆 …… 蛋（300 克）
- 180 克 …… 細砂糖

巧克力鏡面淋醬

- 80 克 …… 可可粉
- 6 片 …… 吉利丁（12 克）
- 180 克 …… 細砂糖
- 140 克 …… 水
- 100 克 …… 液態鮮奶油

巧克力卡士達醬

- 220 毫升 …… 牛奶
- 2 顆 …… 蛋黃（40 克）
- 25 克 …… 細砂糖
- 10 克 …… 卡士達粉
- 90 克 …… 覆蓋用黑巧克力
- 12 克 …… 可可膏

巧克力奶油霜餡

- 40 毫升 …… 水
- 150 克 …… 細砂糖

- 1 顆 …… 蛋（50 克）
- 半顆 …… 蛋黃（10 克）
- 150 克 …… 軟化奶油
- 30 克 …… 可可粉

組裝

- 200 克 …… 覆蓋用黑巧克力

進階食譜

01.

巧克力全蛋海綿蛋糕

烤箱預熱到 200℃（刻度 7）。為直徑 20 公分海綿蛋糕模抹上奶油並撒上麵粉。麵粉、馬鈴薯澱粉和可可粉過篩。隔水加熱讓加了糖的蛋液升溫，打發到呈「緞帶狀」後取出一部分與融化奶油拌勻。加入過篩的粉類後，與剩餘的蛋糖糊輕柔攪拌均勻。蛋糕糊倒入模具，送進烤箱烘烤約 30 分鐘。從烤箱取出後在一塊布上脫模。

02.

巧克力鏡面淋醬

用一碗冷水浸泡吉利丁。在單柄鍋中煮沸糖和水製作糖漿，加入可可粉。繼續以小火烹煮 3 分鐘。離火後放入擠乾水分的吉利丁和液態鮮奶油。送進冰箱冷藏 2 小時。

03.

巧克力卡士達醬

同時間，加熱 120 毫升牛奶。蛋黃和糖打到發白後，先加入一些牛奶稀釋，然後倒入剩下的牛奶。一邊加熱一邊持續攪拌，直到質地變得黏稠。粗略弄碎覆蓋用黑巧克力。加熱剩下的 100 毫升牛奶，澆淋到可可膏和碎巧克力上。加入卡士達醬，混拌均勻。

04.

巧克力奶油霜餡

在小單柄鍋中加入水和糖，加熱到 116℃煮成糖漿。糖漿倒在蛋和蛋黃上，高速打發後繼續攪打至完全冷卻，然後拌入奶油。取 350 克奶油霜餡拌入可可粉，直到質地變成霜狀。

05.

在卡士達醬中拌入奶油霜餡。

06.

組裝

全蛋海綿蛋糕橫切成厚度相同的三片，在其中一片抹上巧克力餡，疊放第二片蛋糕體，再鋪上巧克力餡，最後放上第三片蛋糕體。冷藏1小時。

07.

隔水加熱緩緩融化巧克力鏡面淋醬，避免加熱過頭，然後淋在整個多層次甜點表面。用彎柄抹刀抹平鏡面。以覆蓋用黑巧克力製作巧克力荷葉邊，黏在女爵蛋糕周圍。放置冰箱保存。

基礎食譜

60個餅乾

製作時間：45分鐘
烹調時間：8分鐘

- ◆ 5 顆 ⋯⋯ 中型蛋
  （125 克蛋白和 80 克蛋黃）
- ◆ 50 克 ⋯⋯ 麵粉
- ◆ 50 克 ⋯⋯ Maïzena® 玉米粉
- ◆ 100 克 ⋯⋯ 細砂糖
- ◆ 50 克 ⋯⋯ 糖粉

手指餅乾

特色
長型餅乾，輕盈柔軟，使用法式
蛋白霜製作。

用途
夏洛特蛋糕或提拉米蘇。

變化
皮耶 · 艾曼的手指餅乾
〔P.198〕。

甜點師技法
擠花〔P.618〕、過篩〔P.619〕。

用具
刮刀〔P.621〕、裝有 14 公釐花嘴的擠花袋〔P.622〕、
攪拌機〔P.622〕。

應用食譜
覆盆子夏洛特〔P.194〕
無限香草塔，**皮耶 · 艾曼**〔P.198〕
柑橘夏洛特〔P.205〕
雷夢姐，**菲利普 · 康帝辛尼**〔P.412〕
蘋果香草夏洛特〔P.449〕
巧克力香蕉夏洛特〔P.555〕

01.

烤箱預熱到 190℃（刻度 6-7），最好是旋風式加熱。打蛋時分開蛋白和蛋黃，分別秤重。麵粉和玉米粉過篩並拌勻。攪拌機裝上打蛋器，攪拌缸中放入蛋白並以中速打發呈泡沫狀，一邊繼續攪打一邊加入細砂糖。提高速度打發成蛋白霜。

02.

取下打蛋器並移出攪拌缸。倒入蛋黃輕柔攪拌。加進過篩的粉類。用刮刀由下到上小心拌勻，以免破壞蛋白霜。

03.

在裝有 14 公釐花嘴的擠花袋裝入麵糊。烤盤鋪上烘焙紙，在表面擠出長 8 到 10 公分的指狀麵糊，彼此之間留出一定間隔。接連撒上兩次糖粉以烤出脆殼。

04.

送進烤箱烘焙 8 分鐘。烤好後取出放在涼架上。

入門食譜

4～6人份

製作時間：40分鐘
烹調時間：5分鐘
靜置時間：2小時+12小時

甜點師技法

打到柔滑均勻〔P.618〕、擠花〔P.618〕、蘸刷糖漿或液體〔P.619〕、過篩〔P.619〕、鋪底〔P.619〕。

用具

直徑 14 和 16 公分中空圈模〔P.620〕、刮刀〔P.621〕、裝有 14 公釐花嘴的擠花袋〔P.622〕、攪拌機〔P.622〕、吹風機。

覆盆子夏洛特

覆盆子果凍
- 6.5 片 …… 吉利丁（13 克）
- 200 克 …… 覆盆子果泥
- 300 克 …… 覆盆子 +26 顆覆盆子
- 125 克 …… 細砂糖

基礎糖漿
- 600 克 …… 水
- 250 克 …… 糖

手指餅乾
- 10 根 原味手指餅乾（參閱 P.192）
- 20 根 …… 漢斯（Reims）粉紅手指餅乾
- 500 克 …… 基礎糖漿
- 10 克 …… 覆盆子白蘭地

覆盆子慕斯
- 230 克 …… 覆盆子果泥
- 4.5 片 …… 吉利丁（9 克）
- 20 克 …… 細砂糖
- 6 克 …… 覆盆子白蘭地
- 250 克 …… 非常冰冷的打發鮮奶油

01.

覆盆子果凍

製作前一夜，用一碗冷水浸泡吉利丁。在單柄鍋中倒入覆盆子果泥。從 300 克覆盆子中取出 12 顆覆盆子果實備用，剩下的和糖一起放入單柄鍋。以中火加熱並不停攪拌以免沾鍋。單柄鍋離火，加入擠乾水分的吉利丁。用打蛋器攪拌均勻，使吉利丁融化。在鋪了保鮮膜的烤盤上放置一個直徑 14 公分的中空圈模，倒入 200 克果凍，剩下的送進冰箱冷藏。在果凍中放置 12 顆覆盆子，盡量讓它們站直。送入冷凍庫 2 小時使凝固。

02.

從冷凍庫取出裝了覆盆子果凍的中空圈模，取下保鮮膜。用吹風機稍微吹熱中空圈模以便脫模。裝了果凍的中空圈模放到碗上，向下拉動中空圈模讓果凍脫模。放旁備用。按照 P.192 的步驟製作手指餅乾。

03.

基礎糖漿

單柄鍋中放入糖和水，以中火加熱，等到糖漿開始沸騰後即可熄火。

餅乾

裁出一張烘焙紙，尺寸稍微大於直徑 14 公分的中空圈模，鋪在烤盤上並放上模圈。混合白蘭地和基礎糖漿，製作用來蘸濕手指餅乾的糖漿。手指餅乾迅速浸入糖漿後拿起，鋪在中空圈模的底部，沾上糖漿的那一面朝上。放旁備用。

04.

覆盆子慕斯

用冷水浸泡吉利丁片。在單柄鍋中加熱少許覆盆子果泥。熄火後加入軟化的吉利丁、糖和白蘭地，攪拌均勻後加入剩下的覆盆子果泥，再度攪拌。打發鮮奶油（參閱 P.360），倒入上述混合物中，輕柔拌勻。取下框住餅乾的中空圈模，換上直徑 16 公分的中空圈模。鋪上一層厚厚的慕斯，用刮刀或湯匙在慕斯中心挖出一個洞，將多餘的慕斯堆到邊緣。

從冷凍庫取出裝了覆盆子果凍的中空圈模。翻轉過來放入慕斯，有覆盆子的那一面朝下，稍微用力往下按壓使果凍嵌入慕斯。填進剩下的慕斯直到均勻鋪滿整個模圈。以刮刀或大型刀具的平面抹平表面。覆上保鮮膜，送進冷凍庫 12 小時。

05.

06.

07.

製作當天，在品嘗前約 6 小時從冷凍庫取出夏洛特蛋糕。揭下保鮮膜。用吹風機加熱中空圈模邊緣。取一個碗，放上夏洛特蛋糕，向下拉動中空圈模讓夏洛特脫模，移至下面墊了盤子的涼架上。從冰箱取出剩下的覆盆子果凍，加熱直到變成液體（但保持冰冷），澆淋在夏洛特表面。

夏洛特放到要出菜的盤子上。從冰箱取出剩下的糖漿。迅速將粉紅手指餅乾沒有糖霜的那一面浸入糖漿，然後移放到平盤上，切成跟夏洛特相同的高度，黏在夏洛特周圍，糖霜面朝外。冷卻期間，果凍會讓餅乾保持黏附。在中央放上特地留下來作為裝飾的覆盆子。等到夏洛特完全解凍後即可上桌享用。

這款甜塔使用沙布蕾餅底，鋪上白巧克力香草甘納許和香草馬斯卡彭乳酪餡。皮耶・艾曼選擇結合不同產地的香草莢：大溪地香草帶來深邃濃郁的風味，墨西哥香草莢引入花香，馬達加斯加香草散發木質清新。這個組合讓他實現理想的香草風味。

無限香草塔

6～8人份

製作時間：2小時
烹調時間：1小時30分鐘
靜置時間：30分鐘

甜點師技法
麵〔P.616〕、鋪覆〔P.616〕、醬汁煮稠到可裹覆匙面〔P.617〕、隔水加熱〔P.616〕、撒 粉〔P.618〕、 打 到 鬆 發〔P.618〕、塔皮入模〔P.618〕、打到柔滑均勻〔P.618〕、澆淋〔P.618〕、擠 花〔P.618〕、蘸刷糖漿或液體〔P.619〕、過篩〔P.619〕。

用具
直徑 17 公分、高 2 公分的中空圈模，以及直徑 20 公分、高 1.5 公分的中空圈模〔P.620〕、錐形濾網〔P.620〕、手持式電動攪拌棒〔P.621〕、彎柄抹刀〔P.622〕、濾茶器〔P.622〕、甜點刷〔P.622〕、裝有 7 號花嘴的擠花袋〔P.622〕、攪拌機〔P.622〕、擀麵棍〔P.622〕、溫度計〔P.623〕。

沙布蕾麵團
- 75 克 …… 奶油
- 15 克 …… 去皮杏仁粉
- 50 克 …… 糖粉
- 0.5 克 …… 香草粉
- 半顆 …… 蛋（30 克）
- 0.5 克 …… Guérande 鹽之花
- 125 克 …… 麵粉

手指餅乾
- 2 顆 …… 蛋白（70 克）
- 45 克 …… 細砂糖
- 2 顆 …… 蛋黃（40 克）
- 25 克 …… 麵粉
- 25 克 …… 馬鈴薯澱粉

香草英式蛋奶醬

- 250 克 …… 乳脂含量 32% 到 34% 的液態鮮奶油
- 1 根 …… 馬達加斯加香草莢，縱切取籽
- 2 顆 …… 蛋黃（50 克）
- 65 克 …… 細砂糖
- 2 片 …… 金級吉利丁（膠強度 200，4 克）

香草馬斯卡彭乳酪餡

- 225 克 …… 香草英式蛋奶醬
- 150 克 …… 馬斯卡彭乳酪

香草甘納許

- 125 克 …… 白巧克力
- 115 克 …… 乳脂含量 32% 到 34% 的液態鮮奶油
- 1.5 根 …… 馬達加斯加香草莢，縱切取籽
- 2 克 …… 無酒精天然香草精
- 0.5 克 …… 香草粉

香草鏡面淋醬

- 50 克 …… 白巧克力
- 15 克 …… 細砂糖
- 0.5 克 …… 果醬用 NH 果膠
- 20 克 …… 乳脂 32% 到 34% 的液態鮮奶油
- 30 克 …… 礦泉水
- 1/4 根 …… 馬達加斯加香草莢，縱切取籽
- 2 克 …… 食品級二氧化鈦粉末（可在藥房購買）

香草糖漿

- 1.5 根 …… 馬達加斯加香草莢
- 100 克 …… 礦泉水
- 50 克 …… 細砂糖
- 2 克 …… 無酒精香草精
- 5 克 …… 棕色陳年農業蘭姆酒

裝飾

- 香草粉

01.

沙布蕾餅底

奶油攪拌到柔軟，一一拌入其他材料，用保鮮膜包好，放入冰箱冷藏。工作檯面撒上麵粉，放上麵團擀成 2 公釐厚，切出一個直徑 23 公分的圓片。放入冰箱 30 分鐘。為直徑 17 公分、高 2 公分的中空圈模塗上奶油，裝入塔皮並切除多餘麵皮。烤盤鋪上烘焙紙，放上用鋁箔紙包起的中空圈模。裝滿乾燥豆子，放入循環氣流烤箱，以 170℃（刻度 6）烘烤約 25 分鐘。

手指餅乾

使用本食譜的材料和份量，按照 P.192 的步驟製作手指餅乾麵糊，放入裝有 7 號花嘴的擠花袋，在烘焙紙上擠出一個直徑 13 公分的圓片。送進循環氣流烤箱以 230℃（刻度 8）烘烤約 6 分鐘。取出放涼備用。

02.

03.

香草英式蛋奶醬

吉利丁片浸入冷水 20 分鐘。鮮奶油煮沸後放入香草莢浸泡 30 分鐘，再以錐形濾網過濾。蛋黃和糖攪拌均勻，倒入煮沸鮮奶油攪拌，然後倒回單柄鍋，加熱到 85℃。用手指劃過沾滿蛋奶醬的攪拌匙，如果蛋奶醬已煮好，會在刮刀表面留下明顯的痕跡。加入擠乾水分的吉利丁，以手持式電動攪拌棒攪打均勻，冷卻後放入冰箱保存。

中空圈模不能太冷也不能太熱。如果中空圈模太熱，餡料會融化成液體。如果太冷，脫模就無法乾淨俐落。

04.

香草馬斯卡彭乳酪餡

攪拌機裝上打蛋器，稍微打發攪拌缸中的馬斯卡彭乳酪，先加入一部分香草英式蛋奶醬稀釋，再加入剩下的蛋奶醬繼續打發。立刻使用。

事先將直徑 20 公分、高 1.5 公分的中空圈模浸入熱水，然後擦乾水份。用擠花袋在模具中填滿乳酪餡，用彎柄抹刀抹平。立刻脫模並送入冷凍庫。冷凍凝固後即可使用。

05.

香草甘納許

隔水加熱融化巧克力。鮮奶油和香草一起加熱到約 50℃，靜置浸泡 30 分鐘，然後加入香草精與香草粉煮到沸騰，澆淋在覆蓋用巧克力上，混拌後再以手持式電動攪拌棒攪打均勻。立刻使用。

06.

香草鏡面淋醬

隔水加熱融化巧克力。混合糖和果膠。鮮奶油、水和香草一起加熱。取出香草莢，加入糖和果膠的混合物，煮沸後澆淋到巧克力上，混拌均勻。放進食品級二氧化鈦粉末，以手持式電動攪拌棒攪打，立刻使用。

07.

放入冰箱，
直到品嘗時再取出。

香草糖漿

縱切並刮出香草莢中的籽，放入水和糖中一起加熱到沸騰，靜置浸泡至少30分鐘。加入香草精和蘭姆酒。裝入保鮮盒，放進冰箱冷藏。可以把香草莢留在糖漿中。

在沙布蕾餅底上倒入香草甘納許直到五分之三的高度。用刷子沾滿香草糖漿蘸刷手指餅乾，放在甘納許上，稍微按壓。

隨後填滿香草甘納許，送入冰箱冷藏。甘納許凝固後，把塔移到尺寸適合的盤子上。

08.

完成

香草鏡面淋醬加熱到 35℃。從冷凍庫中取出馬斯卡彭乳酪圓片，放到涼架上，用勺子舀起香草淋醬澆淋在馬斯卡彭乳酪表面，並用抹刀抹平，創造細緻均勻的表層。用彎柄抹刀修飾底部後，放到凝固成形的甘納許上，仔細擺放在正中央。用濾茶器在左側撒上約 2 公分寬的香草粉。

這道甜塔可以
放冰箱保存兩天。

柑橘夏洛特

6人份

製作時間：30 分鐘
烹調時間：3 分鐘
靜置時間：1 小時 +12 小時

甜點師技法

鋪覆〔P.616〕、完整取下柑橘瓣果肉〔P.619〕、蘸刷糖漿或液體〔P.619〕、刨磨皮茸〔P.619〕。

用具

電動攪拌器〔P.620〕、刮刀〔P.621〕、一個夏洛特模具和一個較小的圓形有底模具〔P.622〕、細目濾網〔P.622〕、甜點刷〔P.622〕、Microplane® 刨刀〔P.621〕、刮皮器〔P.623〕。

柳橙果凍和手指餅乾

◆ 30 根 …… 原味手指餅乾（參閱 P.192）
◆ 8 顆 …… 柳橙
◆ 5 片 …… 吉利丁（10 克）
◆ 45 克 …… 檸檬汁（約 2 顆檸檬）
◆ 180 克 …… 細砂糖

檸檬慕斯和裝飾

◆ 1 片 …… 吉利丁（2 克）
◆ 1 顆 …… 檸檬
◆ 35 克 …… 細砂糖
◆ 150 克 …… 乳脂含量 40% 的白乳酪
◆ 150 克 …… 非常冰冷的打發鮮奶油

◆ 100 克 …… 杏桃果膠或蘋果果膠
◆ 1 顆 …… 綠檸檬皮碎

進階食譜

01.

柳橙果凍和餅乾

前一夜，刮下 2 顆柳橙皮碎並擠出 5 顆柳橙汁液（400 克果汁）。浸泡吉利丁。在單柄鍋中倒入少許柳橙汁，以中火加熱到有熱度但尚未沸騰。擠乾吉利丁的水分，加入離火的單柄鍋，用打蛋器攪拌均勻。倒入沙拉碗，加進剩下的柳橙汁再度攪拌。依序放入柳橙皮碎、檸檬汁，最後加進糖。攪拌均勻後在室溫下浸漬 1 小時。以細目濾網過濾柳橙果凍液。

02.

用小刀取下最後 3 顆柳橙的完整果肉瓣，切成兩半。用保鮮膜包住較小的圓形模具底部，鋪上一部分切成兩半的柳橙果肉。剩下的柳橙果肉放入冰箱保存。倒入柳橙果凍液，覆上保鮮膜，放入冷凍庫凝固約 1 小時。按照 P.192 的步驟製作手指餅乾。

03.

迅速將手指餅乾浸入剩下的果凍液中，放在涼架上滴乾水分。如果夏洛特模具的高度很深，擺放手指餅乾時稍微擠壓彼此，製造隆起外觀。手指餅乾的糖霜面朝外，豎立擺放，鋪滿模具邊緣。底部也鋪上手指餅乾，糖霜面向上。用小塊手指餅乾填滿縫隙。

04.

檸檬慕斯

用一碗冷水浸泡吉利丁。取下檸檬皮並擠出 20 克果汁。以中火加熱果汁，離火後加入浸軟的吉利丁，用打蛋器攪拌直到吉利丁溶化。加入糖和檸檬皮碎後再度攪拌。在沙拉碗中倒入白乳酪，加進單柄鍋中的混合物，以刮刀拌勻。用打蛋器打發鮮奶油，加入沙拉碗中輕柔拌勻。

用保鮮膜鋪覆果凍模具內部，
並讓高度稍微超出模具。
如此一來，
只要輕輕將保鮮膜往上拉，
就能輕鬆脫模。

05.

在模具內鋪上一層檸檬慕斯。從冷
凍庫取出裝有柳橙果凍的中空圈
模，揭下保鮮膜後放到慕斯上，再
度鋪上一層慕斯。視需要切除多餘
的手指餅乾。

06.

在最上方鋪上一層手指餅乾，沒有
糖霜的那一面朝上，填滿所有縫
隙。覆蓋保鮮膜，送進冰箱冷藏
12 小時。品嘗當天將夏洛特脫模，
用剩下的切半柳橙果肉裝飾表面。
杏桃果膠或蘋果果膠放入單柄鍋加
熱融化，用甜點刷塗在柳橙果肉瓣
上。在夏洛特表面擦刮一些檸檬皮
碎。

基礎食譜

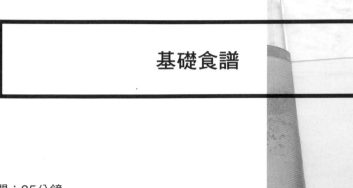

製作時間：35分鐘
烹調時間：5分鐘

- ◆ 4 顆 …… 蛋（200 克）
- ◆ 150 克 …… 杏仁粉
- ◆ 120 克 …… 糖粉
- ◆ 40 克 …… T55 麵粉
- ◆ 30 克 …… 奶油
- ◆ 4 顆 …… 蛋白（130 克）
- ◆ 20 克 …… 細砂糖

喬孔達杏仁海綿蛋糕
皮耶・艾曼

特色
柔軟有彈性的杏仁蛋糕，可作為多款甜點的基底。

用途
用於多層次甜點，尤其是歌劇院蛋糕，或是樹幹蛋糕。

變化
歌劇院喬孔達杏仁海綿蛋糕〔P.217〕、皮耶・馬可里尼的巧克力喬孔達杏仁海綿蛋糕〔P.220〕。

甜點師技法
打到柔滑均勻〔P.618〕。

用具
彎柄抹刀〔P.622〕、攪拌機〔P.622〕。

應用食譜
激情渴望，**皮耶・艾曼**〔P.210〕
歌劇院蛋糕〔P.217〕
飛翔，1995，**皮耶・馬可里尼**〔P. 220〕

融化奶油。攪拌機裝上打蛋器，攪拌缸中倒入杏
仁粉、糖粉和半量的蛋，打發 8 分鐘。分兩次
加入剩下的蛋，再打發 10 到 12 分鐘，取一小
部分倒入融化奶油內，攪打均勻。

01.

02.

蛋白加細砂糖打發成蛋白霜，倒進步驟 1
準備好的材料中。撒入麵粉，輕柔混拌，
然後加入奶油拌勻。

03.

在 Silpat® 矽膠烤墊或烘
焙紙上，用彎柄抹刀鋪上
一層喬孔達杏仁海綿蛋糕
麵糊。送進旋風式烤箱以
230℃（刻度 8）烘烤 5
分鐘。注意不要讓蛋糕的
烤色太深。

皮耶 · 艾曼

激情渴望

10杯份

製作時間：1小時30分鐘
烹調時間：3小時
靜置時間：2夜+7小時30分鐘

甜點師技法

結皮〔P.617〕、打到柔滑均勻〔P.618〕、擠花〔P.618〕。

用具

錐形濾網〔P.620〕、直徑 4.5 公分切模〔P.621〕、手持式電動攪拌棒〔P.621〕、彎柄抹刀〔P.622〕、擠花袋〔P.622〕、攪拌機〔P.622〕、30×40 公分 Silpat® 矽膠烤墊〔P.623〕、溫度計〔P.623〕、10 個高杯。

糖漬黑醋栗果粒

◆ 150 克 …… 黑醋栗果粒（新鮮或冷凍）
◆ 150 克 …… 礦泉水
◆ 80 克 …… 細砂糖

黑醋栗糊與果粒

◆ 500 克 …… 黑醋栗泥
◆ 90 克 …… 紅醋栗泥
◆ 115 克 …… 細砂糖
◆ 5.5 片 …… 金級吉利丁（膠強度 200）（11 克）
◆ 150 克 …… 糖漬黑醋栗果粒

喬孔達杏仁海綿蛋糕（參閱 P.208）

紫羅蘭香草布丁

◆ 1 公斤 …… 新鮮全脂牛奶
◆ 280 克 …… 細砂糖
◆ 4 克 …… 馬達加斯加香草莢
◆ 12 片 …… 金級吉利丁（膠強度 200，24 克）
◆ 1 公斤 …… 乳脂含量 32% 到 34% 的液態鮮奶油
◆ 2 克 …… 紫羅蘭香精
◆ 24 顆 …… 蛋黃（480 克）

香草紫羅蘭英式蛋奶醬

- 250 克 ⋯⋯ 乳脂含量 32% 到 34% 的液態鮮奶油
- 3 克 ⋯⋯ 馬達加斯達香草莢
- 2 顆 ⋯⋯ 蛋黃（50 克）
- 60 克 ⋯⋯ 細砂糖
- 6 片 ⋯⋯ 金級吉利丁（膠強度 200，3 克）
- 2 克 ⋯⋯ 紫羅蘭香精

紫羅蘭香草馬斯卡彭乳酪餡

- 200 克 ⋯⋯ 馬斯卡彭乳酪

茉莉矢車菊馬卡龍薄餅

- 300 克 ⋯⋯ 杏仁粉
- 300 克 ⋯⋯ 糖粉
- 7 顆 ⋯⋯ 蛋白（220 克）
- 300 克 ⋯⋯ 細砂糖
- 75 克 ⋯⋯ 礦泉水

裝飾完成

- 30 顆 ⋯⋯ 藍莓
- 乾燥矢車菊花瓣

激情渴望是一款質地輕盈，果香繚繞的創作，由黑醋栗糊、布丁和紫羅蘭馬斯卡彭乳酪餡組成，利用紫羅蘭的甜美襯托黑醋栗的酸味。

糖漬黑醋栗果粒

製作前兩夜，煮沸糖和水，倒入黑醋栗果粒。
裝入保鮮盒，冷藏在冰箱中浸漬一夜。製作前
一夜，瀝乾果粒水分，放置冰箱保存。

01.

02.

黑醋栗糊與果粒

製作當天，用冷水浸泡吉利丁 20 分鐘。混合
果泥和糖，擠乾吉利丁水分，放入微波爐中軟
化後加入果泥，攪拌直到融化。放進糖漬黑醋
栗果粒。

03.

喬孔達杏仁海綿蛋糕

按照 P.208 的步驟製作喬孔達杏仁海綿蛋糕。使用切模切出幾個直徑 4.5 公分的圓形，裝入保鮮盒，冷藏保存備用。

紫羅蘭香草布丁

04.

烤箱預熱到 90℃（刻度 3）。吉利丁泡入冷水 20 分鐘。煮沸牛奶、糖、縱切的香草莢和取出的香草籽，浸泡 20 分鐘後倒入錐形濾網過濾，加入擠乾水分的吉利丁。混合鮮奶油、紫羅蘭香精、蛋黃和吸飽香草香氣的牛奶。在每個杯中倒入 40 克紫羅蘭香草布丁液，送進烤箱烘烤約 30 分鐘。輕輕搖動杯子，中心必須凝固。如果尚未凝固，再多烤 5 分鐘。從烤箱取出布丁杯，靜置冷卻後冷藏備用。

紫羅蘭香草英式蛋奶醬

吉利丁泡入冷水 20 分鐘。在單柄鍋中加熱液態鮮奶油，放入縱切取籽的香草莢，浸泡 30 分鐘，倒入錐形濾網過濾。混合蛋黃和糖，煮沸鮮奶油，淋在蛋糖液上，攪拌均勻後倒入單柄鍋，以 85℃ 煮成英式蛋奶醬。加入擠乾水分的吉利丁、紫羅蘭香精，攪打均勻後裝入盒內，放入冰箱冷卻。

05.

06.

紫羅蘭香草馬斯卡彭乳酪餡

攪拌器裝上打蛋器，攪打攪拌缸中的馬斯卡彭乳酪直到均勻。分三次加入紫羅蘭香草英式蛋奶醬，一起打發。放旁備用。

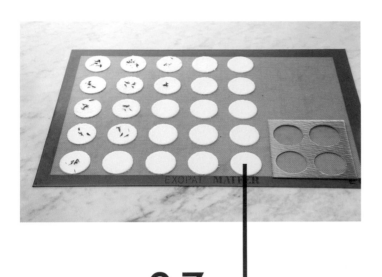

07.

茉莉矢車菊花瓣馬卡龍薄餅

按照 P.142 的步驟製作馬卡龍麵糊。烤盤鋪上 Silpat® 矽膠烤墊，放上直徑 5.5 公分的鏤空模板，鋪抹出數個馬卡龍薄餅，使用彎柄抹刀刮去多餘麵糊。立刻撒上乾燥矢車菊花瓣，靜置結皮 4 小時。放入循環氣流烤箱，以 80℃（刻度 2-3）烘烤 2 小時，烤箱門半開。

08.

在每個裝有紫羅蘭香草布丁的高杯中倒入 50 克黑醋栗糊和果粒，放上喬孔達杏仁海綿蛋糕圓片。送進冰箱凝固 2 小時。用擠花袋擠入 25 克紫羅蘭香草馬斯卡彭乳酪餡，在上方放置 3 顆藍莓，最後在杯子上放一片茉莉矢車菊花瓣馬卡龍圓薄餅。

放冰箱冷藏，
品嘗時再取出。
這款杯裝甜點可以
在冰箱冷藏保存24小時。

歌劇院蛋糕

4～6人份

製作時間：1小時15分鐘
烹調時間：15分鐘
靜置時間：3小時

甜點師技法

打到柔滑均勻〔P.618〕、軟化奶油〔P.616〕。

用具

12×12公分無底方形框模〔P.620〕、刮刀〔P.621〕、彎柄抹刀〔P.622〕、攪拌機〔P.622〕、溫度計〔P.623〕。

喬孔達杏仁海綿蛋糕

- 150 克 …… 杏仁粉
- 150 克 …… 糖粉
- 20 克 …… 麵粉
- 2 顆 …… 蛋黃（40 克）
- 2 顆 …… 蛋（100 克）
- 60 克 …… 融化奶油
- 5 顆 …… 蛋白（150 克）
- 20 克 …… 細砂糖
- 義式濃縮咖啡

奶油霜餡

- 25 毫升 …… 水
- 100 克 …… 細砂糖
- 半顆 …… 蛋（25 克）
- 半顆 …… 蛋黃（10 克）
- 100 克 …… 軟化奶油
- 咖啡濃縮液

巧克力甘納許

- 100 克 …… 可可含量 60% 的黑巧克力
- 90 克 …… 液態鮮奶油

巧克力鏡面淋醬

- 180 克 …… 細砂糖
- 140 克 …… 水
- 80 克 …… 可可粉
- 6 片 …… 吉利丁（12 克）
- 100 克 …… 液態鮮奶油

進階食譜

01.

喬孔達杏仁海綿蛋糕

烤箱預熱到 200℃（刻度 7）。使用本食譜的材料和份量，按照 P.208 的步驟製作喬孔達杏仁海綿蛋糕。

02.

烤盤鋪上烘焙紙,用彎柄抹刀鋪抹一層厚 5 公釐的喬孔達杏仁海綿蛋糕麵糊。放入烤箱烘焙 6 到 7 分鐘,表面應該剛開始上色。

03.

奶油霜餡

在小單柄鍋中放入水和糖,加熱到 116℃做成糖漿。糖漿倒入打散的半顆蛋和蛋黃中,以打蛋器快速打發,持續攪打直到冷卻。接著拌入奶油。取出 350 克奶油霜餡,加入咖啡濃縮液,質地應該要呈柔軟霜狀。

04.

巧克力甘納許

煮沸鮮奶油,澆淋到切碎的巧克力上,以刮刀攪拌均勻。

巧克力鏡面淋醬

用冷水浸泡吉利丁。在單柄鍋中放入糖和水製作糖漿,沸騰後加入可可粉,以小火繼續煮 3 分鐘。離火後放進擠乾水分的吉利丁和液態鮮奶油。送進冰箱冷藏 2 小時。

05.

組裝

同時間，切出三片每邊 12 公分的
蛋糕片。在無底方形框模底部鋪上
一片，蘸刷大量咖啡。用彎柄抹刀
鋪上 2 公釐厚的巧克力甘納許。

06.

放入冰箱凝固 5 分鐘後，再鋪
上一層 2 公釐厚的咖啡奶油霜
餡。擺上第二片蛋糕，塗刷大量
咖啡，重複上述鋪抹甘納許和奶
油霜餡的步驟。最後放上第三片
塗上大量咖啡液的蛋糕體，澆淋
巧克力甘納許，送進冰箱冷藏 1
小時。

07.

歌劇院蛋糕冰到冰涼後，讓鏡面淋
醬達到室溫，澆淋覆蓋整個多層次
甜點。齊整切除兩側以呈現歌劇院
蛋糕的層次。

進 階 食 譜

皮耶 · 馬可里尼

這款蛋糕充滿象徵性意義，一方面讓我奪得世界甜點冠軍頭銜，讓我冠上甜點師的無上聖冕，代表對我專業手藝的肯定；另一方面，這也是我真正開始創作的多層次口感甜點之一，享受融合酥脆、柔軟質地和奶油餡輕盈的無窮樂趣。

飛翔，1995

6人份

製作時間：1小時
烹調時間：50分鐘
靜置時間：16小時

甜點師技法

打到發白〔P.616〕、隔水加熱〔P.616〕、過篩〔P.616〕、刨磨皮茸〔P.619〕。

用具

電動攪拌器〔P.620〕、方形大盤、手持式電動攪拌棒〔P.621〕、Microplane® 刨刀〔P.621〕、篩子〔P.623〕、溫度計〔P.623〕。

柳橙烤布蕾

- 2 片 …… 吉利丁（4 克）
- 280 毫升 …… 液態鮮奶油
- 10 克 …… 柳橙皮碎
- 4 顆 …… 蛋黃（80 克）
- 30 克 …… 細砂糖

可可鏡面淋醬

- 100 克 …… 水
- 25 克 …… 葡萄糖
- 50 克 …… 細砂糖
- 50 克 …… 液態鮮奶油
- 75 克 …… 可可粉
- 2 片 …… 吉利丁（4 克）

巧克力喬孔達杏仁海綿蛋糕

- 1.5 顆蛋（75 克）
- 35 克 …… 糖粉
- 35 克 …… 杏仁粉
- 8 克 …… 融化奶油
- 10 克 …… 麵粉
- 5 克 …… 可可粉
- 1 顆 …… 蛋白（30 克）
- 5 克 …… 細砂糖

榛果牛軋糖

- 50 克 …… 牛奶
- 125 克 …… 細砂糖
- 35 克 …… 葡萄糖
- 100 克 …… 奶油
- 3 克 …… 果膠
- 100 克 …… 烤過並弄得極碎的榛果

快速巧克力慕斯

- 60 克 …… 甜點用黑巧克力
- 250 克 …… 法式酸奶油
- 10 克 …… 細砂糖

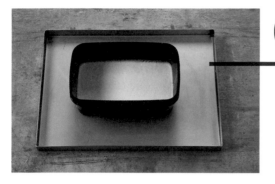

01.

柳橙烤布蕾

前一夜，烤箱預熱到 100℃（刻度 3-4）。用冷水泡軟吉利丁。於此同時，煮沸鮮奶油，加入柳橙皮，浸泡 10 分鐘後過濾。

打散蛋黃和糖，倒入部分熱鮮奶油攪拌，倒回單柄鍋繼續攪拌。加熱溫度達到 82℃後離火。加入擠乾水分的吉利丁，攪拌均勻後倒進方形大平盤，高度約 1 公分，以水浴法烘烤 20 分鐘。冷卻後放入冷凍庫一整夜。

02.

可可鏡面淋醬

用冷水泡軟吉利丁。單柄鍋中放入水、葡萄糖、糖和液態鮮奶油煮沸，加入可可粉和擠乾水分的吉利丁，繼續以 103℃煮 2 分鐘。用手持式電動攪拌棒攪打，送入冰箱冷藏一夜。

巧克力喬孔達杏仁海綿蛋糕

製作當天，烤箱預熱到 180℃（刻度 6）。用電動打蛋器將蛋打到發白。加入糖粉和杏仁粉。接著拌入融化奶油。混合麵粉和可可粉，過篩後加到上述糊料中。蛋白加糖打發到緊實，以刮刀小心拌入前面製作好的麵糊。用彎柄抹刀在烘焙紙上鋪抹一層薄薄的麵糊，送入烤箱烘焙 8 到 10 分鐘。從烤箱取出後切成 9×3 公分的長方形或是根據模具大小切出想要的尺寸。

03.

榛果牛軋糖

烤箱預熱到 170℃（刻度 6）。單柄鍋中加入牛奶、90 克糖、葡萄糖和奶油，煮到沸騰。混合果膠和剩餘的糖，加入上述液體中攪拌均勻，然後加入烤過的榛果。在烘焙紙上鋪抹一層牛軋糖，蓋上另一張烘焙紙，用擀麵棍擀得越薄越好。送進烤箱烘烤 12 分鐘。從烤箱取出後切成跟喬孔達杏仁海綿蛋糕同樣大小的尺寸。

04.

05.

06.

快速巧克力慕斯

隔水加熱融化巧克力。同時，攪打法式酸奶油和糖。打發後拌入三分之一融化巧克力。最後再將剩下的三分之二巧克力拌入打發的酸奶油糊。裝進擠花袋，放置冰箱保存。

烤布蕾切成跟喬孔達杏仁海綿蛋糕同樣尺寸。在同尺寸的矽膠模具底部擠上一層巧克力慕斯，放上布丁，再擠上一條薄薄的巧克力慕斯，放上牛軋糖，再擠上一層慕斯，最後放上喬孔達杏仁海綿蛋糕。用抹刀刮除多餘慕斯。送進冷凍庫3到4小時。加熱鏡面淋醬到40℃，同時幫甜點脫模，放置於涼架上，用勺子澆上鏡面淋醬。最後在每個蛋糕表面放上用小湯匙塑形的橢圓狀慕斯。

澆上鏡面淋醬之前，
在涼架下方放置容器，
以免弄髒工作檯。
拿起涼架在檯面上敲幾下，
讓鏡面淋醬光滑，避免產生小氣泡。

基礎食譜

6人份

製作時間：15分鐘
烹調時間：35～45分鐘

- 175 克 …… 細砂糖
- 3 顆 …… 蛋（150 克）
- 2 撮 …… 鹽之花
- 100 毫升 …… 牛奶
- 200 克 …… 預加發粉的麵粉
- 80 克 …… 融化奶油

蛋糕麵糊

特色
可依個人喜好，隨心所欲變化
的經典蛋糕體。

變化
克萊兒 · 艾茲勒的柑橘蛋糕
〔P.232〕、克里斯多福 ·
米夏拉的楓糖蛋糕〔P.236〕。

用具
蛋糕模〔P.622〕、攪拌機
〔P.622〕。

應用食譜
檸檬抹茶小蛋糕〔P.226〕
覆盆子無麩質熔岩巧克力蛋糕〔P.228〕
柑橘蛋糕，**克萊兒 · 艾茲勒**〔P.232〕
楓糖蛋糕，**克里斯多福 · 米夏拉**〔P.236〕
腰果椰子可樂寶石杯，**菲利普 · 康帝辛尼**〔P.240〕

如果沒有預加發粉的麵粉，
在麵粉中加入5克發粉。
可以加入1顆檸檬的汁液和皮碎。

01.

烤箱預熱到 175℃（刻度 6）。糖、蛋和鹽之花一起打發 1 分鐘 30 秒。降低速度，加入牛奶一起攪拌。

放進預含發粉的麵粉。拌入融化奶油，攪拌 2 分鐘，直到麵糊均勻光滑。

02.

03.

蛋糕模塗上奶油並撒上麵粉，倒入麵糊。送進烤箱烘烤 35 到 45 分鐘。出爐後冷卻幾分鐘再脫模。

入門食譜

8個蛋糕

製作時間：15分鐘
烹調時間：15分鐘
靜置時間：2小時

甜點師技法

澆淋〔P.618〕、軟化奶油
〔P.616〕、過篩〔P.619〕、
刨磨皮茸〔P.619〕。

用具

大刀刃刀具、8個小蛋糕模
〔P.622〕、攪拌機〔P.622〕、
刮皮器〔P.623〕。

檸檬抹茶小蛋糕

蛋糕

- 100 克 …… 軟化奶油
- 200 克 …… 細砂糖
- 3 顆 …… 蛋（150 克）
- 120 克 …… 杏仁粉
- 1 顆 …… 檸檬
- 120 克 …… Maïzena® 玉米粉
- 5 克 …… 發粉（半包）
- 1.5 小匙 …… 烹飪用抹茶

糖霜

- 150 克 …… 糖粉
- 1 顆 …… 檸檬汁

01.

蛋糕

烤箱開啟旋風，預熱到 160℃（刻度 5-6）。攪拌機裝上打蛋器，打發攪拌缸中的奶油和糖，直到具有輕盈空氣感並絲滑光亮。一次放入一顆蛋，然後加進杏仁粉、檸檬汁和檸檬皮碎。

02.

在沙拉碗中過篩 Maïzena® 玉米粉、發粉和抹茶粉，將混合的粉類倒入步驟 1 的奶油麵糊中。攪打 2 分鐘，直到麵糊均勻光滑。

03.

為 8 個小蛋糕模抹上奶油，倒入三分之二滿的麵糊，送進烤箱烘焙 15 分鐘。

04.

糖霜

於此同時，在糖粉中一點一點加入檸檬汁以製作糖霜。抹上的糖霜應該呈透明狀，所以質地不能太濃稠。視需要加入 1 或 2 小匙水。蛋糕脫模放涼。以大刀刃刀具抹上糖霜。靜置乾燥 2 小時。

入門食譜

8人份

製作時間：1 小時 30 分鐘
烹調時間：15 分鐘

甜點師技法

打到發白〔P.616〕、隔水加熱〔P.616〕、糖漿煮到小球狀態〔P.617〕。

用具

1 個甜點用中空圈模〔P.620〕和 1 個同樣直徑圓型模具、錐形濾網〔P.620〕、刮刀〔P.621〕、甜點刷〔P.622〕、攪拌機〔P.622〕、溫度計〔P.623〕。

覆盆子無麩質巧克力夾心蛋糕

覆盆子果漿

* 250 克 ⋯⋯ 覆盆子
* 125 毫升 ⋯⋯ 水
* 125 克 ⋯⋯ 細砂糖
* 2 片 ⋯⋯ 吉利丁（4 克）

無麵粉蛋糕

* 100 克 ⋯⋯ 可可含量 70% 的甜點用黑巧克力
* 8 顆 ⋯⋯ 蛋（400 克）
* 160 克 ⋯⋯ 細砂糖

巧克力慕斯

* 6 顆 ⋯⋯ 蛋黃
* 2 顆 ⋯⋯ 蛋（100 克）
* 150 克 ⋯⋯ 細砂糖
* 50 毫升 ⋯⋯ 水
* 350 克 ⋯⋯ 可可含量 70% 的甜點用黑巧克力
* 500 毫升 ⋯⋯ 全脂液態鮮奶油

組裝

* 100 克 ⋯⋯ 可可含量 70% 的甜點用黑巧克力
* 35 克 ⋯⋯ 可可脂
* 20 克 ⋯⋯ 可可粉

一款美食家都愛的無麩質蛋糕！
餅乾質地輕盈，巧克力慕斯滑順，
覆盆子果漿美味可口，
一定可以滿足你的客人。

覆盆子果漿

煮沸水和糖，將煮沸的糖漿倒在覆盆子上，讓熱度作用約 5 分鐘。以非常冰冷的水浸泡吉利丁。

覆盆子放入錐形濾網中壓出不帶籽的果漿。擠乾吉利丁水分，放入熱覆盆子果漿中融化。放旁備用。

01.

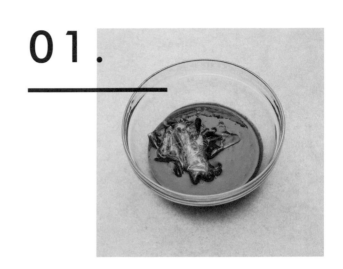

02.

無麵粉蛋糕

烤箱預熱到 180℃（刻度 6）。切碎巧克力，隔水加熱或利用微波爐融化。保持巧克力溫度在 45℃左右。分離蛋白和蛋黃。蛋黃加 80 克糖打成發白沫狀質地。打散蛋白並分批加入剩下的糖，打發成蛋白霜。混合上述蛋黃液和三分之二蛋白霜，拌勻至質地柔滑。輕柔地以由下往上的手勢拌入剩下的蛋白霜。

03.

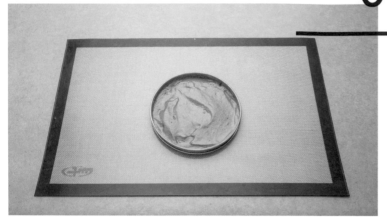

加入融化的巧克力。烤盤鋪上Silpat® 矽膠烤墊或烘焙紙，放上一個圓形模具，鋪入三分之一的麵糊，厚 1.5 到 2 公分。烘烤 10 到 15 分鐘。重複上述動作兩次，共做出 3 片圓形蛋糕。

04.

巧克力慕斯

切碎巧克力，隔水加熱或用低火力微波爐慢慢融化，保持在一定熱度。加熱糖和水直到煮成小球狀態，達到 118℃。攪拌機裝上打蛋器，攪拌缸中放入蛋黃和蛋，倒入糖漿，以高速攪打到完全冷卻，製作沙巴雍醬。

用刮刀快速將三分之一的沙巴雍拌入融化的巧克力，然後以輕柔手勢拌入剩下的沙巴雍。打發非常冰冷的液態鮮奶油直到成為穩定的慕斯狀，但不可太過緊實！以由下往上的手勢在慕斯中小心拌入打發鮮奶油，直到質地均勻光滑後再高速攪打幾秒鐘，以便打入更多空氣。

很難製作少量的糖漿
巧克力慕斯。
不妨把多餘的慕斯冷凍起來，
可以保存很久。

05.

可以使用植物油取代
可可脂，巧克力會呈現
同樣的流體感並容易鋪抹，
但是質地不會那麼硬脆。

組裝

切碎巧克力和可可脂，隔水加熱或用低火力微波爐
緩緩融化。保持在流體狀態。用甜點刷沾上融化巧
克力，塗抹在每片圓形蛋糕片上。

06.

在甜點用中空圈模
底部放入塗上巧克
力的圓形蛋糕片。
視需要稍微加熱覆
盆子果漿，使其成
為流體狀，大量塗
在蛋糕體表面。鋪
上一層巧克力慕
斯。重複上述步驟
兩次，依序疊加層
次。冷藏一段長時
間後，脫模並撒上
可可粉。

進 階 食 譜

克萊兒・艾茲勒

我很喜歡蛋糕的口感,但是通常太過乾澀。我希望做出本體就很美味的濕潤蛋糕,並使用柑橘的皮碎和果汁增添濃郁的柑橘果香。不需要浸入茶中就很好吃!

柑橘蛋糕

2個蛋糕	甜點師技法	用具
製作時間:30分鐘 烹調時間:25分鐘	鋪覆〔P.616〕、打發至糊料落下呈緞帶狀〔P.618〕、軟化奶油〔P.616〕、刨磨皮茸〔P.619〕。	電動攪拌器〔P.620〕或攪拌機〔P.622〕、刮刀〔P.621〕、蛋糕模〔P.622〕、溫度計〔P.623〕、刮皮器〔P.623〕。

蛋糕

* 75 克 …… 杏仁含量 70% 的杏仁糊
* 200 克 …… 細砂糖 +30 克撒在模具上用
* 20 克 …… 轉化糖
* 5 顆 …… 蛋(250 克)
* 160 克 …… 麵粉

* 400 克 …… 任選柑橘類水果(克萊蒙汀小柑橘、苦橙、佛手柑、柚子、檸檬、柳橙等)
* 4 克 …… 發粉
* 95 克 …… 奶油 +40 克塗模用
* 60 克 …… 液態鮮奶油

裝飾

* 糖漬水果

01.

如果沒有攪拌機，也可
以用打蛋器製作麵糊。
烘烤的溫度和時間並非
絕對，可視烤箱的火力
調整。

烤箱預熱到 145℃（刻度 5）。攪拌機裝上葉片，攪打攪拌缸中
的杏仁糊、細砂糖和轉化糖。

一次加入一個蛋以稀釋上述糊料。

不時鏟刮攪拌缸底部，以便獲得沒有結塊的均勻麵糊。

等到所有蛋液都吃進去，把葉片換成打蛋器，像製作全蛋海綿蛋
糕那樣將麵糊打發成緞帶狀。

02.

為 2 個蛋糕模塗上軟化奶油並撒
上細砂糖。刮下柑橘皮碎並擠出約
80 克汁液。過篩麵粉和發粉。

03.

融化奶油並使溫度達到 60℃ 左右
（應該會開始冒出小氣泡），加入
液態鮮奶油、柑橘皮茸和 80 克果
汁。

等到步驟 1 的麵糊開始打發成緞
帶狀，加入上述柑橘皮碎 - 奶油 -
鮮奶油液，然後加入麵粉和發粉，
用刮刀輕柔拌勻，小心別讓麵糊塌
陷。

04.

在模具中倒入麵糊，送進烤箱
烘烤 25 分鐘。取出後脫模。
等到蛋糕冷卻，再用糖漬水果
裝飾。

小心別上癮！！這款甜點極致美味！只要品嘗一片就會忍不住吃完一整條……就連我的摯愛也為之瘋狂。

楓糖蛋糕

5個蛋糕

製作時間：45分鐘
烹調時間：40分鐘

甜點師技法

稀釋〔P.617〕、打發至糊料落下呈緞帶狀〔P.618〕、擠花〔P.618〕、蘸刷糖漿或液體〔P.619〕、過篩〔P.619〕、刨磨皮茸〔P.619〕。

用具

手持式電動攪拌棒〔P.621〕、5 個 22×4×4 公分模具〔P.622〕、裝有扁鋸齒嘴的擠花袋〔P.622〕、攪拌機〔P.622〕、溫度計〔P.623〕。

楓糖蛋糕

+ 210 克 …… 杏仁含量 65% 的杏仁糊
+ 5 顆 …… 蛋（225 克）
+ 95 克 …… 楓糖粉
+ 85 克 …… 紅糖
+ 170 克 …… T45 麵粉
+ 5 克 …… 發粉
+ 180 克 …… 半鹽奶油
+ 95 克 …… 楓糖

沾裹用楓糖

+ 150 克 …… 水
+ 150 克 …… 楓糖糖漿

非洲黑糖糖霜

+ 70 克 …… 乳脂含量 35% 的 UHT 鮮奶油
+ 45 克 …… 奶油
+ 70 克 …… 過篩糖粉
+ 145 克 …… 非洲黑糖（muscovado）

楓糖牛奶糖

+ 10 克 …… 楓糖漿
+ 120 克 …… 初階糖
+ 5 克 …… T45 麵粉
+ 30 克 …… 半鹽奶油
+ 60 克 …… 無糖煉乳
+ 1 撮 …… 發粉

裝飾完成

+ 糖粉
+ 楓糖粒

楓糖蛋糕

烤箱預熱到 170℃（刻度 6），融化奶油。

蛋打入沙拉碗中，用叉子快速打散。攪拌機裝上葉片，攪拌缸中放入杏仁糊，分批加入蛋液攪打。葉片換成打蛋器，加入楓糖、黃砂糖、麵粉和發粉，最後加入融化奶油和楓糖漿。

為 5 個 22×4×4 公分的模具抹上奶油並撒上麵粉。在每個模具中倒入 200 克麵糊。送進烤箱烘烤 20 分鐘。取出後放涼到微溫再行脫模。

01.

趁蛋糕溫熱完全浸入
溫熱的糖漿，
有助蛋糕吸收糖漿。
不然可能只會沾裹表面
而沒有滲入內部。

03.

02.

沾裹楓糖漿

煮沸水和楓糖漿，放涼到微溫後，將蛋糕浸入糖漿一次，移到涼架上滴乾。

非洲黑糖糖霜

鮮奶油和奶油煮沸後放涼，降溫到 50℃時加入過篩的糖粉和非洲黑糖。用手持式電動攪拌棒攪打均勻，靜置冷卻。用電動打蛋器稍微打發上述鮮奶油糖液，放入裝有扁鋸齒嘴的擠花袋。

04.

楓糖牛奶糖

在單柄鍋中混合楓糖漿、初階糖、麵粉、半鹽奶油、煉乳和發粉。加熱到 112℃，不斷以攪拌匙攪拌。倒在 Silpat® 塑膠烤墊或烘焙紙上，厚度 5 公釐。冷卻後切成小方塊。

05.

完成裝飾

用擠花袋在蛋糕表面擠上糖霜，撒上糖粉和楓糖粒，點綴幾個牛奶糖方塊。在室溫品嘗。

進 階 食 譜

菲利普・康帝辛尼

腰果椰子可樂寶石杯

6人份

製作時間：1小時10分鐘
烹調時間：1小時20分鐘
靜置時間：4小時30分鐘

甜點師技法

打到發白〔P.616〕、粗略弄碎〔P.616〕、溶 化〔P.617〕、打 到 鬆 發〔P.618〕、擠 花〔P.618〕、完整取下柑橘瓣果 肉〔P.619〕、軟 化 奶 油〔P.616〕、過 篩〔P.619〕、焙 烤〔P.619〕、刨磨 皮茸〔P.619〕。

用具

蘇打氣彈、直徑 20 公分和高 2 公分中空圈模〔P.620〕、錐形濾網〔P.620〕、刮刀〔P.621〕、食物調理機〔P.621〕、手持式電動攪拌棒〔P.621〕、圓形濾網〔P.622〕、裝有圓形花嘴的擠花袋〔P.622〕、蘇打瓶〔P.623〕、 篩 子〔P.623〕、全自動冰淇淋機〔P.623〕、6個杯子和6個同直徑中空圈模〔P.620〕、刮皮器〔P.623〕。

香料水果蛋糕

* 85 克 …… 軟化奶油
* 85 克 …… 香味紅糖
* 30 克 …… 烤過榛果粉
* 2 根 …… 香草莢
* 1 顆 …… 蛋（50 克）
* 1 顆 …… 蛋黃（20 克）
* 60 克 …… 濃法式酸奶油
* 40 克 …… 液態鮮奶油
* 55 克 …… 過篩 T45 麵粉
* 4 克 …… 香料蛋糕用香料
* 1 顆 …… 柳橙皮碎
* 3 克 …… 鹽之花
* 30 克 …… 糖漬薑條

* 250 克 …… 摩洛哥式燉煮水果（參閱 P.254）
* 4 顆 …… 小型蛋的蛋白（110 克）

可口可樂凍

* 2 片 …… 吉利丁（4 克）
* 半顆 …… 檸檬汁
* 2 大匙 …… 細砂糖
* 160 克 …… 可口可樂

可口可樂泡沫

* 3.5 片 …… 吉利丁（7 克）
* 4 大匙 …… 細砂糖

* 1 顆 …… 檸檬汁
* 240 克 …… 可口可樂
* 2 個 …… 蘇打氣彈

椰子雪酪

* 1 顆 …… 椰子果肉
* 1 根 …… 香草莢
* 150 克 …… 椰子果泥
* 245 克 …… 椰奶
* 70 克 …… 無糖煉乳
* 1 大匙 …… 綠檸檬汁
* 1 根 …… 肉桂棒
* 500 克 …… 水
* 100 克 …… 白蘭姆酒
* 60 克 …… 細砂糖

這是一款十分均衡的甜點，每種食材都是建構風味的重要元素。果味與辛香兼具的蛋糕帶來必要的酸味，為這款甜點奠下味道的基礎。富含油脂的腰果膏營造出整體風味。最後再帶入椰子的柔和圓融效果。以果凍和泡沫形式呈現的可口可樂扮演完全獨立的角色，但又與整體味道融合無間。

香草蘭姆或威士忌醬汁

- 100 克 ⋯⋯ 蘭姆酒或威士忌
- 1 根 ⋯⋯ 香草莢，取出香草籽
- 1 大匙 ⋯⋯ 細砂糖
- 50 克 ⋯⋯ 蜂蜜（若使用蘭姆酒）或 50 克液態焦糖（若使用威士忌）
- 1 顆 ⋯⋯ 小檸檬汁
- 1 顆 ⋯⋯ 柳橙汁
- 1 小匙 ⋯⋯ 香草精
- 1 小匙 ⋯⋯ Maïzena® 玉米粉勾芡（參閱 P.245）
- 3 顆 ⋯⋯ 粉紅葡萄柚

焦糖腰果

- 100 克 ⋯⋯ 無調味腰果
- 65 克 ⋯⋯ 細砂糖
- 15 克 ⋯⋯ 水
- 10 克 ⋯⋯ 軟化半鹽奶油

椰子瓦片

- 50 克 ⋯⋯ 椰子片
- 1 小塊 ⋯⋯ 奶油
- 1 大匙 ⋯⋯ 蜂蜜
- 2 大匙 ⋯⋯ 紅糖
- 半顆 ⋯⋯ 蛋白（15 克）

腰果膏

- 120 克 ⋯⋯ 無鹽去殼腰果
- 4 大匙 ⋯⋯ 水
- 3 大匙 ⋯⋯ 乳脂含量 35% 的液態鮮奶油
- 2 大匙 ⋯⋯ 紅糖

椰子濃漿

- 200 克 ⋯⋯ 椰漿
- 10 克 ⋯⋯ 細砂糖
- 2 小匙 ⋯⋯ Maïzena® 玉米粉勾芡（參閱 P.245）
- 3 滴 ⋯⋯ 烤椰子香精

01.

開始製作這道食譜前，
確認所有材料都是室溫。
如果有些材料過於冰冷（例如奶油或鮮奶油），
麵糊可能會分離，
也就是油脂材料與其他材料分開，
無法混拌均勻。

香料水果蛋糕

用打蛋器攪拌軟化奶油、70 克紅糖、烤過的榛果粉和香草籽，直到完全打發混合。加入蛋和蛋黃攪打均勻，加入濃法式酸奶油和液態鮮奶油繼續攪打。混合過篩麵粉、香料、柳橙皮茸和鹽之花，分兩次拌入先前製作的蛋奶糊。以打蛋器打到鬆發，加進糖漬薑條和摩洛哥式燉煮水果，再度拌勻。

烤箱預熱到 170℃（刻度 6）。在沙拉碗中放入蛋白和剩下的紅糖，打成十分蓬鬆的蛋白霜，但絕對不可以太緊實。用刮刀小心將蛋白霜拌入蛋糕麵糊。用裝有圓形花嘴的擠花袋，將蛋糕麵糊擠入直徑 20 公分、高 2 公分的中空圈模，以刮刀抹平表面。根據烤箱火力大小，烘烤約 15 分鐘。蛋糕必須烤到金黃但保持柔軟彈性且內心十分濕潤。切出六個符合杯底大小的圓片。

02.

可口可樂凍

在冷水中放入吉利丁。稍微加熱檸檬汁和糖，加入擠乾水分的吉利丁和 30 克可口可樂。倒入保鮮盒中，加入剩下的可口可樂，攪拌均勻。蓋上蓋子，放入冰箱。

03.

可口可樂泡沫

按照步驟 2 的方法備製材料，倒入蘇打瓶中，加進剩下的可口可樂。關上瓶子，裝上一個蘇打氣彈。送入冷凍庫 20 分鐘，裝入第二個蘇打氣彈，送進冰箱冷藏至少 2 小時。

04.

椰子雪酪

椰子果肉切成塊狀，香草莢取出籽。在單柄鍋中煮沸所有材料，攪拌均勻，離火。讓材料浸泡 30 分鐘，以手持式電動攪拌棒打碎所有材料。用錐形濾網過濾，冷卻後蓋上保鮮膜。送進冰箱冷藏 4 小時。在甜點上桌前 20 分鐘放入冰淇淋機製成雪酪。

05.

香草蘭姆醬汁或威士忌醬汁

在單柄鍋中放入所有材料（除了 Maïzena® 玉米粉勾芡和葡萄柚之外），煮滾收汁 1 分鐘。加入勾芡，倒進錐形濾網過濾，放置室溫冷卻。從上到下切除粉紅柚外皮，取下完整果肉瓣，仔細剝除薄膜。果肉放入沙拉碗，淋上蘭姆酒或威士忌醬汁，覆蓋保鮮膜，送進冰箱冷藏浸漬。

蘭姆酒或威士忌醬汁必須酸香濃郁。
蘭姆酒的味道若隱若現，酒精完全揮發。
如果粉紅柚帶有苦味，最好使用威士忌，
如果不苦，則使用蘭姆酒。

06.

焦糖腰果

腰果放入 150℃（刻度 5）的烤箱烘焙 25 分鐘。在單柄鍋中煮沸糖和水，加熱到 116℃。加入放涼的腰果沾裹糖漿，繼續加熱 20 分鐘並以木匙不斷攪拌。加入軟化半鹽奶油，攪拌均勻。倒在烘焙紙上，用攪拌匙鋪平腰果以加速冷卻。用手或大刀子弄碎堅果。

腰果膏

在單柄鍋中加熱水、鮮奶油和糖，倒入裝了腰果的食物調理機，打碎直到變成濃稠但柔滑的腰果膏。用篩子過濾以獲得更細密的質地。

椰子瓦片

融化奶油、蜂蜜、糖和椰子，加入半顆蛋白攪拌。在烘焙紙上攤鋪成薄薄一層，蓋上另一張烘焙紙。放入烤箱以 160℃（刻度 5-6）烘烤 6 分鐘。

07.

濃椰子漿

在單柄鍋中煮沸椰奶和糖，加入 Maïzena® 玉米粉勾芡，攪拌均勻後以圓形濾網過濾。加入烤椰子香精。漿汁必須非常濃稠。

在碗中放入2小匙
Maïzena®玉米粉，
以1小匙冷水調勻稀釋，
即可做出玉米粉勾芡。

08.

組裝

在杯底依序放入一片香料蛋糕和一小匙腰果膏。加上3或4片醃漬過的粉紅柚果肉瓣。倒入2或3大匙威士忌或蘭姆酒醬汁，放上一大坨可口可樂凍。加進一球塑形成橢圓狀的椰子雪酪並淋上1大匙濃椰子漿。擠上可口可樂泡沫，最後以一片椰子瓦片收尾。撒上3或4顆焦糖腰果並滴上幾滴濃椰子漿。

基礎食譜

小蛋糕與瑪芬

以下是幾個成功製作小蛋糕的祕訣。

●

使用室溫下的材料，好讓材料均勻融合。

●

製作麵糊時最好使用攪拌機，有助做出柔滑無結塊的麵糊。

●

模具：可以使用矽膠模具讓製作更容易。如果使用金屬模具，請仔細塗上奶油。為了讓蛋糕表面稍帶酥脆口感，可在抹了奶油的模具中撒上細砂糖。

●

麵糊做好後請放入冰箱鬆弛片刻，之後再送進烤箱，可讓麵糊更加均勻。這也是讓瑪德蓮突起漂亮「小峰」的訣竅。

入 門 食 譜

克萊兒・艾茲勒

在Lasserre餐廳的午餐時段，我們會在上咖啡時端出這些在家就可輕鬆製作的經典小蛋糕，皮脆心軟，烤色金黃，大家都愛。當你完美呈現一款經典甜點，誰也無法抗拒這種誘惑。

檸檬瑪德蓮

30個大瑪德蓮或
60個小瑪德蓮

製作時間：30分鐘
烹調時間：15分鐘
靜置時間：24小時

甜點師技法

打發至糊料落下呈緞帶狀〔P.618〕、過篩〔P.619〕、刨磨皮茸〔P.619〕。

用具

瑪德蓮或小瑪德蓮模具、裝有花嘴的擠花袋〔P.622〕、Microplane® 刨刀〔P.621〕、攪拌機〔P.622〕、溫度計〔P.623〕。

- ◆ 2 顆 …… 蛋（100 克）
- ◆ 85 克 …… 細砂糖
- ◆ 40 克 …… 牛奶
- ◆ 20 克 …… 蜂蜜
- ◆ 130 克 …… 麵粉
- ◆ 6 克 …… 發粉
- ◆ 130 克 …… 奶油
- ◆ 半顆 …… 檸檬皮碎

想在最好時機呈上最佳狀態的瑪德蓮，
請在品嘗前幾小時開始烘烤並將它們
留在模具中，蓋上一張鋁箔紙。
上桌前依舊蓋著鋁箔紙，
以180℃（刻度6）回烤2分鐘。

前一夜，用攪拌機將蛋和細砂糖
打發成緞帶狀，約需 15 分鐘。

01.

02.

在單柄鍋中加熱牛奶和蜂
蜜到 60℃。

麵粉和發粉過篩。用
Microplane® 刨刀磨下半
顆檸檬皮碎。融化奶油並
加熱到 60℃（開始冒出
小泡泡）。

03.

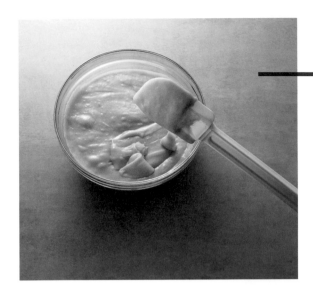

蛋和糖打發成緞帶狀後加入溫熱的蜂蜜牛奶、過篩的粉類和檸檬皮碎。混拌均勻，加入熱融化奶油，再度拌勻後靜置鬆弛 24 小時。製作當天，烤箱預熱到 180℃（刻度 6），攪拌麵糊讓空氣消失。

04.

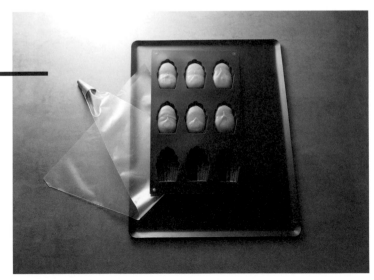

在大瑪德蓮或小瑪德蓮模型中放入麵糊，送進烤箱。小瑪德蓮烘烤 8 分鐘，大瑪德蓮則烤 12 分鐘。

入門食譜

8人份

製作時間：15分鐘
烹調時間：20分鐘
靜置時間：30分鐘

甜點師技法
隔水加熱〔P.616〕。

用具
刮刀〔P.621〕、瑪芬模。

巧克力豆瑪芬

- 320 克 …… 麵粉
- 11 克 …… 發粉（1 包）
- 3 克 …… 鹽
- 100 克 …… 細砂糖
- 50 克 …… 黑巧克力
- 75 克 …… 奶油
- 2 顆 …… 蛋（100 克）
- 250 毫升 …… 牛奶

餡料
- 240 克 …… 黑巧克力球

可以把巧克力球換成巧克力
豆、水滴巧克力或市面上販
售的其他形狀黑巧克力。
或是自己融化巧克力，裝入
擠花袋或用紙捲成三角錐，
擠出珠狀的巧克力。

這款香甜的英式蛋糕可在下午茶時品嘗，或在嘴饞微餓時來上一顆！你可自行做出喜歡的濕潤度，誰能抗拒這種美味百分百的甜點呢……

烤箱預熱到 180℃（刻度6）。在大沙拉碗中混合麵粉、發粉、鹽和糖，在中間挖一個洞。

01.

02.

隔水加熱或用微波爐融化奶油和巧克力，不要加熱到太高溫。在另一個沙拉碗中打散蛋液，依序倒入牛奶、融化牛油和巧克力，加進步驟1挖出的洞中。

03.

用刮刀攪拌麵糊但不要過度攪拌到太過光滑。加入巧克力球。

04.

麵糊裝入瑪芬模到三分之二滿，送進烤箱，視模具大小烘烤 20 到 25 分鐘。用刀尖戳進蛋糕中心來確定熟度，拔出時不能殘留麵糊。靜置鬆弛片刻即可品嘗。

菲利普・康帝辛尼

無比濕潤、質地緻密、入口即化的蛋糕體，蛋糕和燉煮水果的質地必須在口中融合，讓味蕾感受滿滿的鬆軟口感和甜美滋味。煮水果的調味和佐料創造強勁濃烈的風味，格外突顯蛋糕的美味。

燉煮水果常溫蛋糕

18個小蛋糕

製作時間：30分鐘
烹調時間：45分鐘
靜置時間：1小時

甜點師技法

打到發白〔P.616〕、糖煮、薄切〔P.617〕、去芯〔P.617〕、打到鬆發〔P.618〕、完整取下柑橘瓣果肉〔P.619〕、軟化奶油〔P.616〕、過篩〔P.619〕。

用具

直徑 4 到 5 公分和高 4 公分的圓柱狀矽膠模〔P.622〕、攪拌機〔P.622〕。

燉煮水果

- 2 顆 …… 金黃蘋果
  （350 克果肉）
- 10 克 …… 糖漬薑條
- 30 克 …… 奶油
- 90 克 …… 黃砂糖
- 1 根 …… 大溪地香草莢
- 35 克 …… 檸檬汁
- 65 克 …… 白葡萄乾
- 25 克 …… 整粒去皮杏仁
- 3 顆 …… 柳橙
  （175 克果肉瓣）
- 3 顆 …… 粉紅葡萄柚
  （175 克果肉瓣）
- 1 顆 …… 葡萄柚汁（115 克）
- 2 顆 …… 柳橙汁（115 克）
- 1 小匙 …… 香草精（5 克）
- 1 大撮 …… 肉桂粉（1.5 克）
- 1 撮 …… 香料蛋糕的香料
  （1 克）
- 10 片 …… 薄荷葉
- 糖粉

蛋糕麵糊

- 110 克 …… 蘭姆酒
- 140 克 …… 香味紅糖
- 170 克 …… 軟化奶油
- 60 克 …… 杏仁粉
- 2 根 …… 香草莢
- 2 顆 …… 蛋（100 克）
- 2 顆 …… 蛋黃（35 克）
- 25 克 …… 低脂牛奶
- 75 克 …… 液態鮮奶油
- 110 克 …… T45 麵粉
- 90 克 …… 燉煮水果
  （參閱 P.256 做法）
- 60 克 …… 白葡萄乾

燉煮水果

糖漬薑條切成薄片。蘋果削皮去芯，切成小丁。切下柑橘皮，注意不要留下任何白膜，取出完整的果肉瓣（每種柑橘類水果 175 克）。在單柄鍋中以中火融化奶油，煮到冒出綿密的小泡泡，加入 50 克黃砂糖和香草籽。倒入檸檬汁來融化鍋底的焦糖漿，用攪拌匙細心攪拌均勻。

01.

也可以使用剩下的燉煮水果來製作
腰果椰子可樂寶石杯（參閱P.240）。

加入蘋果丁、葡萄乾和整顆杏仁。以中火燉煮 3 分鐘，加入柑橘果肉，繼續加熱 2 分鐘，加入半量的葡萄柚汁和柳橙汁、香草精、糖漬薑片、剩下的糖、肉桂和香料蛋糕的香料粉。調小火力，以小火加熱約 20 分鐘，收乾汁液，同時不停攪拌以免材料沾黏鍋底。分批倒入剩下的柳橙汁和葡萄柚汁讓煮料變得濕潤。離火後加入薄荷葉。保存備用。

02.

03.

蛋糕麵糊

在小沙拉碗中混合葡萄乾、蘭姆酒和 40 克紅糖。覆蓋一層保鮮膜，在室溫下浸漬至少 1 小時。烤箱預熱到 170℃（刻度 6）。用裝了打蛋器的攪拌機攪打軟化奶油、糖、杏仁粉和香草籽，直到所有材料打到發白。加進全蛋蛋液和蛋黃，攪拌均勻，倒入牛奶和液態鮮奶油。分兩次拌入過篩的麵粉，最後加入用蘭姆酒糖液浸漬的葡萄乾。再攪打 15 秒，將麵糊打到蓬鬆。

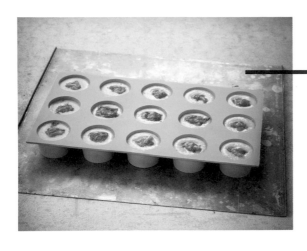

04.

使用裝了圓形花嘴的擠花袋或一根湯匙，在直徑 4 或 5 公分、高 4 公分的彈性圓柱型模具中裝入麵糊到四分之三滿。在每個小凹槽表面放上 1 小匙摩洛哥式燉煮水果，稍微往下壓。

葡萄乾浸漬一整夜更佳。
這種打發麵糊是藉由打發動作乳化油脂、
水和空氣的混合物。
要成功製作出這種麵糊，
必須讓所有材料都擁有同樣的溫度。
奶油必須呈現非常柔軟的霜狀，
避免油脂和水分離。

送入烤箱烘烤約 12 分鐘。蛋糕表面必須烤到金黃不焦。趁溫熱脫模，燉煮水果常溫蛋糕的上色應該是接近白色的淺色，才能保持鬆軟濕潤。撒上少許糖粉。

05.

入門食譜

10人份

製作時間：30分鐘
烹調時間：15分鐘
靜置時間：1小時+1夜

甜點師技法

鋪覆〔P.616〕、隔水加熱〔P.616〕、沾裹〔P.617〕、擠花〔P.618〕、過篩〔P.619〕。

用具

直徑7公分小烤模、直徑3公分矽膠模具〔P.622〕、甜點刷〔P.622〕、擠花袋〔P.622〕。

巧克力堅果醬熔岩蛋糕

麵糊

- 180 克 …… 可可含量 66% 的黑巧克力
- 180 克 …… 奶油 +40 克塗模用
- 8 顆 …… 蛋（400 克）
- 125 克 …… 細砂糖
- 90 克 …… 麵粉 +40 克撒在模具上用

堅果醬熔岩

- 180 克 …… 堅果醬
- 100 克 …… 覆蓋用牛奶巧克力

巧克力老饕的必嘗甜點。美味的巧克力蛋糕中蘊藏流質的堅果醬熔岩，搭配一球香草冰淇淋品嘗，享受冰熱雙重溫度對比。

01.

堅果醬熔岩

前一夜，隔水加熱或微波爐低火力融化堅果醬。填入直徑 3 公分的矽膠模，冷藏至少 1 小時讓它變硬。

02.

堅果醬熔岩浸入融化的牛奶巧克力，或是使用甜點刷，以便裹覆一層巧克力。靜置冷藏至少一夜。

如果想要爭取時間，可以用 Leonidas® 品牌的金莎巧克力取代堅果醬熔岩。

03. 麵糊

融化 40 克奶油並塗抹在直徑 7 公分的小烤模表面，等到奶油凝固後讓每個小烤模沾裹一層麵粉，去除多餘的量。放置陰涼處備用。

04.

切碎黑巧克力。以小火隔水加熱融化堅果醬，或是使用低火力的微波爐。

在單柄鍋中以隔水加熱法用打蛋器輕輕攪拌蛋液和糖，讓糖完全溶化。等到蛋糖糊變溫之後，離火並快速攪打，直到完全冷卻。麵粉過篩，加入蛋糖糊內，倒入融化巧克力。

05.

06.

組裝

烤箱預熱到 200℃（刻度 7）。使用擠花袋擠入麵糊到模具半滿，在麵粉中央放入堅果醬熔岩。送進烤箱烘焙約 10 分鐘，取出後靜置 30 秒再行脫模。

做好但尚未烘烤的熔岩巧克力蛋糕
可在冰箱中冷藏保存48小時，
甚至冷凍起來。
但是烘烤時必須提高溫度！
根據所使用模具的尺寸和品質，
口感可能有所不同。
建議先做測試，才能精確做出理想的效果，
並保證成品的品質。

入 門 食 譜

尚-保羅・艾凡

辛苦一整天，筋疲力盡回家後，這種保存在
小盒子中的常溫蛋糕是最理想的能量補給
品。

開心果費南雪

8人份

製作時間：15分鐘
烹調時間：10分鐘
靜置時間：12小時

甜點師技法
製作榛果奶油〔P.616〕、過篩
〔P.619〕。

用具
費南雪模具〔P.622〕。

- 60 克 …… 奶油
- 110 克 …… 糖粉
- 40 克 …… 杏仁粉
- 40 克 …… 麵粉
- 2 克 …… 發粉
- 30 克 …… 黑巧克力
  （可可含量 70% 的 Mélange
  JPH 調配款）
- 10 克 …… 融化蜂蜜
- 4 顆 …… 蛋白（130 克）
- 10 克 …… 純開心果膏

01.

前一夜,在單柄鍋中放入奶油,以小火慢慢融化,直到煮成金棕色,即是所謂的榛果奶油。熄火後將單柄鍋底部浸入裝了冷水的沙拉碗中。放旁備用。

留意奶油的加熱狀況
以免煮焦。

02.

在沙拉碗中輕柔混拌糖粉和杏仁粉,加入過篩的麵粉和發粉,混拌均勻。

切碎巧克力。在沙拉碗中加入蜂蜜、蛋白、開心果膏，以攪拌匙輕柔混拌。倒入榛果奶油和切碎的巧克力。混拌均勻後送進冰箱鬆弛 12 小時。

03.

如同瑪德蓮，
鬆弛的時間是
製作成功費南雪的祕訣。

04.

製作當天，烤箱預熱到 200℃（刻度 7）。為費南雪模具塗上奶油，裝滿麵糊，送入烤箱烘焙 5 到 6 分鐘。

8到10個小蛋糕

製作時間：15分鐘
烹調時間：12分鐘

甜點師技法

過篩〔P.619〕、刨磨皮茸〔P.619〕。

用具

瑪芬模具、窄身彎柄抹刀〔P.622〕、刮皮器〔P.623〕。

胡蘿蔔蛋糕

麵糊

- 300 克 …… 胡蘿蔔絲
- 150 克 …… 紅糖
- 100 毫升 …… 葵花油或菜花油
- 2 顆 …… 蛋（100 克）
- 220 克 …… T55 麵粉
- 1 包 …… 發粉
- 2 小匙 …… 肉桂粉
- 1/2 小匙 …… 肉荳蔻粉
- 1 顆 …… 無農藥柳橙
- 50 克 …… 粗略弄碎的核桃

糖霜淋醬

- 半顆 …… 柳橙汁
- 200 克 …… 糖粉
- 50 克 …… 粗略弄碎的核桃

01.

麵糊

烤箱開啟旋風模式，預熱到 160℃（刻度 5-6）。在沙拉碗中攪打糖、植物油和蛋。麵粉、發粉與香料粉過篩，一次倒入蛋糖油液中，不斷攪拌麵糊。最後加入柳橙皮碎和果汁、胡蘿蔔與核桃。

02.

瑪芬模塗上奶油，裝入麵糊，送進烤箱烘焙 12 分鐘。烤好後放置幾分鐘再脫模，移到涼架上放涼。

03.

糖霜淋醬

烘烤蛋糕的同時，混合柳橙汁和糖粉。糖霜必須濃稠到質地類似法式酸奶油。使用窄身彎柄抹刀在每個蛋糕頂端塗抹糖霜，最後撒上核桃。

也可以做成一個大蛋糕，
只要把麵糊放入
直徑22公分的高邊模，
烘烤時間改成30分鐘。

基礎食譜

製作時間：10分鐘
靜置時間：30分鐘

- 250 克 ⋯⋯ 麵粉
- 125 克 ⋯⋯ 細砂糖
- 125 克 ⋯⋯ 奶油
- 1 顆 ⋯⋯ 蛋（50 克）
- 1 撮 ⋯⋯ 鹽
- 香草粉（選用）

餅乾

特色
酥脆可口的小點心。

甜點師技法
擀麵〔P.616〕、撒粉〔P.618〕。

用具
攪拌機〔P.622〕、擀麵棍
〔P.622〕。

應用食譜
胡桃巧克力餅乾〔P.270〕
奶油酥餅〔P.272〕
果醬沙布蕾〔P.274〕
奶酥沙布蕾、杏仁肉桂沙布蕾〔P.276〕

在攪拌機的鋼盆中放入麵粉、糖、鹽和奶油攪拌。加進蛋液繼續攪打成一整球麵團。

01.

用保鮮膜包好，送進冰箱鬆弛 30 分鐘。

02.

03.

在撒了麵粉的工作檯面將麵團擀成想要的厚度。

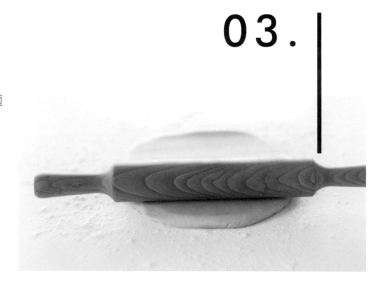

入門食譜

30個餅乾

製作時間：10分鐘
烹調時間：10分鐘
靜置時間：10分鐘

甜點師技法
過篩〔P.619〕

胡桃巧克力餅乾

- 200 克 …… 軟化奶油
- 100 克 …… 細砂糖
- 150 克 …… 紅糖
- 2 顆 …… 蛋（100 克）
- 370 克 …… 麵粉
- 1 小匙 …… 食用小蘇打
- 1.5 小匙 …… 發粉
- 100 克 …… 優質黑巧克力，
  切成 0.5 公分小丁
- 100 克 …… 胡桃，切成大塊

01.

烤箱開啟旋風模式，預熱到 160℃
（刻度 5-6）。在沙拉碗中用打蛋器
攪打奶油和糖 4 分鐘。加入蛋後再
攪打 1 分鐘。

02.

麵粉、小蘇打和發粉過篩，一次倒入
步驟 1 的沙拉碗內。用打蛋器攪拌
到麵粉與蛋糖油液完全混合。加入胡
桃和巧克力，再度攪拌直到加料在麵
糊中均勻分布。

03.

麵糊分成 30 份，揉成小球，放在
鋪了烘焙紙的烤盤上，彼此間隔 4
公分。用手掌稍微壓平麵團。

04.

送進烤箱 9 到 10
分鐘。留意烘烤程
度，餅乾剛開始上
色就要取出。如果
烘烤過頭，餅乾會
太乾，無法達到我
們想要的口感。靜
置冷卻 10 分鐘讓
餅乾變硬，從烘焙
紙取下餅乾。

2個大沙布蕾

製作時間：20分鐘
烹調時間：25分鐘
靜置時間：30分鐘

甜點師技法

擀麵〔P.616〕、打到發白〔P.616〕、捏折花邊〔P.617〕、過篩〔P.619〕、刨磨皮茸〔P.619〕。

用具

擀麵棍〔P.622〕、Microplane® 刨刀〔P.621〕。

奶油酥餅

- 230 克 ⋯⋯ 室溫奶油
- 110 克 ⋯⋯ 細砂糖 +3 大匙 完成裝飾用
- 1 顆 ⋯⋯ 有機柳橙細皮碎
- 230 克 ⋯⋯ 麵粉
- 110 克 ⋯⋯ 米製粉

01.

以打蛋器攪打奶油和糖直到蓬鬆發白。加入柳橙皮碎和過篩的麵粉，繼續攪拌直到麵糊形成一個柔軟的麵團。

02.

麵團分成 2 份，迅速做成 2 塊有厚度的圓片，放入冰箱冷藏 30 分鐘。

03.

烤箱開啟旋風模式，預熱到 160℃（刻度 5-6）。麵團各放在一張烘焙紙上。用擀麵棍將麵團擀成厚 8 公釐、直徑 20 公分、大小相同的兩片圓形麵皮。用拇指和食指捏折花邊。以長刀的刀尖將麵團切成八份，再用叉子戳洞，最後撒上細砂糖。送入烤箱烘烤 25 到 30 分鐘。酥餅烤到剛上色即取出。移到涼架上冷卻幾分鐘再切開。

500克沙布蕾酥餅

製作時間：15分鐘
烹調時間：10分鐘
靜置時間：2小時

甜點師技法

擀麵〔P.616〕、軟化奶油〔P.616〕。

用具

平口圓頭花嘴〔P.621〕、長8公分橢圓形葉狀切模〔P.621〕、攪拌機〔P.622〕、擀麵棍〔P.622〕。

果醬沙布蕾

- 185 克 …… 麵粉
- 100 克 …… 軟化奶油
- 100 克 …… 糖粉 +50 克完成裝飾用
- 90 克 …… 杏仁粉
- 半包 …… 發粉
- 1 顆 …… 蛋（50 克）
- 覆盆子或柳橙果醬

01.

麵粉倒入攪拌盆，加進奶油、糖粉、杏仁粉和發粉。攪拌機裝上揉麵鉤，以低速攪拌所有材料。材料呈碎粉粒狀後加入蛋液，繼續揉製。麵糊形成整球麵團後即可停下機器。送入冰箱靜置鬆弛至少 2 小時。

02.

烤箱預熱到 210℃（刻度 7）。用擀麵棍將麵團擀成 3 公釐厚的麵皮，再以約 8 公分長的橢圓形葉狀切模在麵皮上切出形狀。

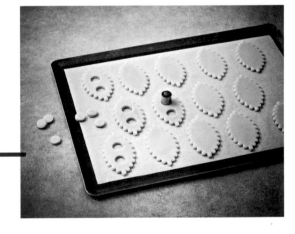

03.

取一半葉狀餅乾麵皮，以平口圓頭花嘴割出兩個小圓洞，放到有防沾塗層或鋪了烘焙紙的烤盤上。送進烤箱烘烤 10 分鐘。取出沙布蕾，靜置放涼。

04.

在表面無洞的沙布蕾上塗抹果醬，蓋上有圓洞的沙布蕾，往下輕壓。撒上一層薄薄的糖粉。

75個奶酥

製作時間：15+30分鐘
烹調時間：12+10分鐘
靜置時間：15+40分鐘

甜點師技法

材料表面覆蓋上保鮮膜〔P.617〕、擠花〔P.618〕。

用具

裝有 10 號星形花嘴的擠花袋〔P.622〕。

奶酥沙布蕾、杏仁肉桂沙布蕾

奶酥沙布蕾

- 110 克 …… 軟化奶油
- 50 克 …… 糖粉
- 150 克 …… 麵粉
- 1 撮 …… 鹽
- 1 顆 …… 蛋白（30 克）

杏仁肉桂沙布蕾

- 180 克 …… 軟化奶油
- 1 顆蛋 …… 稍微打發（50 克）
- 1 小匙 …… 天然香草精
- 100 克 …… 糖粉
- 300 到 320 克 …… 麵粉

裝飾

- 80 克 …… 切碎杏仁
- 1 小匙 …… 肉桂粉
- 4 大匙 …… 紅糖 +2 大匙裝飾用
- 1 顆 …… 蛋，稍微打發（50 克）

01.

奶酥沙布蕾

烤箱開啟旋風模式，預熱到 180℃（刻度 6）。攪打奶油和糖粉直到混合物變得柔滑。加入麵粉、鹽和蛋白，再度攪拌以做出非常柔軟的沙布蕾麵糊。

02.

使用裝有星形花嘴的擠花袋，在鋪了烘焙紙的烤盤上擠出圈狀麵糊。先放入冷凍庫 15 分鐘，再送進烤箱烘烤 12 分鐘。沙布蕾應該烤成漂亮的淺金黃色。

03.

杏仁肉桂沙布蕾

攪拌奶油、稍微打發的蛋液、香草和糖粉，直到混合物變得柔滑。加入麵粉，再度攪拌，做出的沙布蕾麵團應該非常鬆軟但硬度又足以塑形。麵團整形成直徑 5 公分的長形圓柱，用保鮮膜緊緊包好，放入冷凍庫 20 分鐘。

04.

裝飾

在碗中混合杏仁、肉桂粉和 4 大匙紅糖。從冷凍庫取出麵團，塗上蛋液，沾裹杏仁肉桂糖。再度包上保鮮膜，放入冷凍庫 20 分鐘。

05.

烤箱開啟旋風模式，預熱到 160℃（刻度 5-6）。圓柱狀麵團切成 7 公釐厚片，放在鋪了烘焙紙的烤盤上，撒上剩下的紅糖。送進烤箱烘烤 10 到 12 分鐘。餅乾邊緣應該烤出漂亮的淺金色。

基礎食譜

25個泡芙

製作時間：15分鐘
烹調時間：25分鐘
靜置時間：1小時10分鐘

泡芙

- 50 克 …… 牛奶
- 50 克 …… 水
- 2 克 …… 細砂糖
- 2 克 …… 鹽
- 44 克 …… 奶油
- 55 克 …… 麵粉
- 2 顆 …… 蛋（100 克）

波蘿脆皮

- 50 克 …… 奶油
- 62 克 …… 黃蔗糖
- 62 克 …… 麵粉
- 色素（選用）

克里斯多福・米夏拉的
泡芙麵糊

特色
簡單又快速的麵糊，可隨心所欲製作出質地輕盈，富有空氣感且圓潤豐滿的泡芙。

用途
奶油泡芙、閃電泡芙、修女泡芙、炸泡芙、巴黎布列斯特泡芙。

變化
克里斯多福・亞當的泡芙麵糊〔P.286〕、菲利普・康帝辛尼的泡芙麵糊〔P.302〕。

甜點師技法
擀麵〔P.616〕、軟化奶油〔P.616〕、擠花〔P.618〕、過篩〔P.619〕、焙烤〔P.619〕。

用具
直徑 3 公分切模〔P.621〕、裝有 10 號平口圓頭花嘴的擠花袋〔P.622〕、擀麵棍〔P.622〕。

應用食譜
克里斯多福・米夏拉：熱巧克力爆漿泡芙〔P.282〕、鹹奶油焦糖修女泡芙〔P.298〕、提拉米蘇風霜凍泡芙〔P.306〕、芒果茉莉茶花朵泡芙〔P.310〕、占度亞蘑菇泡芙佐柳橙榛果〔P.318〕、百香蕉栗親親泡芙〔P.314〕、沙朗波韃靼泡芙〔P.368〕、東方紅泡芙〔P.458〕、黃袍加身柑橘泡芙〔P.498〕、莫希多雞尾酒綠泡芙〔P.538〕、東加豆香草泡芙焦糖葫蘆〔P.548〕
克里斯多福・亞當：酸甜橙花香草閃電泡芙〔P.292〕、馬達加斯加香草焦糖胡桃閃電泡芙〔P.286〕、濃醇巧克力波佛蒂洛泡芙塔〔P.474〕
巴黎布列斯特泡芙，**菲利普・康帝辛尼**〔P.302〕
聖多諾黑泡芙塔〔P.441〕

01.

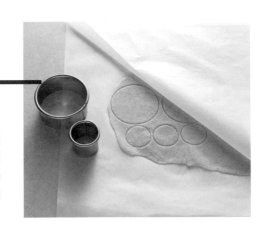

波蘿酥皮

攪拌奶油至軟化，放入沙拉碗中並加入黃蔗糖，攪打均勻後加進過篩麵粉。視需要加入色素。做好的麵團移到烘焙紙上，再覆蓋另一張烘焙紙，以擀麵棍擀成 2 公釐厚，送進冰箱鬆弛 1 小時。等到波蘿酥皮十分冰涼後，用直徑 3 公分的切模切出 25 個圓片。冷藏備用。

02.

請注意，如果麵糊已經足夠柔滑，
就不必加完所有蛋液，
太稀的麵糊無法成形。反之，
如果加完所有蛋液仍然有點黏稠，
可再加入少許牛奶。

泡芙

在單柄鍋中倒入牛奶和水，加進糖、鹽和切成小塊的奶油，一起加熱到沸騰。一次加入所有過篩麵粉。快速攪拌，讓鍋子離火。

03.

重新放回爐火上，用攪拌匙快速攪拌麵糊 1 到 2 分鐘以煮乾水分，直到麵糊質地均勻且可與單柄鍋的邊緣分離。裝入沙拉碗中。取另一個沙拉碗，以打蛋器打散雞蛋，分幾次倒入麵糊。每次加入蛋液都要用攪拌匙拌勻，直到蛋液吃進麵糊才能再倒下一次。麵糊應該光滑柔順。

04.

用食指在泡芙麵糊中劃出一道缺口，如果麵糊緩緩聚攏，即已達到適當的稠度。放入裝有 10 號平口圓頭花嘴的擠花袋。

烘烤泡芙時請將烤箱調到靜風模式。

05.

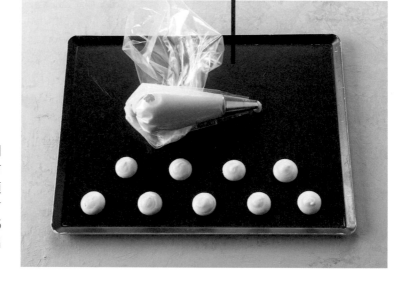

烤箱預熱到 210℃（刻度 7）。在防沾或鋪有烘焙紙的烤盤上，以類似骰子五點排列的方式，擠出 25 個直徑 2.5 公分的泡芙，記得留出足夠的間隔。

06.

在每個泡芙頂端放上一塊波蘿酥皮圓片，或撒上與烤杏仁粒混合的糖粒，或是烤過的可可粒。

07.

烤箱熄火，送進泡芙讓它們膨脹 10 分鐘。重新開啟烤箱電源，調整溫度到 165℃（刻度 6），烘烤泡芙 10 分鐘。烤好的泡芙直徑應該約 4 公分。

入 門 食 譜

克里斯多福・米夏拉

這是我向菲利普・康帝辛尼的小小致敬之作，這位偉大甜點師在十幾年前將炸甜甜圈重新打造成熔岩巧克力炸泡芙。我自己注入的創意則是在泡芙中填入巧克力奶油餡然後溫熱享用⋯⋯一款殺手級甜點！

熱巧克力爆漿泡芙

25個泡芙

製作時間：20分鐘
烹調時間：25分鐘
靜置時間：1小時

甜點師技法

打到發白〔P.616〕、隔水加熱〔P.616〕、擠花〔P.618〕。

用具

裝有 10 號圓形花嘴的擠花袋〔P.622〕。

泡芙

+ 25 個 ⋯⋯ 泡芙
  （參閱 P.278）
+ 50 克 ⋯⋯ 糖粒
+ 50 克 ⋯⋯ 烤過可可粒

巧克力奶油餡

+ 160 克 ⋯⋯ 可可含量 70%
  的覆蓋用巧克力
+ 100 克 ⋯⋯ 半鹽奶油
+ 1 顆 ⋯⋯ 蛋（50 克）
+ 2 顆 ⋯⋯ 蛋黃（40 克）
+ 20 克 ⋯⋯ 黃蔗糖

泡芙

烤箱預熱到210℃（刻度7）。按照 P.278 的步驟製作泡芙麵糊，在鋪了烘焙紙的烤盤上擠出 25 個泡芙。撒上糖粒和可可粒，放入熄火的熱烤箱中 10 分鐘。重新開啟烤箱電源並將溫度設在 165℃（刻度6），烘烤 10 分鐘。

01.

巧克力奶油餡

隔水加熱融化覆蓋用巧克力和半鹽奶油。

02.

03.

沙拉碗中放入全蛋、蛋黃和黃蔗糖，以打蛋器快速攪拌。

蛋液打到發白之後，加入融化巧克力，攪拌到質地光滑，放進裝有 10 號圓形花嘴的擠花袋。

04.

組裝

使用小花嘴在泡芙底部鑽一個小洞，擠入巧克力奶油餡，送進冰箱冷藏至少 1 小時。

烤箱預熱到 180℃（刻度 6）。從冰箱取出泡芙，放在鋪了烘焙紙的烤盤上，送進烤箱烘焙 2 分鐘。溫熱品嘗。

05.

克里斯多福・亞當

這是閃電泡芙專賣店l'Éclair de Génie的明星商品。素雅、精巧、細緻，這款閃電泡芙完美結合各種相輔相成的元素：香草奶油醬的柔滑甜美與薄裏焦糖胡桃的酥脆激盪出火花四射的對比。簡樸但令人驚豔。

馬達加斯加香草
焦糖胡桃閃電泡芙

10個閃電泡芙

製作時間：40分鐘
烹調時間：1小時
靜置時間：6小時40分鐘

甜點師技法

粗略弄碎〔P.616〕、打到柔滑〔P.618〕、擠花〔P.618〕。

用具

打蛋盆〔P.620〕、手持式電動攪拌棒〔P.621〕、裝有 18 齒星形花嘴的擠花袋〔P.622〕、矽膠墊〔P.623〕、溫度計〔P.623〕。

雪白淋面

- 3 克 …… 吉利丁粉
- 73 克 …… 乳脂含量 35% 的液態鮮奶油
- 28 克 …… 葡萄糖
- 2 根 …… 馬達加斯加香草莢
- 85 克 …… 白巧克力
- 85 克 …… 白巧克力鏡面（參閱 P.614）
- 0.4 克 …… 食品級二氧化鈦粉末

馬達加斯加香草奶油醬

- 1 克 …… 吉利丁粉
- 255 克 …… 低脂牛奶
- 1 根 …… 馬達加斯加香草莢
- 1 顆 …… 大蛋黃（30 克）
- 50 克 …… 細砂糖
- 15 克 …… 卡士達粉
- 80 克 …… 奶油

閃電泡芙

- 80 克 …… 水

- 80 克 …… 低脂牛奶
- 80 克 …… 奶油
- 2 克 …… 鹽
- 3 克 …… 細砂糖
- 4 克 …… 香草精
- 80 克 …… T55 麵粉
- 3 顆 …… 蛋（140 克）

焦糖胡桃

- 80 克 …… 胡桃
- 40 克 …… 糖粉

可以自己製作巧克力鏡面。
以45℃或50℃融化350克
白巧克力和150克可可脂。
加入35克葡萄籽油，
攪拌均勻，靜置結晶。
或是在專門店購買成品。
使用食品級二氧化鈦
可以賦予鏡面
雪白美麗的顏色。

雪白鏡面淋醬

吉利丁放入鮮奶油中至少 5 分鐘以吸收水分。倒入單柄鍋加進葡萄糖一起煮沸。放進縱切且取出籽的香草莢，浸泡 20 分鐘。取出香草莢，攪拌並放回爐火上。粗略弄碎白巧克力並以刀子切碎白巧克力鏡面麵糊，放入打蛋盆，分批淋上熱鮮奶油。加入食品級二氧化鈦，一邊以手持式電動攪拌棒不斷攪拌。等到所有材料打到十分均勻之後，蓋上保鮮膜，送進冰箱冷藏 4 小時，讓鏡面淋醬變硬。

馬達加斯加香草奶油醬

吉利丁粉放入一碗水中吸收水分，放旁備用。在單柄鍋中加熱牛奶直到沸騰，加進縱切香草莢與取出的籽。覆蓋保鮮膜，讓香草浸泡 20 分鐘。

在沙拉碗中以打蛋器不斷攪拌蛋黃、細砂糖和卡士達粉。取出香草莢並將單柄鍋中的液體倒入打到發白的蛋液中。攪拌均勻後全部倒回單柄鍋，放回火上加熱幾分鐘。加入吉利丁，攪拌直到融化。

這個食譜使用吉利丁粉，
但也可以用吉利丁片。
若使用吉利丁片，
1片吉利丁等於2克吉利丁粉。
浸泡在冷水中，
盡量擠乾水分後即可使用。

香草奶油醬放置在室溫下冷卻到 40℃。奶油切成小丁，放入奶油醬中。用手持式電動攪拌棒攪打到柔滑均勻，放入冰箱冷藏至少 2 小時。

03.|

使用烹調用溫度計
確認溫度。

04.|

閃電泡芙

旋風式烤箱預熱到 250℃（刻度 8）。使用本食譜的材料和份量，按照 P.278 的步驟製作泡芙麵糊。

在裝了 18 齒星形花嘴的擠花袋中放入麵糊，於鋪了烘焙紙的烤盤或矽膠墊上擠出 10 個約 11 公分長的閃電泡芙。烤箱熄火，放入閃電泡芙，讓它們膨脹 12 到 16 分鐘。重新開啟烤箱電源，溫度設在 160℃（刻度 5-6），烘焙 25 分鐘。閃電泡芙烤出漂亮的金黃色後即可熄火。

焦糖胡桃

用刀子將胡桃盡量切得細碎，和糖粉一起放入單柄鍋以中火加熱，同時以木匙不斷攪拌，直到胡桃反砂並裹上焦糖。稍微冷卻後將胡桃一顆顆分開，平鋪在矽膠墊上。放旁備用。

05.

———————

注意，不要等到胡桃完全冷卻才作業，
這樣會很難將它們分開。

———————

06.

組合和裝飾

在每個閃電泡芙底部鑽出 3 個小洞，於擠花袋中裝入冰涼的香草奶油醬，斜斜剪掉尖端。從每個小洞為閃電泡芙擠入大量奶油醬。

白色鏡面淋醬放入烤箱或微波爐幾秒鐘，加熱到22℃，使質地變得光滑柔軟。閃電泡芙表面浸入鏡面淋醬後立刻用食指抹過表面，在鏡面乾燥凝固前抹去多餘的淋醬使表面光滑。

07.

使用小花嘴在閃電泡芙上戳出小孔。
泡芙必須裝滿奶油醬但餡料不能從孔中流出。
可以使用烹調用溫度計在烹調時
測量鏡面淋醬的溫度，
或根據淋醬的質地來判斷溫度。

08.

用刮刀不時攪拌鏡面淋醬，
避免表面結皮。

等待幾秒鐘後，細心為閃電泡芙的鏡面沾裹焦糖胡桃。

進 階 食 譜

克里斯多福・亞當

這款閃電泡芙的內餡先以一層薄薄的酸甜新鮮水果丁鋪底，再擠上傳統的柔滑甘納許。奇異果的酸刺感、百香果的異國情調與草莓和覆盆子完美融合，喚醒每一個味蕾。香堤伊鮮奶油和占度亞奶酥讓這個美麗如畫的作品在味覺與視覺上更臻完美。

酸甜橙花香草閃電泡芙

10個閃電泡芙

製作時間：40分鐘
烹調時間：50分鐘
靜置時間：2小時20分鐘

甜點師技法

打到柔滑均勻〔P.618〕、擠花〔P.618〕、刨磨皮茸〔P.619〕。

用具

刮刀〔P.621〕、裝有 18 齒星形花嘴的擠花袋〔P.622〕、Microplane® 刨刀〔P.621〕、攪 拌 機〔P.622〕、矽 膠 墊〔P.623〕。

橙花香草鮮奶油

◆ 400 克 …… 乳脂含量 35% 的液態鮮奶油
◆ 4 克 …… 吉利丁粉
◆ 2 根 …… 馬達加斯加香草莢
◆ 90 克 …… 白巧克力
◆ 5 克 …… 橙花花水

閃電泡芙

◆ 80 克 …… 水
◆ 80 克 …… 低脂牛奶

◆ 80 克 …… 奶油
◆ 2 克 …… 鹽
◆ 3 克 …… 細砂糖
◆ 4 克 …… 香草精
◆ 80 克 …… T55 麵粉
◆ 3 顆 …… 蛋（140 克）

占度亞奶酥

◆ 25 克 …… 軟化奶油
◆ 25 克 …… 細砂糖
◆ 50 克 …… 麵粉

◆ 45 克 …… 占度亞巧克力（Valrhona®）

水果丁

◆ 1 盒 …… 草莓
◆ 2 顆 …… 奇異果
◆ 1 顆 …… 百香果

組合與裝飾

◆ 1 盒 …… 覆盆子
◆ 1 盒 …… 香堇菜花
◆ 1 顆 …… 綠檸檬皮碎

01.

橙花香草鮮奶油醬

單柄鍋中倒入液態鮮奶油,加進吉利丁吸收水分約 5 分鐘。煮沸鮮奶油,離火後加入縱切的香草莢與刮出的香草籽。單柄鍋上覆蓋一張保鮮膜,浸泡香草 20 分鐘。大致切碎白巧克力,放入沙拉碗中。取出鮮奶油內的香草莢,淋到白巧克力上。使用打蛋器讓材料乳化。

一邊加入橙花花水,一邊以手持式電動攪拌棒攪打鮮奶油。送進冰箱冷藏 2 小時。

也可使用吉利丁片取代吉利丁粉,只要知道4克吉利丁粉等於2片吉利丁。吉利丁片放入冷水浸泡,在香草奶油醬的最後製作階段加入擠乾水分的吉利丁片。

也可以在無旋風式烤箱中以175℃(刻度6)烘烤閃電泡芙35分鐘左右。

02.

閃電泡芙

使用本食譜的材料和份量,按照P.278的步驟製作泡芙麵糊。旋風式烤箱預熱到 250℃(刻度 8)。

泡芙麵糊放入裝有 18 齒星形花嘴的擠花袋中,在鋪了烘焙紙的烤盤或矽膠墊上擠出 10 個 11 公分長的閃電泡芙。烤箱溫度達到 250℃之後熄火,放入閃電泡芙。讓泡芙在熄火烤箱中靜置 12 到 16 分鐘,直到泡芙麵糊膨脹。重新開啟烤箱電源,溫度設在 160℃(刻度 5-6),烘烤閃電泡芙 25 分鐘左右。

03.

占度亞奶酥

烤箱預熱到 160℃（刻度 5-6）。

在沙拉碗中用刮刀或攪拌匙混拌奶油、糖和麵粉，直到攪打成麵團。

用手指將麵團捏成碎粒。

在矽膠墊或鋪了烘焙紙的烤盤放上這些奶酥碎粒，烘焙約8 分鐘，直到烤出美麗的金黃色。烤好後放涼備用。

可以使用牛奶巧克力取代占度亞巧克力。

04.

占度亞（gianduja）巧克力放入微波爐融化。在沙拉碗中放入冷卻的奶酥碎粒，淋上融化的占度亞巧克力。用刮刀攪拌，讓奶酥碎粒均勻沾裹巧克力。

再度將奶酥碎粒平鋪在矽膠墊或烘焙紙上。放置在陰涼處備用。

水果丁

草莓清淨去掉蒂頭，奇異果去皮，都切成小丁。留下幾塊奇異果丁作為裝飾，把其餘的奇異果丁和草莓丁放入沙拉碗，加進百香果果粒並攪拌。

05.

06.

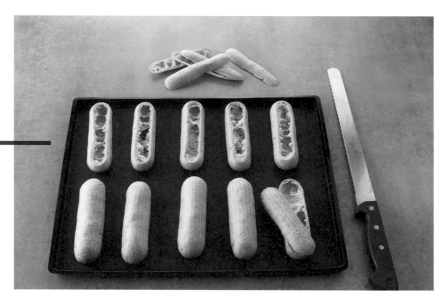

組合與裝飾

使用鋸齒刀從閃電泡芙的三分之一高度縱向切開，取下泡芙頂蓋。

在 10 個閃電泡芙中分別放滿
水果丁。攪拌機裝上打蛋器，
打發攪拌缸中的冰涼香草橙花
鮮奶油。

放入裝有 18 齒星形花嘴的擠
花袋，在鋪滿水果丁的閃電泡
芙上擠出幾朵鮮奶油花。

07.

以切半覆盆子和奇異果丁裝飾閃電泡芙。點綴幾塊占度亞奶酥
和幾朵香堇花。用 Microplane® 刨刀磨上檸檬皮碎。

08.

進 階 食 譜

克里斯多福‧米夏拉

鹹奶油焦糖修女泡芙

15個修女泡芙

製作時間：1小時
烹調時間：1小時15分鐘
靜置時間：1夜+2小時

甜點師技法

粗略弄碎〔P.616〕、乳化〔P.617〕、擠花〔P.618〕、過篩〔P.619〕。

用具

電動打蛋器〔P.621〕、刮刀〔P.621〕、手持式電動攪拌棒〔P.621〕、15連直徑 6 公分半圓凹槽和 15 連直徑 3 公分半圓凹槽的 Flexipan® 矽膠模〔P.622〕、矽膠墊〔P.623〕、3 個裝有直徑 1 公分圓形花嘴和小聖多諾黑花嘴的擠花袋〔P.622〕、溫度計〔P.623〕。

焦糖蛋奶醬

- 2 顆 …… 蛋黃（40 克）
- 105 克 …… 細砂糖
- 20 克 …… Maïzena® 玉米粉
- 270 克 …… 全脂牛奶
- 150 克 …… 軟化半鹽奶油

波蘿酥皮

- 50 克 …… 半鹽奶油
- 60 克 …… 黃蔗糖
- 60 克 …… T45 麵粉

泡芙麵糊

- 90 克 …… 水
- 80 克 …… 半鹽奶油
- 1 撮 …… 細砂糖
- 100 克 …… T45 麵粉
- 5 顆 …… 蛋（230 克）

香草奶油霜餡

- 350 克 …… 半鹽奶油
- 80 克 …… 水
- 200 克 …… 細砂糖
- 2 顆 …… 蛋（100 克）
- 1 根 …… 香草莢

裝飾

- 250 克 …… 翻糖
- 1 小匙 …… 葡萄糖
- 10 克 …… 牛奶糖色素

這是我最初也最美的甜點，運用快速高效的技巧重現純真無瑕的童年回憶，外形尤其令人驚豔！每個出自我門下的甜點師都會在自家店裡製作這款甜點，這個小小的傳統令我非常驕傲……

焦糖蛋奶醬

前一夜，在沙拉碗中混合蛋黃、15 克細砂糖和 Maïzena® 玉米粉。加熱牛奶。單柄鍋中加入剩下的糖，煮成焦糖後倒入熱牛奶，加進沙拉碗中，攪拌均勻。再度倒回單柄鍋煮到沸騰。冷卻至 50℃後，一邊以手持式電動攪拌棒攪打，一邊分批加入軟化半鹽奶油。放進沒裝花嘴的擠花袋中，送入冰箱冷藏一夜。

01.

02.

泡芙麵糊

使用本食譜的材料和份量，按照 P.278 的步驟，製作波蘿酥皮和泡芙麵糊。放入裝有直徑 1 公分圓形花嘴的擠花袋，在 2 個鋪了烘焙紙的烤盤上分別擠出 15 個小圓球和 15 個大圓球，頂端放上波蘿酥皮。烤箱預熱到 260℃（刻度 9），熄火後放入 2 盤麵糊靜置 25 分鐘。重新開啟烤箱電源，溫度調整為 160℃（刻度 5-6），烘烤小泡芙 10 分鐘，大泡芙 20 分鐘。

當鍋子邊緣冒出小泡泡且開始冒煙時，
就代表焦糖煮好了。
這個階段的糖漿溫度約為170℃。

03.

香草奶油霜餡

奶油放置室溫下。在單柄鍋中加熱水和糖直到 121℃。蛋打進沙拉碗中，以叉子稍微打散，倒入糖漿，用電動打蛋器打發。待溫度達到 45℃之後，分批加入奶油。縱切香草莢取出香草籽，加入餡料中。

04.

裝飾

從波蘿酥皮那一面為泡芙擠滿焦糖蛋奶餡。在單柄鍋中放入翻糖、葡萄糖和焦糖色素，一起加熱到 40℃。在 15 個直徑 6 公分和 15 個直徑 3 公分的 Flexipan® 半圓凹槽中注入厚約 5 公釐的翻糖混合物，再將泡芙放入模具中並稍微擠壓。放入冷凍庫 10 分鐘後脫模。

烘烤泡芙時，將烤箱設為靜態模式，絕對不可使用上火模式。如果烤箱的溫度達不到260℃（刻度9），請延長烘烤泡芙的時間，讓泡芙充分膨脹。

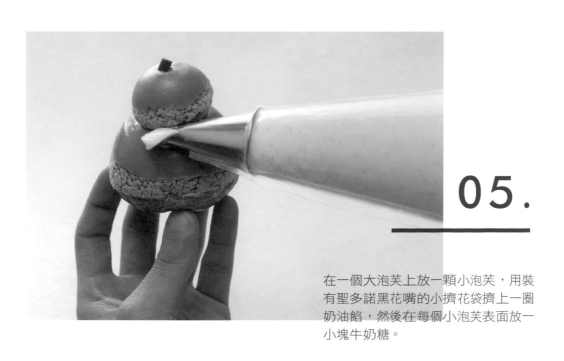

05.

在一個大泡芙上放一顆小泡芙，用裝有聖多諾黑花嘴的小擠花袋擠上一圈奶油餡，然後在每個小泡芙表面放一小塊牛奶糖。

我不是巴黎布列斯特泡芙的創始人,因此我恪守這道甜點的本色:泡芙、奶油餡、帕林內。雖然待在框框裡,但我擴大了框框的範圍,讓每顆泡芙球中蘊藏的奶油餡呈現綿密輕盈的乳霜質地,並製作純帕林內球來強烈突顯帕林內的濃郁焙烤香氣。味道的層次感絕對是這款巴黎布列斯特泡芙的風格所在。

巴黎布列斯特泡芙

6～8人份

製作時間:40 分鐘
烹調時間:2 小時
靜置時間:1 小時

甜點師技法

擀 麵〔P.616〕、 乳 化〔P.617〕、擠花〔P.618〕、軟化奶油〔P.616〕、過篩〔P.619〕、焙烤〔P.619〕。

用具

直徑 3 公分切模〔P.621〕、手持式電動攪拌棒〔P.621〕、直徑 2-3 公分半圓模具、擠花袋〔P.622〕、攪拌機〔P.622〕。

帕林內凍心

- 100 克 …… 生杏仁與榛果純帕林內(參閱 P.528)

奶酥麵糊

- 50 克 …… T45 麵粉
- 50 克 …… 香味紅糖
- 1 撮 …… 鹽之花
- 40 克 …… 軟化奶油

泡芙麵糊

- 125 克 …… 低脂牛奶
- 125 克 …… 水
- 110 克 …… 奶油
- 140 克 …… 麵粉
- 1 小平匙 …… 鹽
- 1 小凸匙 …… 細砂糖
- 5 顆 …… 蛋(250 克)

帕林內卡士達醬

- 1 片 …… 吉利丁(2 克)
- 155 克 …… 低脂牛奶
- 2 顆 …… 蛋黃(40 克)
- 30 克 …… 細砂糖
- 15 克 Maïzena® 玉米粉
- 80 克 …… 生純帕林內(參閱 P.528)
- 70 克 …… 奶油

01.

帕林內凍心

按照 P.528 的步驟製作帕林內，倒入直徑 2-3 公分的半圓模具中。放進冷凍庫。

奶酥麵糊

混合麵粉、紅糖、鹽之花和軟化奶油做出麵糊，放在兩張烘焙紙之間擀成 2 公釐厚。

泡芙麵糊

烤箱預熱到 170℃（刻度 6）。使用本食譜的材料和份量，按照 P.278 的步驟，製作泡芙麵糊。

如要確認泡芙麵糊是否做好，用食指在麵糊中劃出一道幾公分長的痕跡，深度約半個手指長：做好的麵糊應該非常緩慢地聚攏。如果麵糊無法或幾乎無法聚攏，即代表麵糊不夠濕潤，必須分批加入蛋液（蛋白和蛋黃）。

用擠花袋擠出 8 個直徑 4 公分的麵糊圓球，先從 4 個端點擠起，再擠出端點之間的泡芙球。以切模切出 8 個直徑 3 公分的奶酥圓片，放在 8 個泡芙麵糊球頂端。送進烤箱烘烤 45 分鐘。烤好後讓花環狀泡芙在室溫下完全冷卻。

02.

帕林內卡士達醬

用一碗冷水浸泡吉利丁。在單柄鍋中煮沸牛奶。蛋黃和糖放入沙拉碗攪打，加入Maïzena® 玉米粉。倒入一半熱牛奶混合均勻，然後倒回單柄鍋。一邊攪拌一邊煮沸 1 分鐘。等到蛋奶醬煮到濃稠後即可離火。加進擠乾水分的吉利丁、帕林內和切成小塊的冰奶油。攪拌均勻後以手持式電動攪拌棒攪打。倒入盤中，覆蓋保鮮膜，送進冰箱冷藏 1 小時，然後倒入攪拌缸以中速攪打 3 分鐘。

03.

如果沒有擠花袋，可以用湯匙做出8個泡芙麵糊球。
必須以高速長時間攪打卡士達醬，
盡量打入大量空氣使其乳化。
正是這些氣泡讓卡士達醬無比綿軟，入口即融。

04.

組裝

花環狀泡芙完全冷卻到室溫後，從中橫剖成兩半。使用擠花袋在 8 個半圓泡芙底部擠上少許帕林內卡士達醬，然後各放上 1 顆半圓帕林內凍心，再擠上一大球帕林內卡士達醬，蓋上花環狀泡芙的上半部，可以視需要撒上糖粉。

進 階 食 譜

克里斯多福・米夏拉

幾年前，我在邁阿密度假時發現一種裹上巧克力的咖啡冰淇淋小球。真心覺得這款在電影院酒吧提供的小點棒透了，便發誓有一天要以其他形式重現這等美味。

提拉米蘇風霜凍泡芙

25個泡芙

製作時間：30分鐘
烹調時間：30分鐘
靜置時間：30分鐘

甜點師技法

粗略弄碎〔P.616〕、隔水加熱〔P.616〕、 擠 花〔P.618〕、焙烤〔P.619〕。

用具

刮刀〔P.621〕、裝有 10 號圓形花嘴的擠花袋〔P.622〕、攪拌機〔P.622〕、溫度計〔P.623〕。

泡芙

◆ 25 個 ⋯⋯ 泡芙
（參閱 P.278）
◆ 50 克 ⋯⋯ 糖粒
◆ 50 克 ⋯⋯ 烤過切碎杏仁

咖啡馬斯卡彭芭菲

◆ 5 顆 ⋯⋯ 蛋黃（100 克）
◆ 40 克 ⋯⋯ 義式濃縮咖啡
◆ 100 克 ⋯⋯ 細砂糖
◆ 100 克 ⋯⋯ 液態鮮奶油
◆ 100 克 ⋯⋯ 馬斯卡彭乳酪

杏仁黑巧克力糖衣

◆ 300 克 ⋯⋯ 可可含量 65% 的覆蓋用黑巧克力
◆ 35 克 ⋯⋯ 可可脂
◆ 35 克 ⋯⋯ 葡萄籽油
◆ 70 克 ⋯⋯ 烤過切碎杏仁
◆ 2 克 ⋯⋯ 即溶咖啡

泡芙

烤箱預熱到210℃（刻度7）。按照 P.278 的步驟製作泡芙麵糊，在鋪了烘焙紙的烤盤上擠出 25 個小球，烘烤前撒上糖粒和烤過切碎的杏仁。送進熄火的熱烤箱中靜置 10 分鐘。然後重新開啟烤箱電源，溫度設在 165℃（刻度 6），烘烤泡芙 10 分鐘。

使用烹調用溫度計
確認餡料的溫度。

01.

02.

咖啡馬斯卡彭芭菲

在沙拉碗中放入蛋黃、咖啡和細砂糖，用攪拌器打勻。隔水加熱到 85℃，期間不斷攪拌。保存在室溫下。攪拌機裝上打蛋器，打發攪拌缸中的液態鮮奶油和馬斯卡彭乳酪。用刮刀在打發的鮮奶油乳酪糊中輕巧拌入咖啡蛋糖糊，放進裝有 10 號圓形花嘴的擠花袋中。

03.

在每個泡芙底部鑽一個
小洞，注入滿滿的咖啡
馬斯卡彭芭菲，送進冷
凍庫 30 分鐘。

04.

使用小花嘴尖端，
在泡芙的平坦面鑽一個小洞。
糖衣材料也可放入微波爐2分鐘加
熱融化，每30秒取出攪拌一下。

杏仁黑巧克力糖衣

大致切碎巧克力，放入沙拉碗。加進可可脂、葡萄籽油、烤過的切碎
杏仁和咖啡，一起隔水加熱融化，不時攪拌。融化後的混合物應在
40℃左右。

冷凍泡芙放在叉子上，浸入黑巧克力杏仁糖衣醬中，移到烘焙紙上乾
燥幾秒鐘即可享用。

進 階 食 譜

克里斯多福・米夏拉

芒果茉莉茶花朵泡芙

25個泡芙

製作時間：30分鐘
烹調時間：30分鐘
靜置時間：4小時10分

甜點師技法

粗略切碎〔P.616〕、切丁〔P.616〕、材料表面覆蓋上保鮮膜〔P.617〕、擠花〔P.618〕、刨磨皮茸〔P.619〕。

用具

錐形濾網〔P.620〕或圓形濾網〔P.622〕、食物調理機〔P.621〕、手持式電動攪拌棒〔P.621〕、3個裝有10號平口圓頭花嘴的擠花袋〔P.622〕、直徑4公分花型半圓凹槽矽膠模具〔P.622〕、Microplane® 刨刀〔P.621〕、溫度計〔P.623〕。

茉莉花茶奶油餡

- 1 片 …… 吉利丁（2 克）
- 80 克 …… 水
- 80 克 …… 乳脂含量 35% 的液態鮮奶油
- 10 克 …… 茉莉花茶
- 1 顆 …… 蛋黃（20 克）
- 10 克 …… 蜂蜜
- 150 克 …… 覆蓋用象牙白巧克力
- 10 克 …… 可可脂

泡芙

- 25 顆 …… 泡芙（參閱 P.278）
- 25 片 …… 波蘿酥皮

芒果丁

- 1 顆 …… 芒果

組合與裝飾

- 200 克 …… 甜點用翻糖
- 40 克 …… 葡萄糖
- 1 或 2 滴 …… 橘色色素
- 25 朵 …… 香菫菜花

這款花朵形泡芙散發醉人的茉莉花茶幽香。感謝皮耶‧艾曼和尚–米榭‧杜希耶（Jean-Michel Duriez）讓我發現這種妙不可言的白茶……

茉莉花茶奶油餡

吉利丁放入一碗冷水中泡軟。

水和鮮奶油倒入單柄鍋，攪拌均勻並煮到沸騰。加進茶葉，攪拌後離火浸泡 3 分鐘，倒入錐形濾網或圓形濾網並盡量濾壓出最多茶汁。倒回單柄鍋存放備用。

01.

茶葉會吸收許多鮮奶油，用錐形濾網過濾後，可在茶汁中多添加約20克液態鮮奶油。

02.

以烹調用溫度計確認餡料溫度。

加入蛋黃和蜂蜜，攪拌均勻。

一起加熱到 85℃，離火並放入吉利丁，攪拌 1 分鐘左右讓吉利丁融化。

粗略切碎白巧克力，和可可脂一起放入沙拉碗。淋上熱鮮奶油，用手持式電動攪拌棒攪打。餡料表面蓋上保鮮膜，送進冰箱冷藏至少 4 小時。

03.

泡芙

烤箱預熱到210℃（刻度7）。按照 P.278 的步驟製作泡芙麵糊和波蘿酥皮，在鋪了烘焙紙的烤盤上擠出 25 個泡芙，並於烘烤前在每個泡芙頂端放上一片波蘿酥皮。送入熄火的熱烤箱靜置 10 分鐘。重新開啟烤箱電源並設在 165℃（刻度6），烘烤泡芙 10 分鐘。

芒果丁

芒果削皮並取下果肉，切成細丁。在食物調理機的調理杯中放入芒果的邊角料，攪打成質地均勻的果泥。小心混拌果泥與芒果丁，一起放入裝有 10 號平口圓頭花嘴的擠花袋。

04.

先擠入芒果丁再擠入奶油餡，可以避免芒果丁掉出。不要過度加熱翻糖，只需要加熱到微溫軟化。

使用1顆檸檬的汁液和皮碎為芒果丁調味。

05.

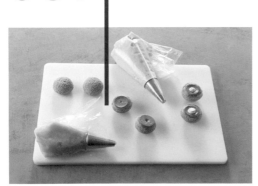

組合與裝飾

在裝有 10 號平口圓頭花嘴的擠花袋中放入冰涼的茉莉花茶奶油餡。每個泡芙底部鑽一個小洞，擠入芒果丁直到半滿，再擠入茉莉花茶奶油餡直到全滿。

在單柄鍋中放入甜點用翻糖和葡萄糖，加進 1 或 2 滴橘色色素，用小火加熱到微溫，同時不斷攪拌。

06.

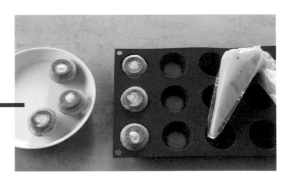

這道食譜使用的模具是Silikomart®，在各大烹飪用品專賣店都很容易購得。泡芙一取出冷凍庫就要脫模，這樣才能輕鬆取下。

翻糖達到 40℃ 後裝入無花嘴擠花袋，在直徑 4 公分的花形半圓矽膠模底部擠入約 6 到 8 克的一大球，放上泡芙並用力下壓，讓糖霜攤開。

放進冷凍庫 5 分鐘，小心脫模。在每個泡芙頂端放上一朵可愛的香菫菜花。

進 階 食 譜

克里斯多福 · 米夏拉

百香蕉栗親親泡芙

25個泡芙

製作時間：30分鐘
烹調時間：30分鐘
靜置時間：4小時20分鐘

甜點師技法

材料表面覆蓋上保鮮膜
〔P.617〕、打到柔滑均勻
〔P.618〕、擠花〔P.618〕、
刨磨皮茸〔P.619〕。

用具

錐形濾網〔P.620〕或圓形濾
網〔P.622〕、食物調理機
〔P.621〕、手持式電動攪拌
棒〔P.621〕、25連直徑4公
分半圓凹槽 Flexipan® 矽膠模
具〔P.622〕、裝有蒙布朗花
嘴或10號圓形花嘴的擠花袋
〔P.622〕、攪拌機〔P.622〕、
溫度計〔P.623〕、刮皮器
〔P.623〕。

百香果香蕉奶油餡

- 4 片 ⋯⋯ 吉利丁（8 克）
- 65 克 ⋯⋯ 香蕉（半根香蕉）
- 160 克 ⋯⋯ 百香果泥
- 1 顆 ⋯⋯ 綠檸檬汁（40 克）
  和皮碎
- 2 顆 ⋯⋯ 蛋（100 克）
- 4 顆 ⋯⋯ 蛋黃（80 克）
- 80 克 ⋯⋯ 細砂糖
- 160 克 ⋯⋯ 奶油

栗子奶油餡

- 2 片 ⋯⋯ 吉利丁（4 克）
- 120 克 ⋯⋯ 栗子膏
- 60 克 ⋯⋯ 栗子醬
- 40 克 ⋯⋯ 栗子泥
- 10 克 ⋯⋯ 棕色蘭姆酒
- 250 克 ⋯⋯ 液態鮮奶油

泡芙

- 25 顆 ⋯⋯ 泡芙
  （參閱 P.278）
- 25 片 ⋯⋯ 波蘿酥皮

組合

- 25 片 ⋯⋯ 小甘藍菜葉

甘藍（Chou）上的泡芙（Chou）[1]是我的舊時創作，
每次推出都大獲成功！更不用說百香果和栗子是何等
美妙的天作之合了。

　譯註：Chouchou在法文中也有「親愛的」之意。

以烹飪用溫度計
確認餡料的溫度。.

01.

百香果香蕉奶油餡

用一碗水浸泡吉利丁。

以叉子壓碎香蕉,放入單柄鍋,加進百香果泥、綠檸檬汁和皮碎、全蛋、蛋黃和細砂糖。

攪拌均勻並加熱到 85℃。離火後加入擠乾水分的吉利丁,攪拌 1 分鐘讓吉利丁融化。再用錐形濾網或圓形濾網過濾。

一邊分批加入切成小丁的奶油,一邊用手持式電動攪拌棒快速攪打。餡料表面覆上保鮮膜,送進冰箱冷藏 2 小時。

栗子奶油餡

吉利丁放入水中泡水軟化。用食物調理機攪打栗子膏、栗子醬和栗子泥。在單柄鍋中加熱棕色蘭姆酒,放進擠乾水分的吉利丁,倒入食物調理機內的材料中,加進液態鮮奶油。攪拌均勻後倒在焗烤盤中冷卻。材料表面覆蓋上保鮮膜,送入冰箱冷藏至少 2 小時。

02.

03.

泡芙

烤箱預熱到 210℃(刻度 7)。按照 P.278 的步驟製作 25 個泡芙和波蘿酥皮。送進熄火的熱烤箱 10 分鐘,然後重新開啟烤箱電源並設在 165℃,烘烤 10 分鐘。

組合與裝飾

攪拌機裝上打蛋器，攪打放在攪拌缸中的冰涼栗子奶油餡，直到質地柔滑均勻。

放入裝有蒙布朗花嘴的擠花袋，擠入Flexipan® 矽膠模上的 25 個直徑 4 公分半圓凹槽。送入冷凍庫20分鐘，取出後立刻脫模。

04.

用小花嘴等用具的尖端，
在泡芙的平坦面鑽一個小洞。

05.

在裝有 10 號圓形花嘴的擠花袋中放入百香果奶油餡，從泡芙底部鑽好的小洞擠入餡料。

06.

泡芙隆起部分朝下放置，在平坦面放上一個栗子麵條半圓弯，組裝成可愛的小球，然後放置在一片小甘藍葉上。

進 階 食 譜

克里斯多福・米夏拉

我想向各位證明泡芙也很適合做為盤飾甜點。擺盤呈現森林漫步的氛圍，味道則是我最愛的柑橘和占度亞巧克力。

占度亞蘑菇泡芙佐柳橙榛果

25個 泡芙

製作時間：30分鐘
烹調時間：30分鐘
靜置時間：1小時

甜點師技法

粗 略 切 碎〔P.616〕、 結 晶〔P.617〕、取下完整柑橘瓣果肉〔P.619〕、材料表面覆蓋上保鮮膜〔P.617〕、打到柔滑均勻〔P.618〕、擠花〔P.618〕。

用具

手持式電動攪拌棒〔P.621〕、裝有 12 號平口圓頭花嘴的擠花袋〔P.622〕、Silpat® 矽 膠 烤墊〔P.623〕。

占度亞巧克力奶油餡

* 150 克 …… 占度亞巧克力
* 85 克 …… 可可含量 56% 的覆蓋用巧克力
* 250 克 …… 液態鮮奶油
* 20 克 …… 蜂蜜
* 25 克 …… 半鹽奶油

泡芙

* 25 個 …… 泡芙
  （參閱 P.278）
* 25 片 …… 波蘿酥皮圓片
* 8 克 …… 無糖可可粉
* 0.5 克 …… 黃色色素

焦糖榛果

* 100 克 …… 細砂糖
* 100 克 …… 整顆榛果
* 50 克 …… 水
* 1 克 …… 鹽之花

組裝

* 1 顆 …… 血橙

占度亞巧克力奶油餡

切碎占度亞巧克力和覆蓋用巧克力，一起放入沙拉碗。鮮奶油倒入單柄鍋，加進蜂蜜，煮沸後淋在占度亞和覆蓋用巧克力上。

使用手持式電動攪拌棒攪打上述材料直到柔滑，讓巧克力和液態鮮奶油充分融合。

加入切成小塊的半鹽奶油並再度攪拌。巧克力糊表面覆蓋保鮮膜，送進冰箱冷藏至少 1 小時。從冰箱取出後放置室溫下讓巧克力結晶，直到組裝。

餡料倒入焗烤盤，表面覆蓋上保鮮膜，如此可以更快冷卻。

01.

02.

使用擀麵棍或單柄鍋底部粗略壓碎榛果。

泡芙

烤箱預熱到210℃（刻度7）。使用基礎食譜中的材料和份量並額外加入可可粉和黃色色素，按照 P.278 的步驟製作波蘿酥皮。同樣按照 P.278 的步驟製作泡芙麵糊，在鋪了烘焙紙的烤盤上擠出 25 個泡芙。烘烤前各放上一片波蘿酥皮，送入熄火的熱烤箱靜置10 分鐘。重新開啟烤箱熱源，溫度設在 165℃（刻度 6），烘烤泡芙 10 分鐘。

03.

焦糖榛果

單柄鍋中放入糖、榛果、水和鹽之花，以中火加熱並用木匙不斷攪拌，直到榛果反砂並裹上焦糖。

倒在 Silpat® 矽膠烤墊上，讓榛果彼此分開，不要黏在一起，靜置冷卻。留下幾顆整粒榛果備用，其餘弄碎。

組裝

血橙去皮，取出漂亮完整的果肉瓣。放旁備用。

04.

泡芙撒上少許可可粉，
可讓外觀更加美麗一致。

05.

擠花袋裝上 12 號平口圓
頭花嘴，放入占度亞巧克
力奶油餡，在盤子上擠出
幾個下圓上尖的美麗小
球，各放上一顆泡芙，做
成蘑菇狀。在盤子點綴幾
顆整粒焦糖榛果、榛果碎
粒和血橙。

基礎食譜

10個巴巴蛋糕

* 製作時間：15 分鐘
* 烹調時間：25 到 30 分鐘
* 靜置時間：20 分鐘

6 克 ……	酵母粉
130 克 ……	麵粉
1 克 ……	鹽
6 克 ……	蜂蜜
45 克 ……	奶油
3 顆 ……	大型蛋（180 克）
100 毫升 ……	葡萄籽油

巴巴蛋糕麵糊
亞倫・杜卡斯

特色
專門用來製作巴巴蛋糕的麵糊，
麵包體可以均勻吸收糖漿。

變化
克里斯多福・亞當的巴巴蛋
糕麵糊〔P.328〕、克里斯多
福・米夏拉的巴巴蛋糕麵糊
〔P.334〕。

甜點師技法
擠花〔P.618〕。

用具
10個直徑5公分的瓶塞狀模具。

應用食譜
亞倫・杜卡斯的巴巴蘭姆酒蛋糕〔P.324〕
我的巴巴蘭姆酒蛋糕，**克里斯多福・亞當**〔P. 328〕
長條巴巴蛋糕佐檸檬香茅香堤伊，**克里斯多福・米夏拉**
〔P.334〕

01. 在攪拌缸中混合酵母粉和麵粉，加入鹽、蜂蜜、奶油和 1 顆蛋，揉製成光滑有彈性的麵糊。等到麵糊不與攪拌缸沾黏後，分批加入剩下的蛋液並完成揉製作業。

02. 麵糊移到已塗抹少許油的烤盤上。覆蓋保鮮膜鬆弛 20 分鐘。

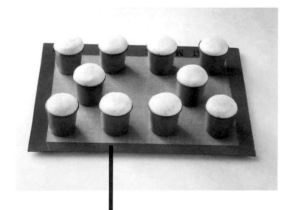

03. 為直徑 5 公分的瓶塞形模具塗上一層薄油，放入 30 克麵糊，敲打模具以消除氣泡。讓麵糊靜置發酵，直到膨脹至模具上緣。

04. 烤箱預熱到 180℃（刻度 6），放進麵糊烤成美麗的金黃色，約需 25 到 30 分鐘。

入門食譜

10個巴巴蛋糕

製作時間：35分鐘
烹調時間：45分鐘

鐘甜點師技法

澆 淋〔P.618〕、 擠
花〔P.618〕、 發 麵
〔P.618〕、蘸刷糖漿
或液體〔P.619〕。

用具

直徑5公分的瓶塞狀模
具、甜點刷〔P.622〕、
攪拌機〔P.622〕、溫
度計〔P.623〕。

亞倫・杜卡斯的巴巴蘭姆酒蛋糕

巴巴蛋糕麵糊（參閱P.322）

巴巴蛋糕糖漿
- 1公升 …… 水
- 450克 …… 細砂糖
- 1顆 …… 黃檸檬皮
- 1顆 …… 柳橙皮
- 1根 …… 用過的香草莢
  （已取出籽）

杏桃鏡面
- 125克 …… 杏桃果肉
- 125克 …… 巴巴蛋糕糖漿
- 75克 …… 細砂糖
- 4克 …… NH果膠

軟性打發鮮奶油
- 250克 …… 打發鮮奶油
- 1根 …… 香草莢內的籽
- 25克 …… 細砂糖
- 蘭姆酒

這道傳統甜點是我的招牌之一。老饕只要聽到「巴巴蘭姆酒蛋糕」，味蕾就會湧現最豐富、最柔軟與最芳香的記憶，喚起吸飽糖漿的濃郁滋味和入口即化的鬆軟口感，總之就是最完美的喜悅時光。杏桃鏡面閃爍光澤，準備接受陳年蘭姆酒的終極洗禮，光是看著都覺得蛋糕本身就是具體而微的美味鉅作，配上香草鮮奶油食用更是無懈可擊的幸福。這是我的甜點之王，君臨我在摩納哥的路易十五（Louis XV）餐廳。法王路易十五與波蘭公主瑪麗・蕾捷斯卡的大婚喜宴上就是呈獻這款甜點。我的巴巴蘭姆酒蛋糕正是為了紀念這椿盛事。

01.

巴巴蛋糕麵糊

按照 P.322 的步驟製作巴巴蛋糕麵糊。

02.

巴巴蛋糕糖漿

煮沸所有材料，冷卻到微溫。

03.

杏桃鏡面

杏桃果肉和糖漿加熱到 40℃，加入
先行混合的糖和果膠，沸騰幾分鐘後
熄火冷卻。

04.

巴巴蛋糕烤好約需25到30分鐘。
但烘烤的時間因烤箱而異，
請留意上色程度。

為直徑 5 公分的瓶塞形
模具塗上一層薄油，放進
30 克麵糊，敲打以消除
氣泡，讓麵糊好好發酵，
直到膨脹至模具上緣。送
進預熱到 180℃（刻度
6）的烤箱烤成美麗的金
黃色。

巴巴浸入溫熱的糖漿，小心不要損壞蛋糕體，膨脹後移到涼架上滴乾糖漿。用刷子在巴巴表面刷上杏桃鏡面，保存在室溫環境。

05.

06.

打發鮮奶油至軟性起泡

混合所有材料並打發，鮮奶油應該呈現輕盈的慕斯質地。

07.

在深盤中放上一個巴巴蛋糕，切成兩半，在蛋糕體上澆淋蘭姆酒。鮮奶油盛在小碗中另外呈上。

克里斯多福・亞當

我的巴巴蘭姆酒蛋糕

8個巴巴蛋糕

製作時間：50 分鐘
烹調時間：40 分鐘
靜置時間：2 小時

甜點師技法

擀 麵〔P.616〕、 材 料 表 面
覆蓋上保鮮膜〔P.617〕、撒
粉〔P.618〕、 打 到 柔 滑 均 勻
〔P.618〕、 擠 花〔P.618〕、
發麵〔P.618〕、蘸刷糖漿或液
體〔P.619〕、折疊〔P.619〕、
軟化奶油〔P.616〕、刨磨皮
茸〔P.619〕。

用具

8 個 直 徑 5 公 分 不 銹 鋼 中
空 圈 模〔P.620〕、 錐 形 濾
網〔P.620〕 或 細 目 濾 網
〔P.622〕、打蛋盆〔P.620〕、
刮 刀〔P.621〕、 擠 花 袋
〔P.622〕、Microplane® 刨刀
〔P.621〕、攪拌機〔P.622〕、
抹 刀〔P.623〕、8 個 直 徑 6
公分、高 7 公分的盛放杯。

巴巴蛋糕麵糊

- ◆ 240 克 …… T55 麵粉
- ◆ 2 撮 …… 鹽之花
- ◆ 8 克 …… 蜂蜜
- ◆ 8 克 …… 新鮮酵母
- ◆ 6 顆 …… 蛋（270 克）
- ◆ 80 克 …… 奶油 +20 克軟化奶油（塗抹模圈用）

棕色蘭姆酒糖漿

- ◆ 510 克 …… 水
- ◆ 260 克 …… 細砂糖
- ◆ 1 顆 …… 黃檸檬皮
- ◆ 1 顆 …… 柳橙皮
- ◆ 3 根 …… 馬達加斯加香草莢
- ◆ 2 克 …… 吉利丁粉
- ◆ 115 克 …… 棕色蘭姆酒

香堤伊鮮奶油

- ◆ 285 克 …… 打發鮮奶油
- ◆ 半根 …… 馬達加斯加香草莢
- ◆ 15 克 …… 糖粉

完成

- ◆ 64 克 …… 透明無味鏡面果膠
- ◆ 80 毫升 …… 棕色蘭姆酒

這款不可錯過且深受眾人喜愛的法式經典甜點
已經改造成無數版本……所以要再創作另一個
不同版本實是一大挑戰。但我沒在怕的！在此
獻上我的巴巴蘭姆酒蛋糕：優雅地裝在玻璃杯
中，完全浸潤棕色蘭姆酒，覆蓋一層柔滑細密
的香草香堤伊，所有風味全都濃縮在這款洋溢
絕對現代感的經典作品中。

巴巴蛋糕麵糊

攪拌缸中放入麵粉、鹽之花、蜂蜜和新鮮酵母，攪拌機裝上葉片。一次放入一顆雞蛋，攪拌到麵糊不再沾黏攪拌缸邊緣。

用刮刀攪拌奶油成為柔軟霜狀，分批加到攪拌缸中，同時持續揉拌，直到材料混合均勻。打蛋盆底部撒上麵粉，放入麵糊，也在麵糊表面撒上麵粉，並用保鮮膜覆蓋在麵糊表面上。在室溫下鬆弛 30 分鐘。

也可以用濕布取代保鮮膜，
這樣就不必在麵糊表面
撒上麵粉。

01.

02.

工作檯面撒上麵粉，放上麵團，用手掌壓扁麵團以擠出空氣。

一邊轉動麵皮，一邊將外緣向中心折疊，直到形成一顆表面光滑的球狀麵團。

03.

使用甜點刷為 8 個直徑 5 公分的不鏽鋼小型中空圈模塗上奶油，放到鋪了烘焙紙的烤盤上。巴巴蛋糕麵團裝入擠花袋，剪掉擠花袋尖端，在中空圈模內擠入麵糊到四分之一高度，放置在溫熱處 30 到 45 分鐘，讓巴巴發酵膨脹到 2 倍大。烤箱預熱到 175℃（刻度 6），送進烤箱烘焙 25 分鐘。取出後脫模，用鋸齒刀切掉巴巴蛋糕頂端約 1 公分，做出大小相等的可愛柱體。再度送入 150℃（刻度 5）的烤箱 5 分鐘以烤乾水分。

浸泡吉利丁的水量
應是其重量的六倍。

巴巴蛋糕體十分緻密。
麵糊擠入模具之後，
用沾了水的手指抹除多餘的巴巴。
為了讓巴巴變硬，
最好在品嘗前兩天即做好蛋糕體。
這樣就不必再放入烤箱去除水分。

04.

棕色蘭姆酒糖漿

煮沸水和糖，用攪拌匙不時攪拌。加入磨削的檸檬皮、柳橙皮、縱切的香草莢和取出的香草籽。浸泡 30 分鐘。

吉利丁浸入一碗水中，讓它吸水軟化 20 分鐘。再度將浸泡香草的糖漿放回爐火，開始沸騰後立刻倒入錐形濾網或細目濾網過濾，加進棕色蘭姆酒。

05.

巴巴蛋糕浸入棕色蘭姆酒糖漿 10 分鐘，
滴乾糖漿後分別放入 8 個直徑 6 公分、高
7 公分的盛裝杯底部。

06.

棕色蘭姆酒糖漿膠凍

使用細目濾網過濾剩下的糖漿，濾除巴巴蛋糕細屑。取出 200 毫升，剩
下棄置不用。在單柄鍋中放入步驟 4 的吉利丁和少許糖漿，一起加熱直
到吉利丁融化。倒進剩下的糖漿並攪拌均勻。在杯中倒入糖漿膠凍，淹
過巴巴蛋糕表面。

我用吉利丁粉，
但也可以換成吉利丁片。
如果使用吉利丁片，
請記得1片吉利丁等於2克吉力丁粉。
浸泡在水中幾分鐘，
並於使用前充分擠乾水分。

07.

香堤伊鮮奶油

攪拌機裝上打蛋器，攪拌缸放入打發鮮奶油和半根香草莢的籽，一起打發到十分緊實。一邊拌入糖粉，一邊繼續攪打。

用抹刀在每個巴巴頂端裝滿香堤伊，從杯緣裝起以便去除所有氣泡。最後在中心填滿鮮奶油，然後抹平表面。

裝飾完成

在香堤伊鮮奶油表面加上一層薄薄的鏡面果膠，以抹刀抹平。品嘗前，在巴巴蛋糕插上一根吸管和 2 根裝滿棕色蘭姆酒的滴管做為裝飾。

克里斯多福・米夏拉

長條巴巴佐檸檬香茅香堤伊

3條巴巴蛋糕

製作時間：1小時
烹調時間：45分鐘
靜置時間：1夜+2小時30分鐘

甜點師技法

攪打成厚實團狀〔P.616〕、薄切〔P.617〕、材料表面覆蓋上保鮮膜〔P.617〕、打到柔滑均勻〔P.618〕、刷上亮光〔P.618〕、擠花〔P.618〕、發麵〔P.618〕、蘸刷糖漿或液體〔P.619〕、軟化奶油〔P.616〕、刨磨皮茸〔P.619〕。

用具

錐形濾網〔P.620〕、直徑4.5公分和長30公分土司模、3個樹幹蛋糕模、甜點刷〔P.622〕、裝有聖多諾黑花嘴的擠花袋〔P.622〕、攪拌機〔P.622〕、溫度計〔P.623〕、刮皮器〔P.623〕。

檸檬香茅鮮奶油香堤伊

- 2根 …… 檸檬香茅
- 400克 …… 乳脂含量35%的UHT鮮奶油
- 40克 …… 黃蔗糖
- 1顆 …… 綠檸檬皮碎
- 100克 …… 馬斯卡彭乳酪

巴巴蛋糕麵糊

- 300克 …… T45麵粉
- 45克 …… 全脂牛奶
- 7克 …… 酵母粉
- 2顆 …… 蛋（115克）
- 5克 …… 鹽
- 25克 …… 細砂糖
- 115克 …… 軟化奶油

浸泡用香草蘭姆酒糖漿

- 2根 …… 香草莢
- 750克 …… 水
- 300克 …… 黃蔗糖
- 75克 …… 棕色蘭姆酒

裝飾完成

- 柑橘果醬
- 1顆 …… 綠檸檬皮碎
- 1根 …… 削尖的檸檬香茅

如何重新詮釋巴巴蛋糕並提升它的精緻度呢？只要放入土司模烘烤就可以了。根據實驗結果，我發現材料的風味在大蛋糕體中分布較為均勻。就連我的好友尚-馮索‧皮耶吉（Jean-François　Piège）也對這款巴巴蛋糕的口感深深著迷。極致鬆軟的海綿質地可以充分吸收糖漿，而且吃進口中美味不減！

01.

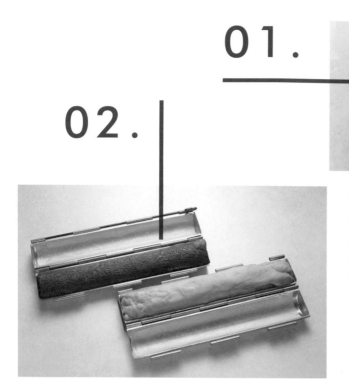

檸檬香茅鮮奶油香堤伊

前一夜,洗淨檸檬香茅並切成極薄片狀。
鮮奶油、黃蔗糖、檸檬香茅和綠檸檬皮碎
一起煮到沸騰。離火冷卻後放入冰箱過
夜。

02.

巴巴蛋糕

製作當天,攪拌機裝上葉片,揉拌攪拌缸
中的麵粉、牛奶和酵母粉。放進蛋、鹽和
糖,以中速攪打成厚實團狀。接著加入軟
化奶油,再度以中速揉製直到麵團光滑均
勻,不再沾黏攪拌缸。

放置在室溫下發酵約 1 小時,翻轉麵團,
擠出空氣,麵團表面覆蓋上保鮮膜,送進
冰箱鬆弛 30 分鐘。

為 3 個直徑 4.5 公分、長 30 公分的土司
模塗上奶油,內部鋪上兩張長方形烘焙紙
讓巴巴更容易脫模。在每個模具中各倒
入 200 克麵糊,放在靠近熱源處發酵 1
小時。烤箱預熱到 160℃(刻度 5-6),
闔上模具,烘焙約 20 分鐘。脫模後繼續
以 160℃烘烤巴巴蛋糕 15 分鐘以烤乾水
分。

03.

浸漬用香草蘭姆酒糖漿

香草莢縱切成兩半,用小刀取出香草籽。在單柄鍋
中煮沸水和黃蔗糖,沸騰後加入蘭姆酒、香草莢和
香草籽。在室溫下讓浸漬用糖漿冷卻到 60℃。

04.

完成裝飾

在樹幹蛋糕模具中放入溫熱的巴巴蛋糕，淋上溫熱的浸漬用糖漿，充分滴乾。稍微加熱柑橘果醬，用甜點刷在巴巴蛋糕表面刷上一層極薄的亮面。

05.

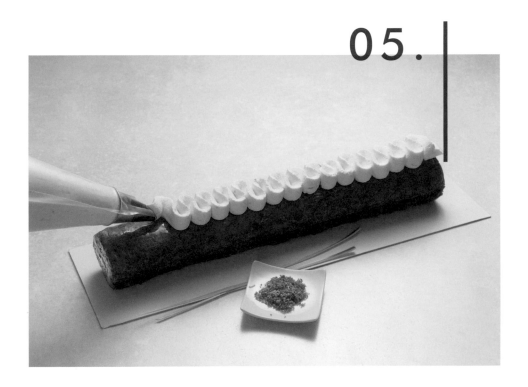

多做一點糖漿也沒關係，
這樣巴巴蛋糕更容易吸收。
剩下的糖漿可以
在冰箱中保存幾天。

用錐形濾網過濾檸檬香茅鮮奶油，加入馬斯卡彭乳酪。使用打蛋器打發到呈香堤伊鮮奶油質地，放入裝有聖多諾黑花嘴的擠花袋中。在巴巴蛋糕表面擠花，然後撒上綠檸檬皮碎和一根削尖削細的檸檬香茅做為裝飾。

基礎食譜

2個大布里歐修麵包

製作時間：30分鐘
靜置時間：3小時

- ◆ 180 毫升 …… 溫牛奶
- ◆ 60 克 …… 融化奶油
- ◆ 3 撮 …… 鹽
- ◆ 80 克 …… 細砂糖
- ◆ 450 克 …… 麵粉（T65 最佳）
- ◆ 2 包 …… Francine® 速發酵母
- ◆ 2 顆 …… 蛋（100 克）
- ◆ 1 顆 …… 蛋黃（20 克）

布里歐修麵團

特色

發酵麵團，麵包體撕開時可以拉絲，散發濃郁奶油香氣。

用途

各種形式的布里歐修麵包、蛋糕基底（托蓓奶油派、咕咕洛夫…）

變化

巧克力布里歐修麵團〔P.342〕、尚 - 保羅 · 艾凡的咕咕洛夫〔P.344〕、布里歐修塔皮〔P.348〕、托蓓奶油派皮〔P.351〕。

甜點師技法

撒粉〔P.618〕、發麵〔P.618〕、揉麵〔P.618〕。

用具

攪拌機〔P.622〕。

應用食譜

肉桂焦糖布里歐修〔P.340〕
巧克力披薩〔P.342〕
美味咕咕洛夫，**尚 - 保羅 · 艾凡**〔P.344〕
波旁香草布丁派〔P.348〕
托蓓奶油派〔P.351〕

攪拌機裝上勾子，攪拌缸放入溫牛奶、融化奶油、鹽、糖、麵粉、酵母和蛋。

以中速揉製 10 到 15 分鐘，形成光滑柔軟、可輕易與攪拌缸分離的麵團。

從攪拌機取下攪拌缸，覆蓋一塊布，在溫熱處（烤箱上方或靠近暖氣的地方）讓麵團發酵至少 1 小時。

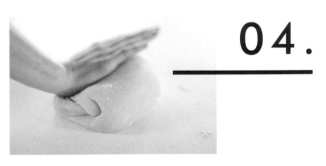

第一次發酵的麵團應該膨脹成兩倍大，放在撒了一層薄麵粉的工作檯上，折疊揉麵 1 到 2 分鐘。

根據想要的用途為麵團塑形：辮子型布里歐修、凸球型布里歐修、螺旋麵包等。移到鋪了烘焙紙的烤盤上，放在溫熱不通風處發酵 1 小時 30 分鐘。體積應該再膨脹成兩倍。蛋黃加上 2 到 3 大匙水稀釋，送入烤箱前在麵團表面塗上蛋黃液。

9個布里歐修

製作時間：30分鐘
靜置時間：2到3小時
烹調時間：12分鐘

甜點師技法

擀麵〔P.616〕、發酵〔P.618〕、
軟化奶油〔P.616〕。

用具

攪拌機〔P.622〕。

肉桂焦糖布里歐修

布里歐修麵團

- 90 毫升 ⋯⋯ 微溫牛奶
- 1 顆蛋（50 克）
- 30 克 ⋯⋯ 融化奶油
- 2 撮 ⋯⋯ 鹽
- 40 克 ⋯⋯ 細砂糖
- 240 克 ⋯⋯ T65 麵粉
- 1 包 ⋯⋯ 速發酵母

餡料

- 70 克 ⋯⋯ 軟化奶油
- 100 克 ⋯⋯ 紅糖
- 4 小匙 ⋯⋯ 肉桂粉
- 1 顆 ⋯⋯ 蛋黃（20 克）

01.

布里歐修麵團

攪拌機裝上勾子，攪拌缸放入微溫牛奶、融化奶油、鹽、糖、麵粉、酵母和蛋，以中速揉製 15 分鐘，做出光滑鬆軟的麵團，可與攪拌缸邊緣輕易分離。取下攪拌缸，蓋上一塊布，放置在溫熱處（烤箱上方或靠近暖氣），讓麵團發酵至少 1 小時。

02.

餡料

麵團膨脹到 2 倍大後，移到撒了薄薄一層麵粉的工作檯上，擀成 40×30 公分的長方形。在表面刷上軟化奶油，撒上紅糖和肉桂粉。

03.

麵團折三折，使厚度成為 3 倍，再度擀成 40×30 公分的長方形，切成九條長帶，拿著兩端以相反方向扭轉 4 到 5 次以做成麻花狀。將每條麻花麵團在拇指上繞兩圈，放在鋪了烘焙紙的烤盤上。兩端應藏在布里歐修麵團下方。

04.

放在溫熱不通風處讓布里歐修發酵 1 小時 30 分鐘，體積膨脹到接近兩倍大。烤箱開啟旋風模式，預熱到 180℃（刻度 6）。蛋黃加入 2 或 3 大匙水打散，塗在布里歐修表面。放入烤箱烘焙 12 到 15 分鐘。烘焙時間過一半後，視需要蓋上鋁箔紙做為保護。為了保持質地鬆軟，布里歐修不可過度烘烤上色。

4人份

製作時間：25分鐘
烹調時間：8分鐘
靜置時間：1夜+20分鐘

甜點師技法

擀 麵〔P.616〕、 擠 花
〔P.618〕、折疊〔P.619〕、
鋪底〔P.619〕。

用具

擠花袋〔P.622〕、攪拌機
〔P.622〕、擀麵棍〔P.622〕、
直徑24公分餡餅烤模。

巧克力披薩

巧克力布里歐修麵團

- 10 克 …… 酵母
- 150 克 …… 麵粉
- 4 克 …… 鹽
- 10 克 …… 細砂糖
- 10 克 …… 可可粉
- 2 顆 …… 蛋（100克）
- 80 克 …… 奶油

披薩餡料

- 10 克 …… 可可粉
- 15 克 …… 黃蔗糖
- 30 克 …… 法式酸奶油
- 10 克 …… 奶油
- 10 克 …… 液態鮮奶油

烤好後的裝飾

- 25 克 …… 牛奶巧克力
- 25 克 …… 可可含量 70% 的
  黑巧克力
- 10 克 …… 液態鮮奶油

01.

巧克力布里歐修麵團

前一夜，在攪拌缸中放入酵母，倒上麵粉，加進鹽、糖、可可粉和蛋，開始攪拌。等到麵團不再沾黏攪拌缸後，加進奶油再揉製 5 分鐘，等到麵團變得光滑並可輕鬆與缸邊分離，即可停止機器。

麵團放置室溫下至少發酵 1 小時，然後開始折疊，抓起邊緣壓入麵團，以便擠出空氣，然後送進冰箱靜置一夜。

02.

製作當天，麵團分成 2 份，各自塑形成 2 顆圓球，擀成直徑 28 公分的麵皮。用手捏出折邊，裝入鋪上烘焙紙的直徑 24 公分餡餅烤模中。

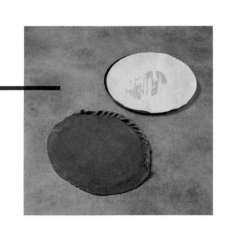

03.

鋪上披薩餡料

烤箱預熱到 200℃（刻度 7）。鋪上餡料前先用叉子為麵皮戳洞。先撒上一層薄薄的可可粉，再撒上紅糖，在室溫下鬆弛 20 分鐘。用擠花袋在麵皮表面擠上一層法式酸奶油，放上切成小塊的奶油，呈細線狀淋上液態鮮奶油，送進烤箱以 200℃（刻度 7）烘烤 8 分鐘。

04.

烤好後的裝飾

切碎黑巧克力和牛奶巧克力，鋪在出爐的披薩上，淋上細線狀液態鮮奶油。放涼一陣子，讓鮮奶油滲透滋潤麵皮。切成小片上桌品嘗。

尚-保羅・艾凡

這款麵包營養豐富,有益健康,既可提供即時品嘗
的喜悅,又可保存起來,讓美味延續不絕。

美味咕咕洛夫

2個6人份咕咕洛夫

製作時間:20分鐘
烹調時間:45分鐘
靜置時間:3小時30分鐘

甜點師技法
軟化奶油〔P.616〕。

用具
2 個 6 人 份 咕 咕 洛 夫 模 具
〔P.622〕、甜點刷〔P.622〕。

- 70 克 …… Smyrne 葡萄乾
- 20 毫升 …… 棕色蘭姆酒
- 300 克 …… 麵粉
- 30 克 …… 水
- 20 克 …… 新鮮酵母
- 230 克 …… 奶油 +20 克塗
  模用
- 1.5 摩卡匙 …… 鹽
- 12.5 克 …… 細砂糖
- 2 顆 …… 大型蛋(125 克)
  +1 顆蛋(50 克,塗在麵團表
  面用)
- 10 克 …… 開心果
- 40 克 …… 杏桃乾
- 10 顆 …… 去皮整粒杏仁

01.

沖洗葡萄乾，放入碗中，注入 30 毫升滾水蓋過葡萄乾，加入蘭姆酒，靜置膨脹 1 小時。在沙拉碗中用攪拌匙混拌 35 克麵粉、水和酵母直到質地均勻，即做好老麵。蓋上一塊布，在溫暖處鬆弛 1 小時 30 分鐘。

老麵對於溫度十分敏感，
請放置在溫暖處鬆弛。

02.

沙拉碗中放入奶油、鹽、細砂糖、60 克麵粉和老麵，加入四分之一的蛋液，以攪拌匙拌勻後，再加入四分之一蛋液和 60 克麵粉。繼續攪拌，之後分批拌入剩下的蛋液和麵粉。最後加進瀝乾水分的葡萄乾、開心果和切成小丁的杏桃乾，輕柔拌勻。

03.

為 2 個 6 人份咕咕洛夫模具塗上奶油，底部鋪上軟化奶油和杏仁。

麵團分成兩份，塑形成圓柱狀，撒上大量麵粉後放入模具中。

在麵團表面撒上足量
但不過量的麵粉，
以免破壞麵團。

04.

05.

這款咕咕洛夫撒上
大量糖粉後
可在室溫下保存5天。

表面塗上蛋液，蓋上布巾，放置溫暖處靜置 2 到 3
小時。烤箱預熱到 190℃（刻度 6-7）。鬆弛後的麵
團應該會膨脹到模具上緣。放入烤箱，降低溫度到
160℃（刻度 5-6），烘焙 45 分鐘。取出後立刻讓
咕咕洛夫脫模。

單純以布里歐修麵團搭配香草風味濃郁的布丁餡，這款甜點非常基本，但真是人間美味！

8人份

製作時間：40分鐘
烹調時間：45分鐘
靜置時間：2小時15分鐘

甜點師技法

擀麵〔P.616〕、攪打成厚實團狀〔P.616〕、溶化〔P.617〕、撒粉〔P.618〕、塔皮入模〔P.618〕、揉麵〔P.618〕、折疊〔P.619〕。

用具

打蛋盆〔P.620〕、直徑 28 公分塔模、擀麵棍〔P.622〕。

波旁香草布丁派

布里歐修麵團

* 20 毫升 …… 牛奶
* 10 克 …… 酵母
* 2 顆 …… 室溫蛋（100 克）
* 20 克 …… 細砂糖
* 4 克 …… 鹽
* 200 克 …… 麵粉 +50 克工作檯面撒粉用
* 80 克 …… 室溫奶油 +25 克塗抹模具用

布丁蛋奶餡

* 1 公升 …… 全脂牛奶
* 2 根 …… 大溪地香草莢
* 2 顆 …… 蛋（100 克）
* 2 顆 …… 蛋黃（40 克）
* 200 克 …… 細砂糖
* 100 克 …… Maïzena® 玉米粉或卡士達粉
* 50 克 …… 奶油

若有攪拌機，就可用勾子揉製麵團。記得在製作前幾個小時從冰箱取出蛋和奶油，讓它們回復室溫。

布里歐修麵團

加熱牛奶到微溫，加入酵母攪拌。打蛋盆放入蛋、細砂糖和在牛奶中調開的酵母，用打蛋器攪拌均勻。麵粉中加入鹽，與前述混合物混拌均勻，然後長時間揉製麵糊，直到成為厚實團狀且極具彈性。

分批拌入奶油，直到麵團均勻。蓋上布巾，放置在不通風處鬆弛 1 小時 30 分鐘到 2 小時。為直徑約 28 公分的塔模塗上奶油，在撒了麵粉的工作檯上擀薄麵團，厚約 3 到 4 公釐。切成與塔模差不多大小的尺寸，但邊緣多留 5 公釐。塔皮入模後把多餘麵皮往下折。放置陰涼處備用。

01.

02.

03.

在打蛋盆中打散全蛋和蛋黃。分批加入細砂糖，然後放入 Maïzena® 玉米粉。

布丁蛋奶餡

單柄鍋中放入牛奶、縱切的香草莢與取出的香草籽，一起加熱後離火浸泡15分鐘。取出香草莢，再度加熱香草牛奶直到沸騰。

04.

在步驟 3 的蛋糊上倒入步驟 2 的煮沸牛奶，攪拌直到整體質地均勻，一邊加熱一邊攪拌，加熱直到沸騰。煮成濃稠狀後讓單柄鍋離火，再攪拌幾秒鐘，同時拌入切成小塊的奶油。

05.

在生塔皮底部鋪上布丁蛋奶餡，放置室溫下冷卻 30 分鐘。烤箱預熱到 180℃（刻度 6），烘烤布丁派約 30 分鐘。完全冷卻後才可品嘗。

托蓓奶油派

6人份

製作時間：30分鐘
烹調時間：20分鐘
靜置時間：2小時

甜點師技法

擀麵〔P.616〕、塔皮入模〔P.618〕、打到柔滑均勻〔P.618〕、擠花〔P.618〕、折疊〔P.619〕、軟化奶油〔P.616〕。

用具

刮刀〔P.621〕、高邊模〔P.622〕、甜點刷〔P.622〕、擠花袋〔P.622〕、攪拌機〔P.622〕、擀麵棍〔P.622〕。

托蓓麵團

- 250 克 …… 麵粉
- 6 克 …… 鹽
- 35 克 …… 細砂糖
- 10 克 …… 新鮮酵母
- 50 毫升 …… 全脂牛奶
- 2.5 顆 …… 蛋（125 克）
- 90 克 …… 軟化奶油

麵包粉

- 25 克 …… 融化奶油
- 20 克 …… 細砂糖
- 30 克 …… 麵粉
- 1 顆 …… 蛋黃（20 克）

慕絲林奶油餡

- 100 克 …… 奶油餡
  （參閱 P.410）
- 100 克 …… 卡士達醬
  （參閱 P.392）

完成與組裝

- 柳橙利口酒
- 糖粉

進階食譜

01.

托蓓麵團

按照布里歐修麵團的做法準備與揉製麵團
（參閱 P.338 的步驟）。

放入冰箱鬆弛 30 分鐘，折疊揉壓後擀成 2.5 公釐厚，裝進已塗奶油的高邊模。放置室溫下發酵 1 小時 30 分鐘；布里歐修的體積應該膨脹成兩倍。

02.

麵包粉

混合所有材料並捏碎成顆粒狀，放入冰箱。烤箱開啟旋風模式，預熱到 170℃（刻度 6）。等到混合物變冰涼後，在布里歐修表面塗上打散的蛋液，撒上麵包粉，送進烤箱烘焙 15 到 20 分鐘。

03.

04.

烤好後移到涼架上放涼，用鋸齒刀橫切成兩半。

05.

慕絲林奶油餡

卡士達醬混合奶油餡，以刮刀攪拌柔
滑，裝入擠花袋。

06.

完成與組裝

使用甜點刷在兩片布
里歐修的切面刷上柳
橙利口酒。

07.

在布里歐修下面那片的切面上擠滿慕絲林
奶油餡，蓋上第二片布里歐修。撒上糖粉
做為裝飾。

基礎食譜

鬆餅麵糊

16到20個鬆餅

製作時間：15分鐘
烹調時間：5分鐘
靜置時間：1小時

- 25 克 …… 新鮮酵母粉
- 500 毫升 …… 溫牛奶
- 500 克 …… 麵粉
- 30 克 …… 細砂糖
- 1 撮 …… 鹽
- 5 顆 …… 稍微打發的蛋液（250 克）
- 250 克 …… 融化奶油
- 糖粉

特色
這種麵糊可做出輕盈柔軟的鬆餅。

甜點師技法
發酵〔P.618〕、打到柔滑均勻〔P.618〕。

用具
鬆餅機、小湯勺、甜點刷〔P.622〕、攪拌機〔P.622〕。

應用食譜
大理石鬆餅〔P.356〕

01.

在小碗中用 100 毫升溫牛奶
調開酵母粉。靜置 10 分鐘。

02.

同時間，攪拌機裝上打蛋器，攪拌
缸中放入麵粉、糖、鹽、蛋、剩下
的牛奶和 350 毫升溫水，攪打到
麵糊柔滑均勻，最後加入調勻的酵
母和融化的奶油。

03.

麵糊倒入大沙拉碗，蓋上布
巾，放置溫熱處發酵至少 1
小時。麵糊的體積應該膨脹成
將近兩倍。

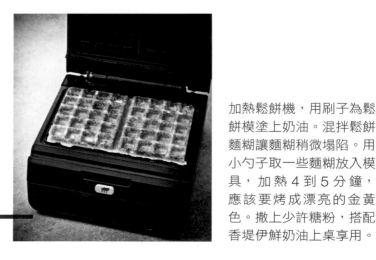

加熱鬆餅機，用刷子為鬆
餅模塗上奶油。混拌鬆餅
麵糊讓麵糊稍微塌陷。用
小勺子取一些麵糊放入模
具，加熱 4 到 5 分鐘，
應該要烤成漂亮的金黃
色。撒上少許糖粉，搭配
香堤伊鮮奶油上桌享用。

04.

4人份

製作時間：15分鐘
烹調時間：5分鐘

甜點師技法
製作榛果奶油〔P.616〕。

用具
鬆餅機、勺子、甜點刷
〔P.622〕、攪拌機〔P.622〕。

大理石鬆餅

- 300 克 …… 麵粉
- 1 包 …… 發粉
- 120 克 …… 細砂糖
- 3 顆 …… 蛋
- 500 毫升 …… 牛奶
- 100 克 …… 半鹽奶油
- 1 大凸匙 …… 無糖可可粉

01.

攪拌缸中放入麵粉、發粉和糖，拌勻後在中心挖一個洞，放入雞蛋。開啟裝上葉片的攪拌機，混拌均勻。一邊分批倒入 400 毫升牛奶，一邊不斷攪拌。

融化奶油，繼續煮幾分鐘直到成為榛果奶油，倒進麵糊中繼續攪拌，質地均勻後即可停下攪拌機。

可撒上巧克力片裝飾這款鬆餅。

02.

均分麵糊到 2 個沙拉碗中，其中一個加入可可粉和剩下的牛奶，攪拌均勻。

04.

03.

預熱鬆餅機，用刷子塗上奶油，舀一勺原味麵糊和一勺巧克力麵糊放入模型，蓋上鬆餅機烘烤 5 分鐘，烤到一半時將鬆餅模翻面，應該要烤成秀色可餐的金黃色。重複上述作業直到麵糊用完。趁熱上桌。

Part 2

奶油醬／蛋奶醬＆慕斯

基礎食譜

製作時間：10分鐘

♦ 200 毫升 …… 全脂液態鮮奶油
♦ 2 大匙 …… 糖粉

打發鮮奶油或香堤伊

特色

甜味打發鮮奶油。

用途

佐新鮮水果一起食用或加入奶油餡中讓質地更加輕盈（卡士達鮮奶油、巴伐露慕斯餡）。

變化

馬斯卡彭打發鮮奶油〔P.362〕、克里斯多福・米夏拉的開心果香堤伊鮮奶油〔P.364〕、克里斯多福・米夏拉的蘋果白蘭地香堤伊〔P.368〕。

甜點師技法

打成鳥嘴狀〔P.616〕。

用具

電動攪拌器〔P.620〕或攪拌機〔P.622〕。

應用食譜

克萊兒・艾茲勒：酥脆巧克力覆盆子塔〔P.30〕、杏桃椰子雪絨蛋糕〔P.116〕、百香熱情戀人〔P.168〕、香檳荔枝森林草莓輕慕斯〔P.516〕

尚－保羅・艾凡：富士山〔P.102〕

菲利普・康帝辛尼：錫蘭〔P.172〕、摩卡〔P.418〕、雷夢姐〔P.412〕

皮耶・艾曼：甜蜜歡愉〔P.178〕

克里斯多福・亞當：酸甜橙花香草閃電泡芙〔P.292〕、我的巴巴蘭姆酒蛋糕〔P.328〕

克里斯多福・米夏拉：提拉米蘇風霜凍泡芙〔P.306〕、長條巴巴佐檸檬香茅香堤伊〔P.334〕、開心果奶油草莓塔〔P.364〕、沙朗波鞾靼泡芙〔P.368〕、東方紅泡芙〔P.458〕、巧克力帕林內金三角〔P.534〕、莫希多雞尾酒綠泡芙〔P.538〕

亞倫・杜卡斯的巴巴蘭姆酒蛋糕〔P.324〕

檸檬米布丁〔P.362〕

芒果巴伐露〔P.446〕

鮮果卡士達鮮奶油塔〔P.455〕

01.

攪拌缸倒入鮮奶油，用電動打蛋器逐
步加速打發。

02.

鮮奶油開始變得濃稠後，一邊加入
糖粉一邊繼續攪拌，繼續攪打直到
打蛋器前端的鮮奶油呈鳥嘴狀。放
置陰涼處備用。

開始製作前，先將攪拌機的攪拌缸和
打蛋器放入冷凍庫。
請使用非常冰冷的鮮奶油。
如果沒有攪拌機，
可改用電動攪拌器。

入門食譜

8人份

製作時間：30分鐘
烹調時間：30分鐘
靜置時間：1小時

甜點師技法

打到發白〔P.616〕、擠花〔P.618〕、刨磨皮茸〔P.619〕。

用具

直徑28公分中空圈模〔P.620〕、濾網〔P.622〕、裝有聖多諾黑花嘴的擠花袋〔P.622〕、Microplane® 刨刀〔P.621〕、攪拌機〔P.622〕、Silpat® 矽膠烤墊〔P.623〕。

檸檬米布丁

米布丁

* 200 克 …… 圓米
* 750 毫升 …… 椰奶
* 250 毫升 …… 檸檬汁
* 1 根 …… 香草莢
* 4 顆 …… 蛋黃（80 克）
* 150 克 …… 細砂糖

打發鮮奶油

* 2500 毫升 …… 全脂液態鮮奶油
* 60 克 …… 馬斯卡彭乳酪
* 30 克 …… 細砂糖

組裝與完成

* 1 顆 …… 綠檸檬皮碎

米粒煮得柔軟香滑，搭配椰奶和檸檬的酸味，同時做為餅底和餡料，徹底讓檸檬塔改頭換面。表面再擠上打發鮮奶油做為偽裝，大功告成！

米布丁

烤箱預熱到 150℃（刻度 5）。米洗淨放入大型單柄鍋或雙耳蓋鍋，注入剛好蓋過米的冷水。煮沸後繼續加熱 1 分鐘。用濾網濾出米並以冷水沖洗，再度放回單柄鍋。加入椰奶、檸檬汁、縱切的香草莢和取出的香草籽，一起加熱到微滾後離火。

蓋上鍋蓋，放入烤箱繼續加熱 20 到 25 分鐘。打散蛋黃，一邊分批加入細砂糖，一邊打到發白。米布丁煮到柔軟後取出烤箱，拿出香草莢，拌入打到發白的蛋黃糖糊。

用攪拌匙或刮刀不停輕柔攪拌 2 分鐘，讓米布丁變得濃稠。

01.

可以視需要將椰奶換成液態鮮奶油，但煮米前必須先分批拌入檸檬汁。

02.

在 Silpat® 矽膠烤墊放上一個直徑約 28 公分的中空圈模，鋪入米布丁，放涼到變溫，送進冰箱冷藏 1 小時，等到米布丁冰到非常冰涼後即可脫模。

03.

攪拌機裝上打蛋器，攪拌缸中放入液態鮮奶油、馬斯卡彭乳酪和細砂糖，打發到混合物變得緊實，放入裝有聖多諾黑花嘴的擠花袋中。

04.

組裝與完成

在米布丁圓盤表面擠上打發鮮奶油，從中心呈螺旋狀向外排列，或是擠成辮子狀。最後用 Microplane® 刨刀在鮮奶油上磨一點檸檬皮碎。

克里斯多福·米夏拉

開心果奶油草莓塔

1個大塔

製作時間：40分鐘
烹調時間：35分鐘
靜置時間：1夜

甜點師技法

擀麵〔P.616〕、澆淋〔P.618〕。

用具

12×35 公分不銹鋼無底方形框模〔P.620〕、錐形濾網〔P.620〕、食物調理機〔P.621〕、手持式電動攪拌棒〔P.621〕、攪拌機〔P.622〕、擀麵棍〔P.622〕、Silpat® 矽膠烤墊〔P.623〕。

開心果香堤伊鮮奶油

* 220 克 …… 乳脂含量 35% 的 UHT 鮮奶油
* 100 克 …… 可可含量 33% 的 Opalys de Valrhona® 覆蓋用白巧克力
* 15 克 …… 開心果膏

林茲餅

* 120 克 …… T45 麵粉
* 4 克 …… 發粉
* 20 克 …… 糖粉
* 110 克 …… 奶油
* 5 克 …… 蘭姆酒

* 20 克 …… 杏仁粉
* 4 克 …… 鹽之花

開心果軟餅

* 60 克 …… 杏仁粉
* 110 克 …… 糖粉
* 15 克 …… 馬鈴薯澱粉
* 50 克 …… 開心果粉
* 30 克 …… 開心果膏
* 1 顆 …… 蛋黃（20 克）
* 5 顆 …… 蛋白（160 克）
* 40 克 …… 細砂糖
* 半撮 …… 鹽之花
* 80 克 …… 奶油

草莓醬

* 250 克 …… gariguette 品種草莓
* 40 克 …… 黃蔗糖
* 2 克 …… NH 果膠

裝飾完成

* 100 克 …… 草莓凍
* 1 公斤 …… gariguette 草莓
* 50 克 …… 切碎開心果

我經常嘗試改進這款草莓塔，但都不成功！
這是少數我覺得難以變出新花樣的食譜。

01.

開心果香堤伊鮮奶油

前一夜，煮沸鮮奶油，倒在覆蓋用白巧克力和開心果膏上，攪拌均勻。用手持式電動攪拌棒攪打，放入錐形濾網過濾，放置冰箱冷藏一夜。

02.

林茲餅

製作當天，烤箱預熱到160℃（刻度5-6）。攪拌機裝上葉片，攪拌缸放入麵粉、發粉、糖粉、奶油、蘭姆酒、杏仁粉和鹽，攪拌均勻。

03.

步驟2的麵團放在兩張烘焙紙之間，擀成2公釐厚，切出12×35公分的長方形。裝入放在 Silpat® 矽膠烤墊上的不鏽鋼無底方形框模內，戳洞後送進烤箱烘烤約20分鐘。

開心果軟餅

烤箱預熱到 180℃（刻度 6）。融化奶油。用食物調理機攪打杏仁粉、糖粉、馬鈴薯澱粉、開心果粉、開心果膏、蛋黃和 80 克蛋白。

剩下的蛋白加入細砂糖和半撮鹽之花，用打蛋器打發，加進上述混合物中，拌入融化奶油。

在林茲餅上方倒入此軟餅麵糊，烘烤約 15 分鐘，直到軟餅變得緊實穩定。

只要烘烤並研磨去殼開心果，就可以自製開心果膏……美味無比！

草莓醬

草莓洗淨並去除蒂頭，攪打成泥，倒入單柄鍋，加進黃蔗糖和 NH 果膠一起煮沸 1 分鐘。

04.

05.

裝飾完成

草莓洗淨並去除蒂頭。在開心果軟餅上抹一層草莓醬，放上草莓，塗上草莓凝凍。用打蛋器打發香堤伊，擠出鮮奶油花，撒上切碎的開心果。

克里斯多福・米夏拉

這是我以前在雅典娜廣場飯店的招牌創作之一，使用較少焦糖但滋味更豐富，可說是未來風格的沙朗波泡芙。謹將這款充滿愛意的小蘋果獻給我甜美可愛的妻子黛爾芬（Delphine）。

沙朗波韃靼泡芙

25個泡芙

製作時間：40分鐘
烹調時間：50分鐘

甜點師技法
鋪覆〔P.616〕、切丁〔P.616〕、加入液體或固體以降溫〔P.617〕、去芯〔P.617〕、擠花〔P.618〕、軟化奶油〔P.616〕。

用具
直徑 5 公分切模〔P.621〕、刮刀〔P.621〕、甜點刷〔P.622〕、裝有 12 號和 10 號平口圓頭花嘴的擠花袋（622）、攪拌機〔P.622〕。

泡芙
- 25 個 …… 泡芙
  （參閱 P.278）
- 25 片 …… 波蘿酥皮

蘋果糊
- 2 顆 …… 金黃蘋果
- 50 克 …… 細砂糖
- 15 克 …… 半鹽奶油

蘋果白蘭地香堤伊
- 300 克 …… 液態鮮奶油
- 30 克 …… 馬斯卡彭乳酪
- 15 克 …… 黃蔗糖
- 15 克 …… 蘋果白蘭地

Yann Menguy糖片
- 30 克 …… 半鹽奶油
- 30 克 …… 細砂糖 +80 克製作蘋果梗用

泡芙

烤箱預熱到 210℃（刻度 7）。按照 P.278 的步驟製作泡芙麵糊和波蘿酥皮，在鋪了烘焙紙的烤盤上擠出 25 個泡芙，烘烤前各放上一片波蘿酥皮。送入熄火的熱烤箱靜置 10 分鐘，然後重新啟動烤箱，溫度設在 165℃（刻度 6），烘烤泡芙 10 分鐘。

01.

02.

蘋果糊

蘋果削皮，去芯去籽，果肉用小刀切成小丁。放旁備用，同時準備焦糖。糖倒入單柄鍋乾煮成金黃色焦糖，加進半鹽奶油攪拌，讓焦糖降溫。單柄鍋中加入蘋果丁，攪拌後蓋上鍋蓋煮 15 分鐘。

蘋果白蘭地香堤伊

攪拌缸中放入鮮奶油、馬斯卡彭乳酪、黃蔗糖和蘋果白蘭地，以打蛋器打發成質地稍微緊實但不會過度緻密的香堤伊。放入裝有 12 號平口圓頭花嘴的擠花袋中，放旁備用。

03.

04.

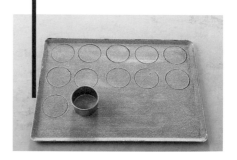

Yann Menguy糖片

烤箱預熱到 190℃（刻度 6-7）。用刮刀長時間攪拌半鹽奶油，直到成為軟化霜狀。在防沾烤盤表面以刷子塗上一層奶油。

烤盤撒滿細砂糖，輕輕搖晃讓糖均勻分布。用直徑 5 公分的切模切出 25 個圓片。烤盤送入烤箱烘焙 2 分鐘。

05.

從烤箱取出後冷卻 1 分鐘，拿起焦糖片放在一顆小蘋果上，等到乾燥幾分鐘後取下蘋果頂端形狀的糖片，放置乾燥處保存備用。

06.

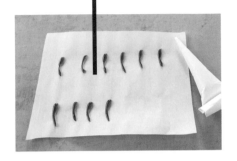

製作焦糖蘋果梗：乾煮細砂糖直到成為金黃色焦糖，裝入捲成錐狀的烘焙紙，在烘焙紙上擠出 25 根果梗。乾燥後取下，黏在步驟 5 的焦糖片中央。

使用小花嘴等用具的尖端，在泡芙的平坦面鑽洞。

07.

組裝

泡芙底部鑽洞。韃靼蘋果糊放入裝有 10 號平口圓頭花嘴的擠花袋，擠入泡芙內部。盛盤時讓泡芙的膨脹面朝下，在剛才鑽洞並擠入餡料的平坦面上擠一圈蘋果白蘭地香堤伊。

08.

小心在香堤伊表面放上蘋果頂部形狀的焦糖片。

基礎食譜

製作時間：10分鐘
烹調時間：10分鐘

- ◆ 9 或 10 顆 …… 蛋黃（190 克）
- ◆ 100 克 …… 細砂糖
- ◆ 1 公升 …… 牛奶
- ◆ 2 根 …… 大溪地香草莢

英式蛋奶醬

特色

使用蛋黃、糖和牛奶製作的濃稠奶油醬，通常以香草增香。

用途

搭配甜點食用，或是做為某些奶油醬的成分（巴伐露慕斯餡）。

變化

克萊兒 · 艾茲勒的香草冰淇淋〔P.382〕、菲利普 · 康帝辛尼的冰凍香草奶油餡〔P.386〕。

甜點師技法

打到發白〔P.616〕、醬汁煮稠到可裹覆匙面〔P.617〕。

用具

溫度計〔P.623〕。

應用食譜

兩千層派，**皮耶 · 艾曼**〔P.74〕
伊斯巴罕，**皮耶 · 艾曼**〔P.148〕
無限香草塔，**皮耶 · 艾曼**〔P.198〕
激情渴望，**皮耶 · 艾曼**〔P.210〕
雪花蛋白霜〔P.374〕
漬煮櫻桃與酸櫻桃佐羅勒冰淇淋，**克萊兒 · 艾茲勒**〔P.376〕
半熟巧克力舒芙蕾佐香草冰淇淋，**克萊兒 · 艾茲勒**〔P.382〕
蒙特克里斯托，**菲利普 · 康帝辛尼**〔P.386〕
巴伐露慕斯餡〔P.444〕
金箔巧克力蛋糕，**皮耶 · 艾曼**〔P.558〕

01.

沙拉碗中加入蛋黃和細砂糖，打到發白。

02.

單柄鍋加入牛奶、縱切香草莢和取出的香草籽，煮到沸騰。

03.

04.

在打到發白的蛋糖糊上澆淋煮沸的香草牛奶，取出香草莢。再度倒回單柄鍋並加熱到83℃左右，煮稠至蛋奶醬可附著於勺背。

等到木匙上的蛋奶醬已可在手指劃過後留下痕跡，即可離火並靜置冷卻。

6人份

製作時間：20分鐘
烹調時間：25分鐘

用具
電動攪拌器〔P.620〕、漏勺
〔P.621〕、湯勺。

雪花蛋白霜

香草英式蛋奶醬
+ 9 顆 ⋯⋯ 蛋黃（180 克）
+ 100 克 ⋯⋯ 細砂糖
+ 1 公升 ⋯⋯ 全脂新鮮牛奶
+ 2 根 ⋯⋯ 大溪地香草莢

蛋白霜島
+ 1 公升 ⋯⋯ 全脂牛奶
+ 8 顆 ⋯⋯ 蛋白（240 克）
+ 1 撮 ⋯⋯ 鹽
+ 40 克 ⋯⋯ 細砂糖

焦糖
+ 2 大匙 ⋯⋯ 水
+ 1 大匙 ⋯⋯ 葡萄糖漿
+ 100 克 ⋯⋯ 方糖

01.

香草英式蛋奶醬

按照 P.372 的步驟，使用本食譜的材料和份量製作英式蛋奶醬。

02.

蛋白霜島

在單柄鍋中煮沸牛奶。蛋白加入一小撮鹽，以電動打蛋器打發到質地緊實，加入細砂糖。取 1 大匙打發蛋白放入煮沸的牛奶中煮 2 分鐘，用漏勺為蛋白翻面，撈起後移到小盤子上瀝乾水分。按照上述步驟一匙一匙做完所有蛋白霜島，靜置冷卻。

03.

焦糖

單柄鍋中倒入水、葡萄糖漿和方糖，以中火加熱同時不停攪拌，直到煮成金黃色。

04.

組裝

取一個小碗或深盤，舀入 2 勺香草英式蛋奶醬，放上一個蛋白霜島。以湯匙沾上焦糖，在蛋白上做裝飾。

進 階 食 譜

克萊兒・艾茲勒

使用酸櫻桃做成果醬，為甜點添加櫻桃的酸香，同時以漬煮布拉（burlat）櫻桃增添一抹香料辛辣和甜美滋味。這般呈現這種水果的萬種風情，就像品嘗一顆酸甜兼具的糖果，再以羅勒注入清新氣息，是仲夏完美甜點。

漬煮櫻桃與酸櫻桃佐羅勒冰淇淋

10人份

製作時間：1小時30分鐘
烹調時間：1小時
靜置時間：3小時

甜點師技法

擀麵〔P.616〕、打到發白〔P.616〕、錐形濾網過濾〔P.616〕、材料表面覆蓋保鮮膜〔P.617〕、用湯匙塑形成橢圓狀〔P.619〕、擠壓過濾〔P.618〕。

用具

中空圈模〔P.620〕、錐形濾網〔P.620〕、直徑 5 公分、3 公分和 1 公分切模〔P.621〕、半自動冰淇淋機〔P.623〕、烤墊〔P.623〕、Silpat® 矽膠烤墊〔P.623〕、溫度計〔P.623〕。

漬煮櫻桃

- 6 顆 …… 柳橙
- 1 顆 …… 黃檸檬
- 1 公升 …… 水
- 150 克 …… 細砂糖
- 15 克 …… 維生素 C
- 5 顆 …… 荳蔻
- 3 根 …… 丁香
- 1 粒 …… 八角
- 1 根 …… 香草莢
- 250 克 …… 冷凍酸櫻桃
- 1.5 公斤 …… 布拉櫻桃

羅勒冰淇淋

- 500 克 …… 全脂牛奶
- 75 克 …… 液態鮮奶油
- 20 克 …… 羅勒葉
- 125 克 …… 細砂糖
- 40 克 …… 奶粉
- 35 克 …… 葡萄糖
- 3 克 …… Stab 2000 穩定劑
- 4 顆 …… 蛋黃（80 克）

酸櫻桃果醬

- 500 克 …… 酸櫻桃
- 130 克 …… 細砂糖
- 6 克 …… NH 果膠
- 1 顆 …… 黃檸檬

杏仁凝凍

- 1.5 片 …… 吉利丁（3 克）
- 75 克 …… 液態鮮奶油
- 100 克 …… 牛奶
- 15 克 …… 杏仁糖漿
- 10 克 …… 細砂糖
- 1 克 …… 洋菜粉

佛羅倫提焦糖餅

- 45 克 …… 奶油
- 20 克 …… 葡萄糖
- 55 克 …… 細砂糖
- 1 克 …… NH 果膠
- 20 克 …… 杏仁片

裝飾

- 100 克 …… 新鮮杏仁
- 1 根 …… 矮種羅勒
- 10 顆 …… 櫻桃

漬煮櫻桃

柳橙和檸檬榨汁，倒入單柄鍋中，加進水、細砂糖、維生素 C、切成兩半的荳蔻果莢、丁香、八角、香草和酸櫻桃，煮沸後浸泡 2 小時。

用錐形濾網過濾上述混合物，並用湯勺擠出汁液，盡可能萃取最多香氣，倒入另一個單柄鍋。櫻桃去籽並切成兩半。煮沸先前製作的香料糖漿，倒在櫻桃上。櫻桃表面蓋上烘焙紙。

01.

以製作英式蛋奶醬的方式
製作羅勒冰淇淋原料，
烹煮時不斷攪拌。

02.

羅勒冰淇淋

單柄鍋中放入牛奶和鮮奶油煮沸，熄火後加進羅勒葉浸泡 2 小時。用錐形濾網過濾，盡量以湯匙壓出最多汁液。

混合 65 克細砂糖、奶粉、葡萄糖和 Stab 2000 穩定劑，撒在吸飽羅勒香氣並加熱到 40℃的牛奶鮮奶油混合液中，煮到沸騰。於此同時，以打蛋器將蛋黃與剩下的 60 克細砂糖打到發白，加到上述液體中並加熱到 83℃。用錐形濾網過濾後放置冷卻，再用半自動冰淇淋機做成冰淇淋。

03.

酸櫻桃果醬

酸櫻桃、100 克細砂糖和檸檬榨出且過濾的汁液一起放入單柄鍋，加熱至 40℃。混合剩下的糖和果膠，撒到酸櫻桃上，煮到沸騰。靜置冷卻。

04.

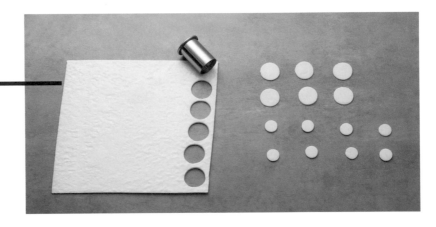

杏仁凝凍

用一碗冷水浸泡吉利丁。單柄鍋中倒入液態鮮奶油、牛奶和杏仁糖漿，混合均勻後加熱至 40℃。混合細砂糖與洋菜粉，撒到上述鮮奶油混合物上，煮到沸騰後加進擠乾水分的吉利丁，再度攪拌均勻。

在 Silpat® 矽膠烤墊鋪一層上述混合物，靜置凝固後用直徑 5 公分和 1 公分的切模各切出 30 個圓片。

05.

用刀子切碎冷卻的果醬。

烘烤的溫度和時間並非絕對，
會因烤箱火力而異。

佛羅倫提焦糖餅

單柄鍋中放入奶油和葡萄糖，加熱至
40℃。混合細砂糖與果膠，撒在上述混
合物上，加熱到 104℃。

在兩張烘焙紙之間薄薄塗抹一層上述混
料，送入冰箱冷藏 1 小時。

烤箱預熱到 180℃（刻度 6），揭去餅糊
上方的烘焙紙，在表面撒上杏仁片，烘烤
到上色，再以直徑 3 公分的切模切出數
個圓片。

06.

裝飾

打開新鮮杏仁果的外殼，取
出杏仁切成棒狀。摘下矮種
羅勒的葉子。

組裝

在深盤底鋪上一層酸櫻桃果醬，放上一個切模，將漬煮櫻桃排列成玫瑰花形。

07.

08.

放上3個杏仁凝凍小圓片和大圓片，用新鮮杏仁條和羅勒葉裝飾。在玫瑰花形中央放上一匙橢圓狀羅勒冰淇淋，最後裝飾一片佛羅倫提焦糖餅和一整顆櫻桃。

這款改版經典款甜點專為超級老饕設計，先品嘗極致酥脆的表面，再享受溫熱流淌的內餡，從第一口到最後一口都是絕頂舒芙蕾美味，伴隨一球我最愛的馬達加斯加香草冰淇淋，讓巧克力濃郁強烈的風味變得更加圓融平衡。

半熟巧克力舒芙蕾佐香草冰淇淋

6個舒芙蕾

製作時間：30分鐘
烹調時間：10分鐘
靜置時間：2小時

甜點師技法

打成鳥嘴狀〔P.616〕、打到發白〔P.616〕、鋪覆〔P.616〕、錐形濾網過濾〔P.616〕、隔水加熱〔P.616〕、打到柔滑均勻〔P.618〕、軟化奶油〔P.616〕。

用具

錐 形 濾 網〔P.620〕、 刮 刀〔P.621〕、手持式電動攪拌棒〔P.621〕、6 個舒芙蕾模具、6 個單人小盅、甜點刷〔P.622〕、攪拌機〔P.622〕、半自動冰淇淋機〔P.623〕、溫度計〔P.623〕。

香草冰淇淋

- 500 克 ⋯⋯ 全脂牛奶
- 75 克 ⋯⋯ 液態鮮奶油
- 2 根 ⋯⋯ 波旁香草莢
- 125 克 ⋯⋯ 細砂糖
- 40 克 ⋯⋯ 奶粉
- 35 克 ⋯⋯ 葡萄糖
- 3 克 ⋯⋯ Stab 2000 穩定劑
- 4 顆 ⋯⋯ 蛋黃（80 克）

模具用

- 100 克 ⋯⋯ 軟化奶油
- 100 克 ⋯⋯ 細砂糖

半熟巧克力舒芙蕾

- 210 克 ⋯⋯ 黑巧克力（可可含量 66% 的 Valrhona® Caraïbe 巧克力）
- 200 克 ⋯⋯ 全脂牛奶
- 2 顆 ⋯⋯ 蛋黃（40 克）
- 10 克 ⋯⋯ 玉米澱粉
- 6 顆 ⋯⋯ 蛋白（180 克）
- 60 克 ⋯⋯ 細砂糖

香草冰淇淋

單柄鍋中倒入牛奶和液態鮮奶油，煮到沸騰。加入縱切的香草莢和取出的香草籽，浸泡2小時候用錐形濾網過濾。

上述液體加熱到40℃。混合65克細砂糖和奶粉、葡萄糖與Stab 2000穩定劑，倒入40℃的香草牛奶，一起煮到沸騰。

01.

02.

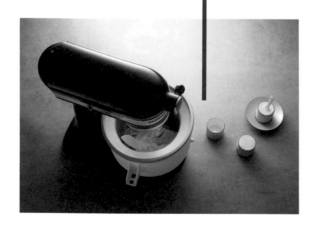

同時間，蛋黃和剩下的60克細砂糖打到發白。加進三分之一的香草牛奶，攪拌均勻後倒回單柄鍋，加熱到83℃。倒入錐形濾網過濾，冷卻後放入半自動冰淇淋機做成冰淇淋，裝進單人小盅內，置於冷凍庫保存。

準備模具

烤箱預熱到190℃（刻度6-7）。用甜點刷將軟化奶油塗上舒芙蕾模具，放進冰箱冷藏。第二次塗上奶油，倒入細砂糖讓模具內部表面全部沾滿。

03.

半熟巧克力舒芙蕾

隔水加熱融化巧克力。牛奶倒入單柄鍋並煮到沸騰。混合蛋黃和澱粉，加進熱牛奶，倒回單柄鍋一起煮沸。

加入融化的巧克力，以手持式電動攪拌棒攪打到柔滑均勻。用攪拌機打發蛋白，然後加入細砂糖打成鳥嘴狀，取三分之一加進前面製作的混合物中。用刮刀輕柔拌勻，然後加入剩下的蛋白霜。

04.

烘烤的溫度與時間並非絕對，
請視烤箱火力加以調整。

05.

在模具中裝入麵糊，直到距離上緣 1 公分處。
送進烤箱烘焙 10 分鐘，讓舒芙蕾內餡保持些微流動性。立刻與香草冰淇淋一起上桌享用。

菲利普 · 康帝辛尼

我想透過這款甜點複製我抽蒙特克里斯托5號雪茄搭配巴納（Brana）香梨白蘭地時的感受，重現既強烈又異國的感官饗宴。當然一定要使用加勒比海元素製作，例如椰子、百香果、香料蛋糕、香草、鳳梨和香料。藉由層次豐富的香氣，我成功重建當時的感覺。

蒙特克里斯托

6人份

製作時間：40分鐘
烹調時間：8小時
靜置時間：12小時+2小時40分鐘

甜點師技法

粗略弄碎〔P.616〕、用湯匙塑形成橢圓狀〔P.619〕、焙烤〔P.619〕、刨磨皮茸〔P.619〕。

用具

火焰槍〔P.620〕、錐形濾網〔P.620〕、高邊模〔P.622〕、圓形濾網〔P.622〕、烤盤、真空煮食袋、溫度計〔P.623〕、全自動冰淇淋機〔P.623〕、刮皮器〔P.623〕。

冰凍香草蛋奶醬

- 500 克 ⋯⋯ 低脂牛奶
- 250 克 ⋯⋯ 液態鮮奶油
- 3 根 ⋯⋯ 香草莢
- 10 顆 ⋯⋯ 蛋黃（200 克）
- 125 克 ⋯⋯ 細砂糖

香煮鳳梨

- 2 顆 ⋯⋯ 熟透香甜的維多利亞品種鳳梨
- 3 根 ⋯⋯ 薄荷
- 3 根 ⋯⋯ 芫荽

- 3 大凸匙 ⋯⋯ 香味紅糖
- 3 根 ⋯⋯ 香草莢
- 3 撮 ⋯⋯ 鹽之花（3 克）
- 3 大匙 ⋯⋯ 橄欖油
- 3 大匙 ⋯⋯ 綠檸檬汁
- 3 粒 ⋯⋯ 八角

香料蛋糕

- 135 克 ⋯⋯ 低脂牛奶
- 1 根 ⋯⋯ 丁香
- 30 克 ⋯⋯ 杏仁片
- 90 克 ⋯⋯ 奶油
- 80 克 ⋯⋯ 初階糖

- 110 克 ⋯⋯ 液態蜂蜜
- 2 顆 ⋯⋯ 小型蛋（80 克）
- 105 克 ⋯⋯ T45 麵粉
- 60 克 ⋯⋯ 蕎麥粉
- 1 克 ⋯⋯ 鹽之花
- 3 克 ⋯⋯ 小蘇打粉
- 40 克 ⋯⋯ 柳橙和檸檬皮碎
- 20 克 ⋯⋯ 細糖漬薑條
- 2 克 ⋯⋯ 肉桂
- 2 克 ⋯⋯ 香料蛋糕用混合香料
- 1 克 ⋯⋯ 甘草粉
- 1 撮 ⋯⋯ 丁香粉

焦糖開心果粗粉

- 100 克 …… 去殼原味開心果
- 65 克 …… 細砂糖
- 15 克 …… 水
- 10 克 …… 軟化半鹽奶油

酒漬葡萄乾

- 30 克 …… Corinthe 葡萄乾
- 100 克 …… 水
- 30 克 …… 棕色蘭姆酒
- 20 克 …… 香味紅糖

椰漿煮汁

- 100 克 …… 椰漿
- 10 克 …… 細砂糖
- 1 或 2 小匙 …… Maïzena® 玉米粉勾芡（參閱 P.245）
- 3 滴 …… 烤椰子香精

菸草醬汁（香料用途）

- 一大撮 …… Amsterdamer blond 菸草（10 克）
- 160 克 …… 水
- 30 克 …… 紅糖

- 2 大匙 …… Maïzena® 玉米粉勾芡（參閱 P.245）

完成擺盤

- 2 顆 …… 百香果
- 1 小匙 …… 鹽之花
- 1 小平匙 …… 葛縷子
- 1 小平匙 …… 蓽拔（一種胡椒屬植物）碎屑（剁得極細）
- 6 片 …… 漂亮的薄荷葉
- 糖粉

01.

一定要不斷攪拌英式
蛋奶醬以免蛋黃結塊。
讓這款冷凍蛋奶醬
柔滑順口的真正祕訣
就在火候：必須加熱到接近
沸騰但不能真正煮沸。

煮好後觸摸鳳梨，
質地應該柔軟但不鬆散。

冷凍香草蛋奶醬

前一夜，在單柄鍋中煮沸牛奶、液態鮮奶油和香草籽。打散蛋黃和糖。分兩次將香草牛奶鮮奶油倒入蛋糖液，同時不斷攪拌。倒回單柄鍋，以小火加熱並用木攪拌匙不斷攪拌，煮到蛋奶液濃稠後以圓形濾網過濾。再攪打 30 秒，靜置冷卻並不時攪拌。蓋上保鮮膜，送進冰箱冷藏 12 小時，在甜點上桌前 30 分鐘把蛋奶醬製作成冰淇淋。

香煮鳳梨

製作當日，烤箱預熱到 100℃（刻度 3-4）。鳳梨削皮，切成 4 公分厚的六塊，去掉鳳梨芯。在每個真空煮食袋中放入 2 塊，加進 1 根薄荷、芫荽、1 大匙糖、香草籽、1 克鹽之花、1 大匙橄欖油、1 大匙綠檸檬汁和一粒八角。封上袋口並抽成真空，放在烤盤上。注入熱水並置於烤箱 7 到 8 小時，之後送進冰箱冷藏。

02.

香料蛋糕

烤箱預熱到 170℃（刻度 6）。牛奶煮沸，加入丁香，浸泡 5 分鐘後取出。杏仁片放入平底鍋炒香。

小火融化奶油、糖和蜂蜜。加入蛋液並攪拌均勻。混合麵粉、鹽、小蘇打粉、檸檬和柳橙皮碎、薑與辛香料，拌入上述蛋糖油液中。依序加進炒香的杏仁片和溫熱的牛奶。高邊模塗上奶油並撒上麵粉，倒入麵糊直到三分之二高度，冷藏靜置 10 分鐘，然後送入烤箱烘焙 12 分鐘左右。

03.

裹了糖漿的開心果溫度極高，
小心別被燙到！

焦糖開心果粗粉

開心果放入 150℃（刻度 5）烤箱焙烤 25 分鐘。在單柄鍋中煮沸水和糖，繼續加熱到 116℃。加入烤好並放涼的開心果，讓它們裹上糖漿，繼續加熱 20 分鐘並不斷攪拌。放進軟化半鹽奶油，攪拌均勻。開心果倒在烤盤上鋪平以加速冷卻。放涼後用手壓碎開心果或以大刀切碎成粗粉狀。

04.

05.

酒漬葡萄乾

在單柄鍋中煮沸水、蘭姆酒和紅糖，加入 Corinthe 葡萄乾。冷卻後蓋上鍋蓋浸漬 2 到 3 小時。瀝乾葡萄乾水分，放置備用。

椰漿煮汁

在單柄鍋中煮沸椰漿和糖，立刻加入 Maïzena® 玉米粉勾芡，攪拌均勻後用圓形濾網過篩。加進烤椰子香精。煮汁必須呈現柔滑質地。

06.

07.

菸草醬汁如薑般辛辣帶琥珀色的香氣，
造就出這道甜點的香味結構。
這款醬汁本身就是一種香料。
請不時品嘗並調味，如有需要，
可依個人口味加紅糖或綠檸檬汁。
做橢圓冰淇淋的規律性、形狀、
大小和動作都會影響你擺盤呈現的美感和個人風格。

菸草醬汁

在單柄鍋中倒入冷水和紅糖，煮到沸騰。一邊攪拌一邊分批加入 Maïzena® 玉米粉勾芡，醬汁應該要有一定的濃稠度。冷卻後加入菸草。攪拌並浸泡最多 15 到 20 分鐘。放進錐形濾網一起過濾，濾出的煙草汁裝入小碗。醬汁應該要有一定的濃稠度。從錐形濾網取出幾絲剩下的菸草，放入烤箱以 150℃（刻度 5）烤乾水分 30 分鐘。

完工擺盤

斜切香料蛋糕，瀝乾鳳梨片水分，汁液倒入單柄鍋，煮到醬汁收乾到一半份量，再加入 Maïzena® 玉米粉勾芡。放涼後加進百香果果汁和果粒。鳳梨片撒上黃蔗糖，用火焰槍炙燒鳳梨突起的部分。撒上鹽之花、葛縷子和蓽拔。取一個冰涼的盤子，放上 1 片鳳梨、香料蛋糕和一匙塑形成橢圓狀的冰凍蛋奶醬。撒上切絲薄荷葉和酒漬葡萄乾。倒入一點百香果汁、菸草醬汁和椰漿煮汁。點綴烤乾的菸絲、一束薄荷，最後撒上糖粉。

08.

基礎食譜

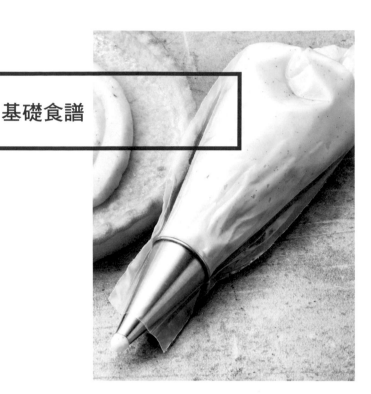

製作時間：10分鐘
烹調時間：15分鐘

- ◆ 7 或 8 顆 …… 蛋黃（150 克）
- ◆ 140 克 …… 細砂糖
- ◆ 100 克 …… 玉米澱粉
- ◆ 500 克 …… 牛奶
- ◆ 1 根 …… 大溪地香草莢

卡士達醬

特色

使用蛋黃和糖做為原料的濃稠奶醬，傳統上以香草添香。

用途

各種蛋糕的內餡，也可以用來製作其他奶醬（慕絲林奶油餡、希布斯特奶油餡）。

變化

克里斯多福・亞當的香草卡士達醬〔P.396〕。

甜點師技法

打到發白〔P.616〕。

應用食譜

兩千層派，**皮耶 ・ 艾曼**〔P. 74〕
絕妙索麗葉無花果，**克里斯多福 ・ 米夏拉**〔P.98〕
女爵巧克力蛋糕〔P.189〕
托蓓奶油派〔P.351〕
濃縮巴薩米克醋草莓塔〔P.394〕
千層酥條蘸馬達加斯加香草醬和果香焦糖醬，**克里斯多福・亞當**〔P.396〕
慕絲林奶油餡〔P.400〕
草莓園蛋糕〔P.402〕
希布斯特奶油餡〔P.438〕
聖多諾黑〔P.441〕
卡士達鮮奶油〔P.452〕
鮮果卡士達鮮奶油塔〔P.455〕

01.

沙拉碗中放入蛋黃和細砂糖一起打到發白。加入玉米澱粉並再度攪拌。在單柄鍋中煮沸牛奶和香草莢刮出的香草籽。

02.

牛奶沸騰後倒入打到發白的蛋黃糖糊中，攪拌均勻。

03.

上述混合物全部倒回單柄鍋。

04.

以弱火煮 4 分鐘，期間不斷攪拌。卡士達醬放涼後如不立刻使用，請放冰箱冷藏。

入門食譜

8人份

製作時間：30分鐘
烹調時間：20分鐘

甜點師技法
粗略弄碎〔P.616〕、盲烤
〔P.617〕、加入液體或固
體以降溫〔P.617〕、打到
柔滑均勻〔P.618〕、去皮
〔P.618〕、擠花〔P.618〕、
焙烤〔P.619〕。

用具
裝有 8 號圓形花嘴的擠花袋
〔P.622〕。

濃縮巴薩米克醋草莓塔

餡料
- 50 克 …… 去皮開心果
- 500 克 …… 草莓
- 1 個 …… 已盲烤的沙布蕾塔
  殼

巴薩米克醋焦糖
- 20 克 …… 水
- 50 克 …… 細砂糖
- 50 毫升 …… 巴薩米克醋

卡士達醬
- 750 毫升 …… 牛奶
- 1 根 …… 香草莢
- 6 顆 …… 蛋黃（120 克）
- 150 克 …… 細砂糖
- 75 克 …… 卡士達粉
- 50 克 …… 奶油

只要少少幾樣材料就能讓這個簡單的草莓塔升級成豪
華版……點綴幾片烤過的開心果和巴薩米克醋焦糖，
立刻改頭換面！

01.

餡料

烤箱預熱到 150℃（刻度 5）。在鋪了烘焙紙的烤盤鋪上去皮開心果，送入烤箱 10 分鐘烤香。從烤箱取出，冷卻後用刀子大致剁碎。按照 P.24 的步驟製作並盲烤沙布蕾塔殼。

02.

清洗草莓，用布巾盡量擦乾，縱切成兩半，放旁備用。

在塔殼底部塗上蛋白或可可脂
做出隔離層，再鋪上卡士達醬，
以免塔殼變得太濕軟。
排放草莓時稍微傾斜，
可以獲得更漂亮的視覺效果。

巴薩米克醋焦糖

單柄鍋中加入水和黃蔗糖加熱，同時用攪拌匙或木匙不斷攪拌，直到煮成棕色焦糖。加進巴薩米克醋降溫，放涼備用。

05.

03.

卡士達醬

使用本食譜的材料和份量，按照 P.392 的步驟製作卡士達醬。以打蛋器攪拌卡士達醬直到質地柔滑，放入裝有 8 號圓形花嘴的擠花袋，在盲烤過的塔殼底部擠上一層。

04.

裝飾完成

在卡士達醬上以圈狀排列草莓，撒上切碎的開心果。品嘗前在草莓塔表面淋上螺旋狀的巴薩米克醋焦糖。

進 階 食 譜

克里斯多福·亞當

這款解構版千層派就是我慶賀亞當（Adam's）甜點專賣店開幕的特製品。千層派以酥條形式呈現，搭配一小盅卡士達蘸醬，香蕉焦糖的甜美和史密斯奶奶青蘋果的酸味讓卡士達醬變得更加活潑，完全跳脫框架，演繹出現代感千層派。

千層酥條蘸馬達加斯加香草醬和果香焦糖

10人份

製作時間：30分鐘
烹調時間：50分鐘
靜置時間：2小時20分鐘

甜點師技法

擀麵〔P.616〕、切丁〔P.616〕、加入液體或固體以降溫〔P.617〕、擠花〔P.618〕。

用具

刮刀〔P.621〕、手持式電動攪拌棒〔P.621〕、2個擠花袋〔P.622〕、10個玻璃優格杯、攪拌機〔P.622〕、擀麵棍〔P.622〕。

香草卡士達醬

- 370 克 …… 低脂牛奶
- 2 根 …… 馬達加斯加香草莢
- 45 克 …… 細砂糖
- 30 克 …… 卡士達粉
- 1 顆 …… 蛋（50 克）
- 半顆 …… 蛋黃（10 克）
- 25 克 …… 奶油

千層酥條

- 300 克 …… T55 麵粉
- 150 克 …… 水
- 5 克 …… 鹽
- 250 克 …… 奶油
- 細砂糖

香蕉焦糖醬

- 2 根 …… 香蕉
- 70 毫升 …… 全脂牛奶
- 115 克 …… 細砂糖

組裝與完成

- 270 克 …… 打發鮮奶油
- 1 顆 …… 史密斯奶奶青蘋果
- 15 克 …… 綠檸檬汁

香草卡士達醬

使用單柄鍋加熱牛奶，煮沸後離火，加入縱切的香草莢和取出的香草籽，浸泡 20 分鐘。

在沙拉碗中放入糖、卡士達粉、蛋和半顆蛋黃，用打蛋器快速攪拌。取出牛奶中的香草莢，倒三分之一量在蛋糖糊上。倒回單柄鍋，以小火煮到沸騰，在微微沸騰的狀況下再煮 1 分鐘，同時不斷攪拌。單柄鍋離火放涼，加入切成小塊的奶油，用手持式電動攪拌棒將卡士達醬打到柔滑。送進冰箱冷藏 2 小時。

01.

02.

千層酥條

使用本食譜的材料和份量，按照 P.64 的步驟製作千層酥麵團。烤箱預熱到 180℃（刻度 6）。用擀麵棍將千層酥麵團擀成 2 公釐厚，兩面各撒上薄薄一層細砂糖，切成約 20 片 11×2 公分的長方形，移到鋪了烘焙紙的烤盤上。覆蓋第二張烘焙紙，壓上一個烤盤，送入烤箱。讓酥皮夾在兩個烤盤之間烘烤 15 分鐘，然後拿掉上方的烤盤和烘焙紙，再烤 10 分鐘。

03.

香蕉焦糖醬

香蕉去皮，放入沙拉碗中用叉子壓成泥。加入牛奶，攪拌均勻。單柄鍋中放入細砂糖，乾煮成焦糖，倒入香蕉牛奶，用刮刀不斷攪拌，稀釋焦糖。離火後用手持式電動攪拌棒攪打。放涼後裝入已剪去尖端的擠花袋。

擀麵時別怕撒上太多細砂糖，
要蓋滿整個表面。

04.

組裝與完成

攪拌機裝上打蛋器，打發攪拌缸中的鮮奶油直到十分緊實（按照 P.360 步驟），用刮刀輕柔拌入十分冰涼的香草卡士達醬中，裝進已剪去尖端的擠花袋。

05.

在優格玻璃杯中擠入香草卡士達醬到四分之三高度。

檸檬汁可防止
蘋果過快氧化。

擠上一層約 2 公分厚的香蕉焦糖醬。

史密斯奶奶青蘋果不削皮，用小刀切成細丁，加入綠檸檬汁攪拌。在香蕉焦糖醬上漂亮地點綴蘋果丁，插進1或2根千層酥條，即可上桌品嘗。

06.

基礎食譜

250克奶油餡

製作時間：25分鐘
烹調時間：10分鐘
靜置時間：1小時

- 2 顆 ⋯⋯ 蛋（100 克）
- 2 顆 ⋯⋯ 蛋黃（40 克）
- 50 克 ⋯⋯ 水
- 150 克 ⋯⋯ 細砂糖
- 125 克 ⋯⋯ 軟化奶油
- 50 克 ⋯⋯ 卡士達醬（參閱 P.392）

慕絲林奶油餡

特色
加入奶油或奶油餡的卡士達醬。

用途
作為各種蛋糕的內餡。

變化
皮耶 · 艾曼的百香果慕絲林奶
油餡〔P.404〕。

甜點師技法
乳化〔P.617〕、軟化奶油
〔P.616〕。

用具
刮刀〔P.621〕、攪拌機
〔P.622〕、溫度計〔P.623〕。

應用食譜
兩千層派，**皮耶 · 艾曼**〔P.74〕
托蓓奶油派〔P.351〕
草莓園蛋糕〔P.402〕
絕世驚喜，**皮耶 · 艾曼**〔P.404〕

慕絲林奶油餡

攪拌機裝上葉片，以最高速攪打全蛋和蛋黃。在小單柄鍋中加熱細砂糖和水，煮成焦糖，注意溫度。達到 120℃後，慢慢將糖漿倒入以低速攪打的攪拌缸中。

01.

02.

逐步提高速度，做出炸彈糊後放涼。

03.

等到完全冷卻後，用打蛋器拌入軟化奶油，再與卡士達醬混拌均勻。送進冰箱冷藏備用。

入門食譜

6人份

製作時間：20分鐘
烹調時間：30分鐘

甜點師技法

擀　麵〔P.616〕、　乳　化
〔P.617〕、擠花〔P.618〕、
軟化奶油〔P.616〕、過篩
〔P.619〕、鋪底〔P.619〕。

用具

刮　刀〔P.621〕、　高邊模
〔P.622〕或直徑20公分和
高6公分的甜點用中空圈模
〔P.620〕、擠花袋〔P.622〕、
攪拌機〔P.622〕、擀麵棍
〔P.622〕、溫度計〔P.623〕。

草莓園蛋糕

全蛋海綿蛋糕

* 4 顆 …… 蛋（200 克）
* 125 克 …… 細砂糖
* 125 克 …… 麵粉
* 80 克 …… 融化奶油

慕絲林奶油餡（參閱P.400）

餡料

* 500 克 …… 大顆 gariguette
  品種草莓
* 30 克 …… 白杏仁膏

全蛋海綿蛋糕

分開蛋白和蛋黃。使用裝了打蛋器的攪拌機將蛋黃和 70 克細砂糖一起打成乳霜狀，倒入沙拉碗中。蛋白打成雪花狀，加入剩下的細砂糖繼續打到緊實。用刮刀輕柔將打發的蛋白與乳霜狀蛋黃混拌均勻。分批加進過篩的麵粉和融化奶油，期間持續攪拌。烤箱預熱到 180℃（刻度 6）。為高邊模或直徑 20 公分、高 6 公分的甜點用中空圈模塗上奶油，倒入麵糊。送進烤箱烘烤 20 分鐘，烤到一半時將模具轉半圈。放在涼架上脫模，靜置放涼。蛋糕完全冷卻後，橫剖成厚度相等的 2 個圓片。

01.

02.

慕絲林奶油餡

按照 P.400 製作慕絲林奶油餡。

03.

餡料

洗淨草莓，去掉蒂頭。取其中幾個縱切成兩半，和剩下的整粒草莓一起放旁備用。在用來製作全蛋海綿蛋糕的模具或甜點用中空圈模內部抹上一層薄薄奶油，底部放入一片全蛋海綿蛋糕。在中空圈模或模具邊緣整齊排列切半的草莓，切面朝外。

04.

用擠花袋在蛋糕圓片中央擠入大量慕絲林奶油餡，不要忘記草莓之間的空隙也要擠滿。在草莓圍蛋糕中央鋪滿整粒草莓，再擠上一層慕絲林奶油餡。最後放上第二片海綿蛋糕圓片。抹平杏仁膏，放在蛋糕表面。

進 階 食 譜

皮耶・艾曼

酥脆甜蜜的蛋白霜中間藏著入口即化的酸香夾心，新穎的口味帶來味蕾的驚喜，草莓大黃的組合與百香果相輔相成，交織出甜酸融合的協調風味。

絕世驚喜

約10顆

製作時間：1小時30分鐘
烹調時間：1小時30分鐘
靜置時間：12小時+20分鐘

甜點師技法

鋪覆〔P.616〕、隔水加熱〔P.616〕、打到鬆發〔P.618〕、打到柔滑均勻〔P.618〕、擠花〔P.618〕、過篩〔P.619〕。

用具

錐形濾網〔P.620〕、直徑4公分切模〔P.621〕、23×25公分紅色玻璃紙、手持式電動攪拌棒〔P.621〕、直徑7公分半圓凹槽 Flexipan® 模具〔P.622〕、裝有8號圓形花嘴的擠花袋〔P.622〕、攪拌機〔P.622〕。

糖煮大黃泥

- 250 克 ⋯⋯ 新鮮或冷凍切段大黃
- 40 克 ⋯⋯ 細砂糖
- 25 克 ⋯⋯ 檸檬汁
- 0.1 克 ⋯⋯ 丁香粉

百香果蛋奶醬

- 3 顆 ⋯⋯ 蛋（150 克）
- 140 克 ⋯⋯ 細砂糖
- 105 克 ⋯⋯ 百香果汁（約 5 顆百香果）
- 15 克 ⋯⋯ 檸檬汁
- 150 克 ⋯⋯ 奶油

法式蛋白霜

- 3 顆 ⋯⋯ 蛋白（100 克）
- 200 克 ⋯⋯ 細砂糖

撒上杏仁條的杏仁餅

- 75 克 ⋯⋯ 白杏仁粉
- 275 克 ⋯⋯ 細砂糖
- 20 克 ⋯⋯ T55 麵粉
- 4 顆 ⋯⋯ 蛋白（125 克）
- 50 克 ⋯⋯ 杏仁條

草莓大黃凍

- 100 克 ⋯⋯ 糖煮大黃泥
- 300 克 ⋯⋯ 新鮮草莓泥
- 30 克 ⋯⋯ 細砂糖
- 4.5 片 ⋯⋯ 金級吉利丁
  （膠強度 200，9 克）

百香果慕絲林奶油餡

- 500 克 ⋯⋯ 百香果卡士達醬
- 150 克 ⋯⋯ 奶油

糖煮大黃泥

前一夜，大黃切成 1.5 公分小段，與糖一起醃漬。

01.

百香果蛋奶醬

混合蛋、細砂糖、百香果汁和檸檬汁，隔水加熱並不時攪拌，加熱到 83-84℃。用錐形濾網過濾，隔水降溫至 60℃，加入奶油，用打蛋器攪打到柔滑均勻。以手持式電動攪拌棒攪打 10 分鐘，打散油分子，做出滑順香濃的卡士達醬。冷卻 24 小時。

最好使用在室溫下放置數天，
變成較為流質的「舊」蛋白，
更好打發且不易塌陷。

02.

半圓蛋白殼

製作當天，攪拌機裝上打蛋器，蛋白與 35 克糖放入攪拌缸以中速攪打，體積變為兩倍後再加入 65 克糖，打發到非常緊實、光滑、閃亮。取下攪拌缸，撒上 100 克糖，用攪拌匙由下往上與蛋白混拌，盡量不要過度攪拌。立刻使用。

蛋白霜裝進擠花袋，在 Flexipan® 模具的直徑 7 公分半圓凹槽中擠入三分之一高的蛋白霜，然後用湯匙將蛋白霜塗滿整個表面，挖掉上方多餘的蛋白霜。蛋白霜殼最好能放入 60℃（刻度 1-2）的烤箱烤乾幾小時。等到完全烤乾，脫模移到鋪了烘焙紙的烤盤上，送進 110 ℃（刻度 4）的烤箱再烤 20 分鐘。

撒上杏仁條的杏仁餅

杏仁粉混合 200 克細砂糖和麵粉一起過篩。
攪拌機裝上打蛋器，一邊打發蛋白，一邊分批
加入剩下的細砂糖。取下攪拌缸，手動拌入
粉類，輕柔從下到上混拌蛋白糊。使用裝了 8
號圓形花嘴的擠花袋，擠出數個直徑 6 公分
的圓餅，表面撒上杏仁條。送進 170℃（刻
度 6）的烤箱烘烤 20 分鐘。放涼備用。

03.

04.

草莓大黃凍

瀝乾大黃,與檸檬汁和丁香粉一起煮成泥狀。冷卻後以手持式電動攪拌棒攪打,可立刻使用或放入保鮮盒存放在冰箱或冷凍庫。

吉利丁泡入一碗冷水至少 20 分鐘。擠乾水分,與少許大黃泥一起融化。加入草莓泥和糖,攪打均勻,倒進一個長方平盤,送進冷凍庫 1 小時。使用直徑 4 公分的切模切出數個圓片。

百香果慕絲林奶油餡

攪拌機先裝上葉片,再換裝打蛋器,攪打奶油直到鬆發,盡量打進最大量空氣。接著拌入百香果卡士達,即可立刻使用。

05.

組裝

蛋白霜殼放回 Flexipan® 模具，擠入百香果慕絲林奶油餡到一半高度。放上大黃草莓凍圓片並稍微往下壓，再度填入百香果慕絲林奶油餡直到全滿。

放上撒了杏仁條的杏仁餅。送進冰箱冷藏以便脫模與組裝。在工作檯上放一張紅色玻璃紙（23×25 公分），倒扣這款「絕世驚喜」甜點（蛋白霜餅的隆起面朝上），將玻璃紙的兩個長邊往內摺，在「驚喜」的底部交會，然後反方向扭轉玻璃紙兩端。

06.

甜點必須放到十分冰涼，
近乎冷凍，才能開始包裝。
放入冰箱保存，
直到品嘗時才取出。

基礎食譜

250克奶油餡

製作時間：15分鐘
烹調時間：5分鐘

- ◆ 125 克 …… 軟化奶油
- ◆ 1 顆 …… 蛋（50 克）
- ◆ 2 顆 …… 蛋黃（40 克）
- ◆ 80 克 …… 細砂糖
- ◆ 25 克 …… 水

奶油餡

特色
柔滑濃郁，富含奶油香氣的蛋奶醬，是許多蛋糕和餡料的組成成分。

用途
做為摩卡蛋糕或其他多層次甜點的餡料。

變化
菲利普 · 康帝辛尼的香草馬斯卡彭乳酪奶油餡〔P.412〕、菲利普 · 康帝辛尼的摩卡奶油餡〔P.421〕。

甜點師技法
打到柔滑均勻〔P.618〕、軟化奶油〔P.616〕。

用具
攪拌機〔P.622〕、溫度計〔P.623〕。

應用食譜
兩千層派，**皮耶 · 艾曼**〔P. 74〕
女爵巧克力蛋糕〔P.189〕
歌劇院蛋糕〔P.217〕
鹹奶油焦糖修女泡芙，**克里斯多福 · 米夏拉**〔P.298〕
巴黎布列斯特泡芙，**菲利普 · 康帝辛尼**〔P.302〕
托蓓奶油派〔P.351〕
慕絲林奶油餡〔P.400〕
雷夢妲，**菲利普 · 康帝辛尼**〔P.412〕
摩卡，**菲利普 · 康帝辛尼**〔P.418〕

攪拌奶油成為軟化霜狀。

01.

在單柄鍋中以中火加熱糖和水直到
121℃。糖漿煮到 110℃時，在攪拌
缸中放入蛋和蛋黃，一邊以最高速攪
打，一邊加入煮沸的糖漿。繼續攪打
直到混合物變溫，約需 5 分鐘左右。

02.

03.

加入奶油，以低速攪打 5 分鐘，直
到蛋奶醬變得柔滑。放置冰箱冷藏備
用。

菲利普·康帝辛尼

這款甜點只用上一層極薄的奶油餡，帶出所有必要的美味與柔潤口感，與糖漬檸檬帶來的強烈味蕾衝擊完美融合。鹽之花則讓味道在口中餘韻不絕。

雷蒙妲

8人份

製作時間：1小時45分鐘
烹調時間：6小時
靜置時間：1小時

甜點師技法

打到鬆發〔P.618〕、打到柔滑均勻〔P.618〕、擠花〔P.618〕、軟化奶油〔P.616〕、過篩〔P.619〕、鋪底〔P.619〕、刨磨皮茸〔P.619〕。

用具

刮刀〔P.621〕、直徑6公分和7公分半圓凹槽矽膠模具〔P.622〕、彎柄抹刀〔P.622〕、濾網〔P.622〕、裝有圓形花嘴的擠花袋〔P.622〕、攪拌機〔P.622〕、篩子〔P.623〕、溫度計〔P.623〕、刮皮器〔P.623〕。

手指餅乾屑

◆ 15根 …… 手指餅乾（參閱 P.192）

橘子黃檸檬凝乳

◆ 200克 …… 新鮮橘子汁
◆ 50克 …… 新鮮檸檬汁
◆ 70克 …… 橘子皮
◆ 30克 …… 檸檬皮
◆ 150克 …… 細砂糖

柑橘鹽之花蛋白霜餅

◆ 80克 …… 細砂糖
◆ 10克 …… 水（2大匙）
◆ 80克 …… 蛋白
◆ 1.5顆 …… 檸檬皮碎
◆ 3顆 …… 橘子皮碎（若無，可用2顆柳橙皮碎取代）
◆ 半顆 …… 綠檸檬皮碎
◆ 2克 …… 鹽之花（2大撮）
◆ 80克 …… 糖粉

義式蛋白霜

- 2 顆 …… 蛋白（60 克）
- 100 克 …… 細砂糖
- 20 克 …… 水

香草馬斯卡彭奶油餡

- 125 克 …… 低脂牛奶
- 2 根 …… 香草莢
- 2 顆 …… 蛋黃（50 克）
- 2 顆 …… 小型蛋（80 克）
- 100 克 …… 細砂糖
- 30 克 …… 液態鮮奶油，打發成香堤伊（參閱 P.360）
- 510 克 …… 軟化奶油
- 25 克 …… 馬斯卡彭乳酪
- 170 克 …… 義式蛋白霜
- 糖粉

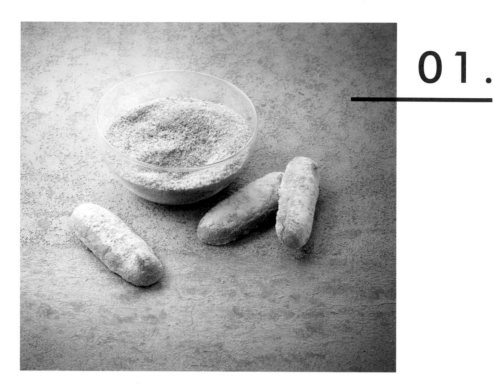

01.

手指餅乾屑

手指餅乾攪打成非常細碎的粉末並以細目濾網過篩。送進 100℃（刻度3-4）的烤箱烘乾 3-4 小時，保存在保鮮盒中。

橘子黃檸檬果醬

使用本食譜的材料和份量，按照龍蒿檸檬果醬（參閱 P.532）的技巧製作這款果醬。

務必烤乾手指餅乾粉末，
不能潮濕。
請注意，柑橘果醬的風味
十分強烈濃縮。
用手撒上糖粉能讓蛋白霜
產生鬆脆的質地和
極致輕盈的口感。

烤好的蛋白糖霜餅應該緊實定型但仍入口即化，
咬在口中能夠迸發「酥脆感」，
這對於甜點的整體質感至關重要。
如同馬卡龍，務必將雷夢姐送入冷凍庫，
讓蛋白霜餅「再度潤濕變軟」，
創造外酥內軟的口感。

柑橘鹽之花蛋白霜餅

烤箱預熱到 100℃（刻度 3-4）。單柄鍋中放入
細砂糖和水，加熱到 121℃。糖漿煮到 110℃
時，在攪拌缸中以中速打發蛋白，倒入 121℃
的細線狀糖漿，同時不斷攪拌。約攪打 15 分鐘
後，加入柑橘皮碎和鹽之花，打蛋器的攪打動作
全程不停。

分小批加入糖粉，用刮刀輕柔拌勻。

使用裝有圓形花嘴的擠花袋，將蛋白糊擠入直徑
6 公分矽膠半圓凹槽，並以彎柄抹刀抹平表面。
蛋白霜送進烤箱烘烤 1 小時到 1 小時 15 分鐘，
餅乾必須保持雪白鬆軟。

義式蛋白霜

使用本食譜的比例，按照 P.114 的步驟製
作義式蛋白霜，供奶油餡使用。

02.

如果沒有矽膠模具，可使用裝有8號圓形
花嘴的擠花袋，在抹上薄油的烘焙紙上擠
出半圓形蛋白糖霜糊。

03.

香草馬斯卡彭奶油餡

在單柄鍋中煮沸牛奶和香草籽。蛋黃、全蛋和糖以打蛋器攪打均勻，倒入前述液體，同時不斷攪拌。倒回單柄鍋，以小火加熱，用攪拌匙攪拌，使蛋奶醬變得濃稠。倒入攪拌缸攪打，等到蛋奶醬幾乎完全冷卻後，拌入切成小塊的軟化奶油和馬斯卡彭，然後打到鬆發。用刮刀依序輕柔拌入香堤伊和義式蛋白霜。

04.

使用直徑 7 公分半圓凹槽矽膠模具，為每個半圓凹槽抹上一層薄薄奶油餡，接著放入一個蛋白霜殼，再鋪上一層薄薄奶油餡，抹平表面。模具送入冷凍庫至少 1 小時，僅脫模半數半圓球，放在保鮮膜上。迅速將模具再度送回冷凍庫。

請注意，動作要快，
以免奶油迅速回溫，立刻融化。

05.

使用裝有圓形花嘴的擠花袋，在未脫模的半圓表面擠上橘子檸檬醬，直到距離模具邊緣 1 公分處。立刻在擠了果醬的蛋白霜餅上放一顆剛才脫模的半圓蛋白餅，稍微向下壓，再度放入冷凍庫。等到圓球凍硬之後，小心脫模，放在保鮮膜上，放冰箱冷藏，直到慢慢回溫至 4-5℃。

06.

雷夢妲置於室溫十幾分鐘，用手拿起並沾裹手指餅乾屑，注意要讓細屑緊緊沾附。豎放雷夢妲，用圓形濾網撒上糖粉。品嘗前請保存在陰涼處。

菲利普・康帝辛尼

要以什麼形狀呈現摩卡蛋糕呢？經典的摩卡蛋糕內含咖啡香味的奶油醬，做成咖啡豆形狀好像非常合理。就像我大多數的甜點作品，外形本身就是裝飾。我希望這款蛋糕的外形具有特色，但更重要的是別出心裁的風味。所以我選擇Sida Moka Clair咖啡，主要是藉由浸泡釋放芬芳，並透過這款蛋糕的香味層次，詮釋甜點版的「美味濃縮咖啡」。

摩卡

6人份

製作時間：1小時10分鐘
烹調時間：2小時
靜置時間：2小時

甜點師技法

擀 麵〔P.616〕、粗 略 弄 碎〔P.616〕、隔水加熱〔P.616〕、澆淋〔P.618〕、蘸刷糖漿或液體〔P.619〕、鋪底〔P.619〕、焙烤〔P.619〕。

用具

直 徑 18 公 分 中 空 圈 模〔P.620〕、刮 刀〔P.621〕、手持式電動攪拌棒〔P.621〕、噴 槍〔P.622〕、攪 拌 機〔P.622〕、擀麵棍〔P.622〕、溫度計〔P.623〕。

帕林內摩卡脆片

- 75 克 …… 生杏仁與榛果純帕林內（參閱 P.528）
- 210 克 …… 榛果奶酥（參閱 P.84）
- 45 克 …… 烤過並壓碎的榛果
- 2 撮 …… 鹽之花
- 1 大平匙 …… 即溶咖啡（或咖啡醬）
- 50 克 …… 可可含量 70% 的黑巧克力

- 25 克 …… 奶油

咖啡全蛋海綿蛋糕

- 2 顆 …… 蛋（100 克）
- 60 克 …… 細砂糖
- 1 大匙 …… 稍微隆起的即溶咖啡
- 60 克 …… 麵粉
- 1 撮 …… 鹽之花

摩卡糖漿

- 40 克 …… 30 度糖漿（參閱 P.421）
- 1 小匙 …… 稍微隆起的即溶摩卡咖啡
- 20 克 …… 水
- 1 小匙 …… 咖啡精
- 1 大匙 …… 杏仁香甜酒

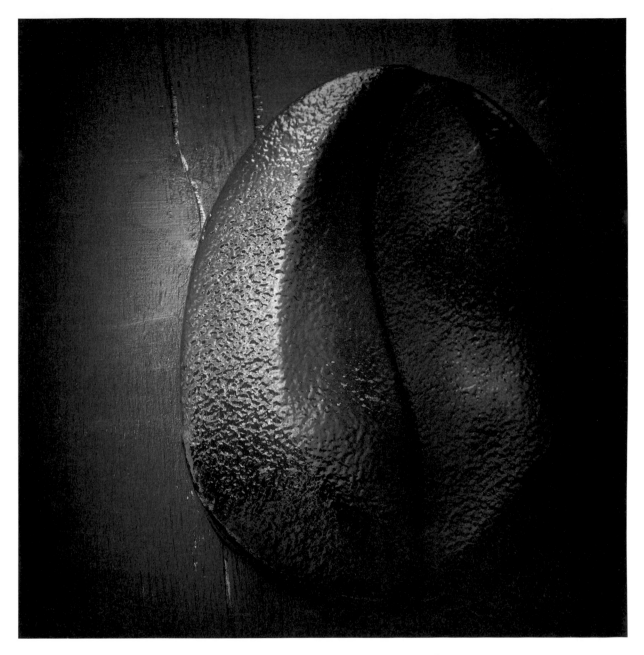

咖啡牛奶

- 90 克 …… 低脂牛奶
- 30 克 …… 衣索比亞摩卡咖啡粉

摩卡奶油餡

- 1 顆 …… 蛋（40 克）
- 1 顆 …… 蛋黃（20 克）
- 50 克 …… 細砂糖

- 60 克 …… 咖啡牛奶
- 1 大匙 …… 咖啡醬（5 克，或 1 大匙即溶咖啡）
- 250 克 …… 奶油
- 80 克 …… 咖啡義式蛋白霜（10 克咖啡醬或 1 小匙即溶咖啡，參閱 P.114）
- 40 克 …… 打發成香堤伊的液態鮮奶油（參閱 P.360）

摩卡淋面

- 300 克 …… 透明無味果膠
- 30 克 …… 葡萄糖
- 60 克 …… 水
- 12 克 …… 咖啡粉
- 6 克 …… 可可粉
- 1.5 片 …… 吉利丁（3 克）

01.

帕林內摩卡脆片

製作生杏仁與榛果純帕林內（參閱 P.528）和榛果奶酥（參閱 P.84）。焙烤榛果並切碎。

02.

在沙拉碗中放入榛果奶酥、烤過切碎的榛果、黃蔗糖和鹽之花。巧克力和奶油隔水加熱融化，加入生杏仁與榛果純帕林內和即溶咖啡。攪拌均勻後倒入沙拉碗，再度攪拌。在烘焙紙上鋪抹一層巧克力果仁糊，厚約 2 公釐，送進冰箱 2 小時讓它變硬。脆片變硬後切出 2 個直徑 16 公分的圓片。

03.

咖啡全蛋海綿蛋糕

烤箱預熱到 160℃（刻度 5-6）。隔水加熱蛋、細砂糖和即溶咖啡，同時以打蛋器打到變白且體積變成兩倍。溫度達到約 40℃後，加入過篩麵粉和鹽之花，攪拌均勻。

麵糊倒入鋪了烘焙紙的烤盤，厚約 1.5 公分。送進烤箱烘烤 18 分鐘。全蛋海綿蛋糕應該鬆軟有彈性，內心入口即化。切出 2 片直徑 16 公分的海綿蛋糕圓片。

摩卡糖漿

製作 30 度糖漿（參閱下方），倒入沙拉碗，加進即溶咖啡、水、咖啡精和杏仁香甜酒。混合均勻後靜置冷卻。

咖啡牛奶

在單柄鍋中煮沸牛奶，加入磨好的咖啡粉，攪拌後讓單柄鍋離火，蓋上鍋蓋浸泡 8 分鐘，過濾備用。

04.

如要製作30度糖漿，
加熱215克水和285克糖，
攪拌直到第一次沸騰。
離火後確認糖已完全融化，
靜置冷卻。
如果馬上要使用摩卡奶油餡，
請放置在室溫下。
保存在冰箱的話，
奶油和蛋奶餡會變硬。

05.

摩卡奶油餡

製作義式蛋白霜並加入咖啡醬（參閱 P.114）。在單柄鍋中以小火加熱全蛋、蛋黃、糖、咖啡牛奶和咖啡醬，不斷攪拌，煮到質地變濃稠後，倒入攪拌缸並高速攪打直到體積變成兩倍。溫度降到 35℃ 後轉為中速，加入切成小塊的冰涼奶油。用刮刀非常輕柔地依序拌入冰涼的義式蛋白霜和香堤伊鮮奶油。

烤盤鋪上烘焙紙，放上一個直徑 18 公分的中空圈模，邊緣抹上一層摩卡奶油餡，放入一片海綿蛋糕。塗上摩卡糖漿稍微沾濕表面，隨後鋪上一層非常薄的摩卡奶油餡。放上一片帕林內摩卡脆片，再鋪上 5 公釐摩卡奶油餡。再放上第二片咖啡海綿蛋糕圓片，塗上大量摩卡糖漿。然後裝入摩卡奶油餡直到中空圈模裝滿。送進冷凍庫，裝飾前將摩卡蛋糕脫模。

摩卡淋面

加熱鏡面果膠、葡萄糖和水直到 45 到 50℃。加入咖啡、可可粉和浸濕軟化的吉利丁。使用手持式電動攪拌棒攪打後，用噴槍將淋醬霧化，噴灑在蛋糕表面。也可以用巧克力片或剩下的奶油餡覆蓋表面。

基礎食譜

製作時間：5分鐘

- ◆ 150 克 …… 奶油
- ◆ 150 克 …… 細砂糖
- ◆ 150 克 …… 杏仁粉
- ◆ 3 顆 …… 室溫蛋（150 克）

杏仁餡

特色

杏仁風味濃郁的柔滑內餡。

用途

鋪塗在塔底的餡料。

甜點師技法

乳 霜 化〔P.616〕、 乳 化〔P.617〕、軟化奶油〔P.616〕。

用具

刮刀〔P.621〕。

應用食譜

羅勒檸檬塔〔P.13〕
布魯耶爾酒煮洋梨塔〔P.424〕
覆盆子松子杏仁塔〔P.432〕
杏仁檸檬塔〔P.428〕
大黃草莓杏仁塔，**克萊兒 · 艾茲勒**〔P.434〕

以刮刀軟化奶油，加入細砂糖
用打蛋器一起攪打。拌入杏仁
粉，再度攪打直到變成均勻的
乳霜狀。

01.

一定要用室溫蛋來製作這款奶油餡，
在製作前幾小時從冰箱取出蛋。

02.

在奶油餡中一次加入一個
蛋，快速打成乳霜狀。放置
室溫保存。

入門食譜

8人份

製作時間：20分鐘
烹調時間：45分鐘
靜置時間：1夜

甜點師技法

盲　烤〔P.617〕、　去　籽〔P.617〕、去梗〔P.617〕、刷 上 亮 光〔P.618〕、擠 花〔P.618〕、鋪底〔P.619〕、刨磨皮茸〔P.619〕。

用具

挖 球 器〔P.620〕、雙耳蓋鍋〔P.621〕、 圓 形 濾 網〔P.622〕、甜點刷〔P.622〕、平鏟〔P.623〕。

布魯耶爾酒煮洋梨塔

紅酒燉洋梨

- ◆ 4 顆 ⋯⋯ 洋梨
- ◆ 1 顆 ⋯⋯ 檸檬
- ◆ 1 瓶 ⋯⋯ 紅酒
- ◆ 40 毫升 ⋯⋯ 黑醋栗香甜酒
- ◆ 400 克 ⋯⋯ 細砂糖

杏仁餡

- ◆ 100 克 ⋯⋯ 奶油
- ◆ 100 克 ⋯⋯ 細砂糖
- ◆ 100 克 ⋯⋯ 杏仁粉
- ◆ 2 顆 ⋯⋯ 蛋（100 克）

組裝與完成

- ◆ 1 個 ⋯⋯ 盲烤甜塔殼（參閱 P.8）
- ◆ 200 克 ⋯⋯ 鏡面亮光膠（參閱 P.428）

這款甜點證明傳統的布魯耶爾洋梨塔還能美味升級！香料風味的洋梨吸飽滿滿的紅酒，與柔和細緻的杏仁餡是天作之合。

紅酒燉洋梨

前一夜，檸檬切成兩半，洋梨削皮並淋上檸檬汁。在雙耳蓋鍋中倒入紅酒、黑醋栗香甜酒和細砂糖，一起煮到沸騰。糖漿沸騰之後，放入整顆洋梨燉煮。讓洋梨整顆浸入，覆蓋烘焙紙或小盤子，在微滾的情況下燉煮 20 分鐘左右。離火後讓洋梨留在糖漿中冷卻，浸漬一整晚。

01.

選擇康佛倫斯梨（conférences）或威廉梨（Williams）
以及勃艮地紅酒。也可以加入香料糖漿增添風味，
例如肉桂、香草、八角或四分之一顆柑橘，
賦予洋梨更豐富的滋味。
如果想要完整保持洋梨的形狀，最好連著梗和芯一起燉煮，
戳刺洋梨以掌控熟度，必須煮到十分柔軟。

杏仁餡

製作當天，使用本食譜的
材料和份量，按照 P.422
的步驟製作杏仁餡。也要
製作甜塔皮〔P.8〕和鏡
面〔P.428〕。烤箱預熱
到 160℃（刻度 5-6）。
杏仁餡裝入擠花袋，在盲
烤過的甜塔皮殼底部擠上
滿滿一層，高度約塔殼的
二分之一。

02.

如果洋梨很大，
切成三份甚至四份都可以，
然後鋪放在杏仁餡上。

03.

瀝乾紅酒燉洋梨，縱切成兩份或三份，使用挖球器
去掉果梗、果芯和種籽。

04.

組裝與完成

小心在杏仁餡上鋪放洋梨，送進烤箱烘烤
25 分鐘。確認塔烤熟後移到涼架上放涼。

想要確認洋梨塔是否烤熟，
請在杏仁餡烤到上色之後，
輕輕按壓表面，
應該要足夠緊實。
記得先將洋梨塔拿出
冰箱一段時間，
恢復室溫後再品嘗。

在單柄鍋中加熱鏡面果膠直
到微溫，呈現光滑的液態質
感。仔細以甜點刷為洋梨塔
表面上一層亮光。

05.

8人份

製作時間：1小時
烹調時間：1小時
靜置時間：10分鐘

甜點師技法

川燙〔P.616〕、盲烤〔P.617〕、打到柔滑均勻〔P.618〕、刷上亮光〔P.618〕、擠花〔P.618〕、收汁〔P.619〕、軟化奶油〔P.616〕、刨磨皮茸〔P.619〕。

用具

雙耳蓋鍋〔P.621〕、刮刀〔P.621〕、手持式電動攪拌棒〔P.621〕、圓形濾網〔P.622〕、甜點刷〔P.622〕、擠花袋〔P.622〕、平鏟〔P.623〕。

杏仁檸檬塔

糖漬檸檬
- 5 顆 …… 檸檬
- 250 克 …… 細砂糖

杏仁餡
- 120 克 …… 奶油
- 120 克 …… 細砂糖
- 120 克 …… 杏仁粉
- 2 顆 …… 蛋（100克）

組裝
- 500 克 …… 甜塔皮（參閱 P.8）
- 40 毫升 …… 檸檬甜酒

鏡面
- 5 片 …… 吉利丁（10克）
- 125 克 …… 水
- 150 克 …… 細砂糖
- 半根 …… 香草莢
- 1 顆 …… 檸檬

這絕對是最鬆軟可口的檸檬塔了！大量杏仁餡的油潤口感與糖漬檸檬的清新風味互相增色，名副其實地入口即融……

01.

糖漬檸檬

用削皮刀取下檸檬皮，只取表皮部分的細絲。放入大單柄鍋或雙耳蓋鍋，以冷水蓋過，煮到沸騰，川燙後瀝乾水分。重複上述作業兩次。

02.

擠出 300 克檸檬汁，視需要用少許水補齊不足的量。在單柄鍋中倒入檸檬汁、細砂糖和川燙瀝乾的檸檬皮，煮到沸騰，保持微滾狀態，直到糖漿收乾濃縮。使用手持式電動攪拌棒打碎，放涼備用。

等糖漿的液體收乾到差不多與檸檬絲等高後，即已足夠濃稠。要製作完美的杏仁餡，所有材料都必須處於室溫，記得在製作前幾小時或前一夜就從冰箱取出材料。

刮皮時避免取下檸檬的白膜，因為這個部分很苦澀。

杏仁餡

使用本食譜的材料和份量，按照 P.422 的步驟製作杏仁餡。

03.

04.

組裝

烤箱預熱到 180℃（刻度 6）。按照 P.8
的步驟製作甜塔殼但不先盲烤。用平鏟在
生塔殼底部鋪上一層糖漬檸檬。

05.

由於杏仁餡烘烤後會膨脹，只在塔殼底部擠上四分之三高的杏仁餡。
送進烤箱烘烤約 30 分鐘。在依然溫熱的塔上均勻澆淋檸檬甜酒。放
涼後脫模。

這款甜塔適合室溫享用，
記得在品嘗前幾小時
從冰箱取出。

06.

鏡面

用一碗冷水浸泡吉利丁。刮下檸檬的表皮部分，擠出汁液。在
單柄鍋中放入水、糖、半根香草莢、檸檬皮和檸檬汁，一起煮
到沸騰。讓香草莢浸泡 10 分鐘，然後用圓形濾網過濾。在依
然溫熱的糖漿中加入擠乾水分的吉利丁，輕輕攪拌，放涼備
用。等到鏡面變得濃稠，再用甜點刷為甜塔上一層亮光。

入門食譜

這款杏仁塔是令人回味無窮的甜蜜美食……每嘗一口都能感覺到油潤的杏仁餡在嘴裡融化，微酸的覆盆子則負責喚醒味蕾。

8人份

製作時間：30分鐘
烹調時間：30分鐘

甜點師技法
刷上亮光〔P.618〕、擠花〔P.618〕、鋪底〔P.619〕。

用具
甜點刷〔P.622〕、裝有 8 號圓形花嘴的擠花袋〔P.622〕。

覆盆子松子杏仁塔

杏仁餡
（參閱P.422）

組裝與完成
◆ 1 個 …… 生甜塔皮殼
  （參閱 P.8）
◆ 40 克 …… 杏仁粉
◆ 250 克 …… 覆盆子
◆ 50 克 …… 松子
◆ 200 克 …… 鏡面
  （參閱 P.428）

———

這是一款適合室溫享用的甜塔，可以佐配覆盆子醬汁。

———

01.

組裝

按照 P.8 和 422 的步驟，製作甜塔皮和杏仁餡。烤箱預熱到 200℃（刻度 7）。在扎實的生塔皮底部撒上杏仁粉。

02.

覆盆子縱切成兩半，平面朝下鋪滿塔皮底部。杏仁餡放入裝有 8 號圓形花嘴的擠花袋，在覆盆子上擠一層，約到塔殼的四分之三高度，這是為了預留杏仁餡烘烤後的膨脹空間。

製作這道食譜時
不必先盲烤甜塔殼，
因為在組裝時要使用生塔殼，
讓它與其他材料一起烤熟。
非產季時可使用冷凍覆盆子，
不需要事先解凍。

03.

烤箱溫度降至 160℃（刻度 5-6）。在杏仁塔表面撒上松子，送進烤箱。

04.

烘烤 20 分鐘，直到杏仁餡上色，脫模後再放回烤箱烘烤 10 分鐘，讓整體烤色均勻美麗。用指尖確認杏仁餡的緊實度，以此檢驗熟度，質地應該偏向鬆軟。甜塔烤好後，移到涼架上冷卻。

05.

按照 P.431 的步驟製作鏡面，放入單柄鍋或微波爐加熱成為液狀且質地光滑。用甜點刷蘸上鏡面膠，為杏仁塔表面塗刷亮光。

大黃是我的童年味道。在這道食譜中，我用果醬、嫩煮和生食等各種形式演繹這種食材，並利用杏仁油脂的潤澤讓它變得柔和溫醇，搭配豐厚的草莓果肉更具吸引力，藉由風味與口感的巧妙組合征服所有味蕾。

大黃草莓杏仁塔

2個6人份的塔
（直徑20公分）

製作時間：1小時
烹調時間：30分鐘

甜點師技法
擀麵〔P.616〕、打成乳霜狀〔P.616〕、盲烤〔P.617〕、塔皮入模〔P.618〕、軟化奶油〔P.616〕、鋪底〔P.619〕。

用具
2 個 直 徑 20 公 分 塔 圈〔P.620〕、攪拌機〔P.622〕、溫度計〔P.623〕。

甜塔皮
- 125 克 …… 麵粉
- 45 克 …… 糖粉
- 15 克 …… 杏仁粉
- 1 克 …… 鹽
- 半根 …… 香草莢
- 75 克 …… 奶油
- 半顆蛋（25 克）

塔底內餡
- 200 克 …… 大黃

杏仁餡
- 100 克 …… 奶油
- 100 克 …… 細砂糖
- 2 顆 …… 蛋（100 克）
- 100 克 …… 杏仁粉

嫩煮大黃
- 500 克 …… 大黃
- 500 克 …… 草莓汁（參閱 P.154）

裝飾
- 150 克 …… 新鮮杏仁
- 50 克 …… 大黃
- 100 克 …… 草莓

01.

甜塔皮

烤箱預熱到 160℃（刻度 5-6）。使用本食譜的材料和份量，按照 P.8 的步驟，製作甜塔皮麵團。擀成麵皮後切成 2 個圓片，裝入 2 個直徑 20 公分的塔圈，盲烤約 15 分鐘。

02.

杏仁餡

奶油放入微波爐軟化成霜狀質地。攪拌機裝上打蛋器，將攪拌缸中的奶油和細砂糖打成乳霜狀，加入蛋液，打發到一定程度後加入杏仁粉。

03.

塔底內餡

洗淨大黃，切成 1 公分寬的小段。在預先烤好的塔殼底部鋪上一層杏仁餡至四分之一高度，再鋪上大黃段，送進烤箱烘烤 15 分鐘左右。

如果使用新鮮大黃，
就不必削皮。

04.

嫩煮大黃

洗淨大黃切成長段。在單柄鍋中倒入草莓汁煮沸，熄火後加入大黃，蓋上烘焙紙保存所有熱度。用手觸摸以確認大黃的熟度，應該熟透但保持緊實，不然形狀會散掉。

大黃的烘烤時間取決於粗細和新鮮度。可以預先煮好大黃，浸在冰冷的草莓汁中保存，約可存放5天。如果大黃需要長時間才能煮熟，可以加熱草莓汁（但不要沸騰）。草莓汁可按照P.521的步驟自行製作或在專門店購買。

05.

大黃煮熟後從果汁中取出，切成 6 公分長的小段，再以滾刀法斜切成長 2 公分的 2 塊。收集邊角料煮成果醬。

06.

裝飾

弄碎杏仁殼，取出果仁。小心撕除杏仁薄膜，切成條狀。洗淨大黃，切成細段後再切成三角狀。草莓洗淨，根據大小切成兩份或四份。

組裝甜塔

在烤好的塔殼底部鋪上一層大黃果醬直到與塔緣齊平。

放上大黃段和斜切的大黃滾刀塊，為甜塔增加高度層次，並在中間穿插新鮮杏仁條、草莓和生大黃三角薄片。

基礎食譜

製作時間：10分鐘
烹調時間：10分鐘

- 120 毫升 …… 牛奶
- 1 根 …… 香草莢
- 3 顆 …… 蛋黃（60 克）
- 135 克 …… 細砂糖
- 30 克 …… 卡士達粉
- 3 片 …… 吉利丁（6 克）
- 50 毫升 …… 水
- 6 顆 …… 蛋白（175 克）

希布斯特奶油餡

特色
膠狀卡士達醬，加入義式蛋白霜以增添豐厚感。

用途
聖多諾黑泡芙塔餡料。

甜點師技法
打到發白〔P.616〕、擠花〔P.618〕、蛋白打到硬性發泡〔P.619〕。

用具
電動攪拌器〔P.620〕、裝有聖多諾黑花嘴的擠花袋〔P.622〕、溫度計〔P.623〕。

應用食譜
聖多諾黑泡芙塔〔P.441〕。

01.

用一碗冷水浸泡吉利丁片。牛奶加入縱切的香草莢和取出的香草籽煮到沸騰。蛋白與25克糖一起打到發白，再加入卡士達粉攪拌。香草牛奶倒入上述蛋白糊上，一邊快速攪拌一邊加熱到沸騰，趁熱加入擠乾水分的吉利丁。

02.

加熱水和90克糖到121℃。用打蛋器將蛋白打成雪花狀，再加入剩下的20克糖打到緊實，最後以細線狀加入糖漿，同時不斷攪拌。

在卡士達醬中拌入蛋白霜。
送進冰箱冷藏保存。

03.

聖多諾黑泡芙塔

6人份

製作時間：1小時
烹調時間：2小時

甜點師技法
擀麵〔P.616〕、打到發白〔P.616〕、擠花〔P.618〕、過篩〔P.619〕。

用具
直徑15公分中空圈模〔P.620〕、半圓凹槽矽膠模具〔P.622〕、裝有8號平口圓頭花嘴和聖多諾黑花嘴的擠花袋〔P.622〕、攪拌機〔P.622〕、擀麵棍〔P.622〕。

組裝
* 150 克 …… 千層派皮（參閱 P.46）

泡芙麵糊
* 90 毫升 …… 牛奶 + 些許熱牛奶（參閱食譜，視需要使用）
* 90 毫升 …… 水
* 3 克 …… 鹽
* 6 克 …… 細砂糖
* 75 克 …… 奶油
* 90 克 …… 過篩麵粉
* 3.5 顆 …… 蛋（170 克）

希布斯特奶油餡
（參閱P.438）

焦糖片
* 250 克 …… 細砂糖

1846年，在巴黎聖多諾黑街工作的甜點師希布斯特（Chiboust）先生創造出聖多諾黑泡芙塔。這款多層次甜點中填充的餡料即以他的名字命名。希布斯特奶油餡比單純的香堤伊鮮奶油更為細緻，必須與甜點同一天製作，甚至必須在快要組裝時才即時製作。

進階食譜

01.

泡芙麵糊

烤箱預熱到200℃（刻度7）。在單柄鍋中加入牛奶、水、鹽、糖和奶油一起煮沸，離火後加入過篩的麵粉。攪拌均勻，放回爐上煮乾水分。等到麵糊不再沾黏鍋子邊緣即算煮好。麵糊放入攪拌缸。以打蛋器快速攪打蛋液，先將四分之三的份量倒入運轉中的攪拌缸，等到蛋液完全吃進麵糊後，再加入剩下的蛋液。如果麵糊感覺太過黏稠，請加入熱牛奶。

02.

按照 P.64 的步驟製作千層派皮麵團，擀成麵皮後用中空圈模切出一個直徑 15 公分的圓片並於表面戳洞。在距離邊緣 1 公分處擠上一圈泡芙麵糊，送進烤箱烘烤 45 分鐘。

使用裝了 8 號平口圓頭花嘴的擠花袋，根據烤箱的火力，在烤盤上擠出大小盡量相等的泡芙麵糊。一個 40×60 公分的烤盤大約可擠上 70 個泡芙。送進烤箱烘烤 35 分鐘。

03.

希布斯特奶油餡

按照 P.438 的步驟製作希布斯特奶油餡，放入裝有聖多諾黑花嘴的擠花袋中。

04.

05.

泡芙冷卻後切掉頂部，供
稍後組裝使用。

焦糖片

乾煮細砂糖以製作焦糖，
倒入矽膠模具的半圓凹槽
底部，冷卻後脫模。

06.

07.

完成與組裝

立刻組裝聖多諾黑泡芙塔，依序在甜點中央
與切掉頂部的泡芙內擠入希布斯特奶油餡。
沿著甜點邊緣擺上一圈泡芙。在裝入希布斯
特奶油餡的泡芙之間擺上焦糖片。

基礎食譜

製作時間：15分鐘
烹調時間：10分鐘
靜置時間：1小時

- ◆ 3.5 片 …… 吉利丁（7 克）
- ◆ 80 克 …… 牛奶
- ◆ 2 根 …… 香草莢
- ◆ 7 顆 …… 中型蛋（325 克）
- ◆ 50 克 …… 細砂糖
- ◆ 300 克 …… 非常冰冷的打發用鮮奶油

巴伐露慕斯餡

特色
以凝膠狀英式蛋奶醬為主體的餡料，並加入打發鮮奶油使整體質地更加輕盈。

用途
做為多層次甜點的餡料。

變化
芒果巴伐露慕斯〔P.446〕
香草巴伐露慕斯〔P.450〕。

甜點師技法
醬汁煮稠到可裹覆匙面〔P.617〕、材料表面覆蓋保鮮膜〔P.622〕。

用具
錐形濾網〔P.620〕或細目濾網〔P.622〕。

應用食譜
芒果巴伐露慕斯〔P.446〕
蘋果香草夏洛特〔P.449〕

軟化吉利丁。牛奶倒入單柄鍋中以中火加熱。用小刀剖開香草莢，刮取內部的香草籽。香草莢與香草籽放入牛奶。分離蛋白與蛋黃。量出 130 克蛋黃放到碗中，加入糖攪拌均勻。在蛋糖糊上澆淋些許煮沸的牛奶，以打蛋器攪拌拌勻。

01.

02.

單柄鍋重新放回非常小的火上加熱，等到牛奶再度沸騰，將碗中的內容物倒入單柄鍋，並用打蛋器不停攪拌。以小火繼續加熱並持續攪拌。等到蛋奶醬變得濃稠，可附著於攪拌匙而不會滴落，即可離火。

03.

擠乾軟化的吉利丁水分，加進離火的單柄鍋中，攪拌以融化吉利丁。用錐形濾網或細目濾網過濾蛋奶醬，材料表面蓋上保鮮膜，避免結皮。送進冰箱冷藏 1 小時使成凝膠。

4人份

製作時間：20分鐘
靜置時間：2小時

甜點師技法
打到柔滑均勻〔P.618〕、軟
化奶油〔P.616〕。

用具
4 個直徑 8 公分不銹鋼中空
圈 模〔P.620〕、彎 柄 抹 刀
〔P.622〕、攪拌機〔P.622〕、
擀麵棍〔P.622〕。

芒果巴伐露慕斯

- 125 克 …… Lu® 牌沙布蕾酥
  餅
- 60 克 …… 軟化奶油
- 3 片 …… 吉利丁（6 克）
- 250 毫升 …… 芒果醬汁
- 250 毫升 …… 冰涼的全脂液
  態鮮奶油（250 克）
- 40 克 …… 細砂糖或糖粉

使用擀麵棍壓碎酥餅，與奶油混合成沙狀口感的餅糊。取一個盤子，放上 4 個直徑 8 公分的不銹鋼中空圈模，鋪入上述餅糊，厚約 1 公分。

01.

02.

吉利丁泡入一碗冷水。加熱半量芒果醬汁。擠乾吉利丁水分，加入溫熱的芒果醬汁中，攪拌直到完全融化，再與剩下的冷芒果醬汁混拌均勻。

03.

04.

在攪拌缸中倒入非常冰冷的液態鮮奶油，攪拌機裝上打蛋器，慢慢攪打鮮奶油 1 分鐘，接著以中速攪打到非常緊實。一邊加入糖一邊持續攪打。輕柔地在香堤伊中混拌芒果醬汁。

用湯匙在已鋪餅糊的中空圈模中裝滿慕斯，以彎柄抹刀抹平表面。送進冰箱冷藏至少 2 小時。品嘗前取下不銹鋼中空圈模。

蘋果香草夏洛特

6人份

製作時間：30分鐘
烹調時間：15分鐘
靜置時間：1小時+12小時

甜點師技法
鋪覆〔P.616〕、去籽〔P.617〕、
蘸刷糖漿或液體〔P.619〕、
製作榛果奶油〔P.616〕、鋪底
〔P.619〕。

用具
夏洛特模具〔P.622〕、攪拌機
〔P.622〕。

香煎蘋果

◆ 450 克 …… 蘋果
◆ 50 克 …… 奶油
◆ 50 克 …… 黃蔗糖
◆ 50 克 …… 蘋果白蘭地

香草巴伐露慕斯
（參閱P.444）

完成與餅乾

◆ 60 個 …… Boudoir 手指餅
　乾
◆ 1 瓶 …… 甜蘋果酒
◆ 100 克 …… 細砂糖
◆ 20 克 …… 蘋果白蘭地
◆ 1 顆 …… 檸檬汁
◆ 20 克 …… 糖粉

選擇切片煎過以後仍能保持
完整形狀與緊實質地的蘋果，
譬如royal gala或jonagold等
不易煮爛的品種。

進階食譜

01.

香煎蘋果

前一夜，用削皮刀去掉蘋果皮，切成兩半，去芯，
各再切成八片。平底鍋放入奶油，以大火融化，等
到奶油上色並形成榛果奶油之後，加入蘋果片，不
時攪拌，直到蘋果煎成金黃。放進黃蔗糖，讓蘋果
稍微焦糖化。倒入蘋果白蘭地，點燃一根火柴讓酒
精燃燒揮發。瀝乾香煎蘋果的汁液，送進冰箱冷
藏。

02.

香草巴伐露慕斯

按照 P.444 的步驟製作香草巴伐露慕斯。

同時間,準備蘸濕手指餅乾用的糖漿。在沙拉碗中倒入蘋果酒,加糖以打蛋器攪拌。最後加進蘋果白蘭地攪拌均勻。手指餅乾快速浸入糖漿,放到涼架上滴乾汁液。

03.

在夏洛特模具內部排列手指餅乾,沾上糖漿那一面朝外,模底也鋪上手指餅乾,用小塊手指餅乾填滿縫隙。攪拌缸中倒入鮮奶油打發,必須呈慕斯狀但不可太緊實。從冰箱取出香草巴伐露,倒進沙拉碗攪打到鬆軟均質,拌入打發鮮奶油並輕柔攪拌。

———

奶油融化後,平底鍋底部的奶清會開始焦糖化,
賦予奶油細緻的榛果風味。
等到奶油上色,立刻放入蘋果,
以免奶油燒焦變黑!

———

在模具底部鋪上一層香草巴伐露慕斯餡。放上一層香煎蘋果片，彼此稍微重疊。剩下的蘋果放回冰箱。再鋪上一層手指餅乾。

04.

鋪入另一層巴伐露慕斯餡。最後鋪上一層手指餅乾，以小塊手指餅乾填滿縫隙。覆蓋表面，送進冰箱冷藏 12 小時。品嘗當天，取一個要盛裝甜點上桌的盤子，蓋在模具頂部，讓盤子和模具緊密相連，然後倒扣脫模。在夏洛特頂端擺上香煎蘋果和新鮮蘋果薄片裝飾。撒上糖粉即可品嘗。

05.

基礎食譜

製作時間：10分鐘
烹調時間：5分鐘

- 2 片 …… 吉利丁
- 200 克 …… 全脂牛奶
- 1 根 …… 香草莢
- 40 克 …… 細砂糖
- 2 顆 …… 蛋黃（40 克）
- 20 克 …… Maïzena® 玉米粉
- 80 克 …… 乳脂含量 35% 的液態鮮奶油

卡士達鮮奶油

特色

具有凝膠質地的卡士達醬，加入打發鮮奶油讓整體變得輕盈不膩。

用途

多層次甜點和泡芙的內餡。

變化

克里斯多福 · 米夏拉的東方風味卡士達鮮奶油〔P.458〕。

用具

刮刀〔P.621〕。

應用食譜

鮮果塔〔P.455〕
東方紅泡芙，**克里斯多福 · 米夏拉**〔P.458〕

01.

吉利丁泡入一碗冷水。在單柄鍋中煮沸牛奶和取出的香草籽。以打蛋器攪打糖、蛋黃和Maïzena® 玉米粉，淋上香草牛奶，混合均勻後倒回單柄鍋。一邊加熱一邊快速攪拌，直到沸騰。

離火後加入擠乾水分的吉利丁，攪拌均勻。

02.

03.

放入沙拉碗冷卻。用打蛋器打發鮮奶油，以刮刀拌入卡士達醬。

鮮果卡士達鮮奶油塔

6人份

製作時間：40分鐘
烹調時間：25分鐘
靜置時間：2小時

甜點師技法

擀麵〔P.616〕、盲烤〔P.617〕、塔皮入模〔P.618〕、打到柔滑均勻〔P.618〕、醬汁煮稠到可裹覆匙面〔P.617〕、擠花〔P.618〕、軟化奶油〔P.616〕。

用具

中空圈模〔P.620〕、甜點刷〔P.622〕、擠花袋〔P.622〕、擀麵棍〔P.622〕。

甜塔皮

- 75 克 …… 軟化奶油
- 47 克 …… 糖粉
- 15 克 …… 杏仁粉
- 1 根 …… 香草莢
- 半顆 …… 蛋（25 克）
- 125 克 …… 麵粉

卡士達鮮奶油

- 250 克 …… 卡士達醬〔P.392〕
- 2 片 …… 吉利丁（4 克）
- 1 根 …… 香草莢
- 200 克 …… 打發鮮奶油〔P.360〕

水果

- 250 克 …… 草莓
- 1 盒 …… 覆盆子
- 1 顆 …… 水蜜桃
- 2 顆 …… 杏桃
- 1 顆 …… 奇異果
- 200 克 …… 櫻桃
- 透明無味鏡面膠

進階食譜

01.

甜塔皮

使用本食譜的材料和份量,按照 P.8 的步驟製作甜塔皮麵團。用擀麵棍擀成直徑大於中空圈模直徑約 1 公分的圓形。塔皮入模,送進冰箱鬆弛 1 小時。烤箱預熱到 170℃（刻度 6）,盲烤塔皮 25 分鐘。

02.

卡士達鮮奶油

按照 P.392 的步驟製作卡士達醬。吉利丁泡入一碗冷水。卡士達醬煮好後加入擠乾水分的吉利丁。蓋上保鮮膜,送入冰箱直至完全冷卻。

03.

卡士達醬冷卻後，加入香草莢取出的香草籽，用打蛋器打到柔滑均勻，拌入按照 P.360 步驟製作的打發鮮奶油。

05.

04.

在塔底以螺旋狀擠滿卡士達鮮奶油。

放上你挑的整顆或切塊新鮮水果，以透明無味的鏡面膠刷上一層亮光。

克里斯多福 · 米夏拉

東方紅泡芙

25個泡芙

製作時間：30分鐘
烹調時間：30分鐘
靜置時間：2小時

甜點師技法

粗略弄碎〔P.616〕、切丁〔P.616〕、去蒂〔P.617〕、材料表面覆蓋保鮮膜〔P.617〕、結合〔P.618〕、擠花〔P.618〕、刨磨皮茸〔P.619〕。

用具

刮刀〔P.621〕、手持式電動攪拌棒〔P.621〕、裝有12號平口圓頭花嘴的擠花袋〔P.622〕、Microplane® 刨刀〔P.621〕、攪拌機〔P.622〕。

東方風味卡士達鮮奶油

- 2 顆 …… 蛋黃（40 克）
- 40 克 …… 蜂蜜
- 20 克 …… Maïzena® 玉米澱粉
- 200 克 …… 全脂牛奶
- 30 克 …… 半鹽奶油
- 15 克 …… 橙花花水
- 1 滴 …… 苦杏仁精
- 3 滴 …… 玫瑰花精

泡芙

- 25 顆 …… 泡芙（參閱 P.278）
- 25 片 …… 波蘿酥皮
- 1 克 …… 黃色色素
- 1 克 …… 紅色色素

紅色水果丁

- 200 克 …… 草莓
- 40 克 …… 覆盆子
- 1 顆 …… 綠檸檬

組裝

- 115 克 液態鮮奶油
- 2 盒 …… 森林草莓（150 克）
- 50 片 …… 紅玫瑰花瓣
- 50 克 …… 切碎的粉紅糖衣杏仁

我熱愛這款東方風味內餡的泡芙，咬下一口就能
沉浸在異國氛圍……老饕認證的美味！

01.

東方風味卡士達鮮奶油

使用打蛋器攪打蛋黃、蜂蜜和玉米澱粉。在單柄鍋中加熱牛奶，淋在蜂蜜蛋糊上攪拌均勻，然後全部倒回單柄鍋煮到沸騰。

加入半鹽奶油、橙花花水和各種香精。用手持式電動攪拌棒讓所有材料相互融合。奶醬表面覆蓋保鮮膜，送進冰箱冷藏 2 小時。

卡士達鮮奶油放入焗烤盤，
表面覆蓋上保鮮膜，
如此可更快速冷卻。

02.

泡芙

烤箱預熱到 210℃（刻度 7）。按照 P.278 的步驟，在麵糊中加入黃色和紅色色素製作波蘿酥皮。按照 P.278 的步驟製作泡芙麵糊，在鋪了烘焙紙的烤架或烤盤上用擠花袋擠出 25 個泡芙。烘烤前在泡芙頂端各放上一片波蘿酥皮，放入熄火的熱烤箱靜置 10 分鐘。重新開啟烤箱熱源，溫度設在 165℃（刻度 6），烘烤泡芙 10 分鐘。

03.

紅色水果丁

草莓洗淨並去掉蒂頭，用小刀切成小丁。覆盆子切成兩半。全部放入沙拉碗並加入檸檬汁和磨成細屑的綠檸檬皮碎。輕柔混拌水果丁，裝進剪掉尖端的擠花袋。

組裝

泡芙底部鑽一個小洞，擠入紅色水果丁。

攪拌機裝上打蛋器，打發攪拌缸中的液態鮮奶油。使用刮刀，在非常冰冷的卡士達鮮奶油中輕柔拌入打發鮮奶油，放進裝有 12 號平口圓頭花嘴的擠花袋中。

泡芙隆起面朝下放置，在平坦面擠上一球漂亮的卡士達鮮奶油，之後在上方裝飾。

可用小花嘴在泡芙的平坦面鑽一個小洞。

在卡士達鮮奶油球上放置 6 或 7 顆森林草莓，完全蓋住餡料。漂亮又和諧地在泡芙頂端點綴紅色玫瑰花瓣和粉紅糖衣杏仁碎粒。

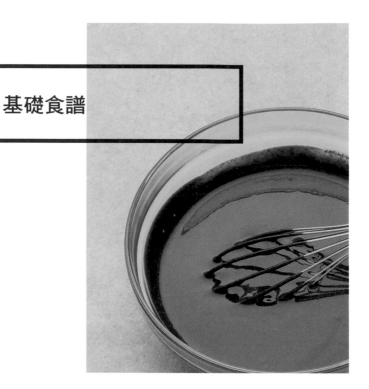

基礎食譜

製作時間：10分鐘
烹調時間：5分鐘

- ◆ 200 克 …… 巧克力
  （黑、牛奶或白巧克力）
- ◆ 250 克 …… 液態鮮奶油

甘納許

特色

入口即化的濃郁巧克力餡。

用途

大蛋糕或小蛋糕的內餡。

變化

菲利普 · 康帝辛尼的巧克力甘
納許〔P.464〕、
克里斯多福 · 亞當的香草甘納許
〔P.468〕、
克里斯多福 · 亞當的巧克力焦糖
甘納許〔P.474〕、
尚 - 保羅 · 艾凡的百香果辣椒
甘納許〔P.480〕、
尚 - 保羅 · 艾凡的柚子甘納許
〔P.486〕。

甜點師技法

打到柔滑均勻〔P.618〕。

應用食譜

酥脆巧克力塔，**尚 - 保羅 · 艾凡**〔P.20〕
酥脆巧克力覆盆子塔，**克萊兒 · 艾茲勒**〔P.30〕
巧克力薄荷馬卡龍〔P.133〕
摩加多爾馬卡龍，**皮耶 · 艾曼**〔P.140〕
椰子綠茶柑橘手指馬卡龍〔P.157〕
甜蜜歡愉，**皮耶 · 艾曼**〔P.178〕
帕林內甘納許巧克力海綿蛋糕〔P.184〕
無限香草塔，**皮耶 · 艾曼**〔P.198〕
歌劇院蛋糕〔P.217〕
爆漿巧克力球，**菲利普 · 康帝辛尼**〔P.464〕
芒果與馬達加斯加香草夾心三明治，**克里斯多福 · 亞當**
〔P.468〕
濃醇巧克力波佛蒂洛泡芙塔，**克里斯多福 · 亞當**〔P.474〕
活力元氣巧克力棒，**尚 - 保羅 · 艾凡**〔P.480〕
柚子巧克力糖，**尚 - 保羅 · 艾凡**〔P.486〕
克洛伊薄片塔，**皮耶 · 艾曼**〔P.566〕

巧克力切碎，放入沙拉碗。鮮奶油煮到沸騰後倒在巧克力上，讓熱度作用幾分鐘。

01.

02.

使用打蛋器攪打巧克力鮮奶油，直到質地變得柔滑均勻。置於室溫備用。

入 門 食 譜

菲利普・康帝辛尼

甜美的香炸小丸子，香脆的外表包裹熔岩內餡，一口一個，享受它們在唇舌間迸裂出的美妙味蕾火花和無與倫比的爆漿口感！就是這麼令人難以抗拒。

爆漿巧克力球

6到7人份

製作時間：30分鐘
烹調時間：15分鐘
靜置時間：2小時10分鐘

甜點師技法

隔水加熱〔P.616〕、乳化〔P.617〕、打到柔滑均勻〔P.618〕、過篩〔P.619〕。

用具

油炸鍋、食物調理機〔P.621〕、手持式電動攪拌棒〔P.621〕、2個具有直徑2.5公分半圓凹槽 Flexipan® 塑膠模具〔P.622〕、篩子〔P.623〕。

甘納許巧克力

* 230 克 …… 可可含量60%的黑巧克力
* 100 毫升 …… 低脂牛奶
* 60 克 …… 液態鮮奶油

麵包粉

* 200 克 …… 非常柔軟與濕潤的白土司（Harry's 品牌）
* 100 克 …… 杏仁粉
* 3 顆 …… 蛋（150 克）
* 炸油

01.

隔水加熱融化巧克力。於此同時,取另一個單柄鍋,加熱牛奶和液態鮮奶油。等到溫度極高之後,分三次倒入融化的巧克力中,同時用打蛋器不斷快速攪拌以製造乳化效果。以手持式電動攪拌棒乳化所有材料,讓甘納許更加柔滑。

取 2 個具有直徑 2.5 公分半圓凹槽的 Flexipan® 柔軟塑膠模具,倒入仍然溫熱的巧克力甘納許,放入冷凍庫約 2 分鐘,讓巧克力凝固。

————————

快速攪打甘納許
可讓它們變得更加柔軟、
均勻和易融於口。

————————

02.

巧克力凝固後(不太硬也不太軟),把兩個模具合在一起,做出巧克力甘納許圓球。再度放入冷凍庫至少 2 小時。去掉土司的硬邊,一片片分開放置在冷凍庫 1 小時。使用小型食物處理機將變硬的土司打成細粉,以濾網過篩,蓋上保鮮膜,放冰箱保存。

03.

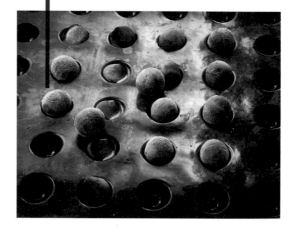

巧克力圓球脫模後沾上杏仁粉，用手揉滾。放入蛋液，裹上麵包粉，送進冰箱 10 分鐘。再度放入蛋液並裹上麵包粉。用保鮮膜包起，保存在冷涼處。烤箱預熱到 150℃（刻度 5），加熱油炸機中的油到 180℃。巧克力丸子放入油中炸到金黃，移到吸油紙上瀝乾油分，送進烤箱 1 分鐘讓甘納許內心融化。

務必使用濕潤的
Harry's®土司
製作新鮮的麵包粉，
因為水氣可以讓麵包粉
烤過後更加酥脆。
乾巴巴的麵包粉會讓
整體口感變得粗糙扎口。

04.

入 門 食 譜

克里斯多福 · 亞當

這是我第一款「美式點心」式甜點，將甜美的小確幸濃縮在夾心三明治中……混搭的樂趣固然是重點，但藉由這種形式創造出吮指美味才是最高宗旨。我把土司換成鬆軟的開心果蛋糕，並在大量香草甘納許中加入芒果，使內餡風味更加鮮明。

芒果與馬達加斯加香草夾心三明治

6個夾心三明治

製作時間：40分鐘
烹調時間：30分鐘
靜置時間：4小時15分鐘

甜點師技法

粗略弄碎〔P.616〕、隔水加熱〔P.616〕、打到柔滑均勻〔P.618〕、軟化奶油〔P.616〕、過篩〔P.619〕、刨磨皮茸〔P.619〕。

用具

20×20×4 公分不銹鋼無底方形框模〔P.620〕、刮刀〔P.621〕、Microplane® 刨刀〔P.621〕、攪拌機〔P.622〕、溫度計〔P.623〕。

香草甘納許

* 400 克 …… 乳脂含量 35% 的液態鮮奶油
* 3 克 …… 吉利丁粉
* 3 根 …… 馬達加斯加香草莢
* 90 克 …… 白巧克力

開心果蛋糕

* 2 顆 …… 蛋（90 克）
* 1 顆 …… 大蛋黃（30 克）
* 45 克 …… 細砂糖
* 1 顆 …… 柳橙皮碎
* 15 克 …… 軟化奶油
* 18 克 …… 開心果膏
* 20 克 …… T55 麵粉
* 20 克 …… 澱粉

組裝與完成

* 1 顆 …… 芒果

01.

香草甘納許

單柄鍋中加入液態鮮奶油，加進吉利丁粉吸收水分 5 分鐘，放進縱切的香草莢和取出的香草籽。加熱鮮奶油直到微微沸騰，讓材料浸泡 10 到 15 分鐘。

弄碎白巧克力，放入沙拉碗。

取出單柄鍋中的香草莢，分批將鮮奶油淋上白巧克力，攪拌均勻，送進冰箱冷藏 2 小時。

我在這道食譜中使用吉利丁粉，
但也可以用吉利丁片。
3克吉利丁粉等於1.5片吉利丁。
吉利丁片必須先泡入冷水幾分鐘，
擠乾水分後再放入鮮奶油。

02.

開心果蛋糕

烤箱預熱到200℃（刻度7）。沙拉碗中放入全蛋、蛋黃、糖和柳橙皮碎，放在 40℃的熱水上隔水加熱，同時用打蛋器不斷攪拌。

如果沒有溫度計來確認
隔水加熱的溫度，
加熱到蛋液微溫即可。

03.

攪拌機裝上打蛋器，蛋糖糊放入攪拌缸中打發，直到冷卻並呈現柔滑質地。

用刮刀混拌沙拉碗中的軟化奶油和開心果膏，加入上述打發蛋糖糊中攪拌均勻。直接篩入麵粉和澱粉。再度攪拌均勻後倒入長 20、寬 20、高 4 公分的不銹鋼無底方形框模。送進烤箱烘烤 15 分鐘。烤好的蛋糕冷卻後脫模，切成 2 個 20×10 公分長方形。

可以用拇指稍微摩擦
開心果蛋糕表面以去除表皮，
如此即能得到漂亮的淺色蛋糕。
選擇熟透的芒果，三明治的風味
會更好也更易切開。
使用小刀比削皮刀
更容易去除芒果果皮。

04.

組裝與完成

用小刀為芒果去皮，切成 5 公釐厚的條狀，去除不規則邊角成為方整的長方形，放旁備用並保留邊角料。

攪拌機裝上打蛋器，稍微打發攪拌缸中的冰涼香草醬，直到變成甘納許質地。

05.

在烤盤或大平底盤鋪上烘焙紙，放上 20×20 公分的不銹鋼無底方形框模，在底部鋪上第一片長方形開心果蛋糕。用平鏟或大湯匙抹上一層厚厚的香草甘納許。

在甘納許上放置芒果塊，鋪滿整個蛋糕表面，再於芒果上塗鋪第二層香草甘納許。

視需要用芒果邊角料填滿縫隙。

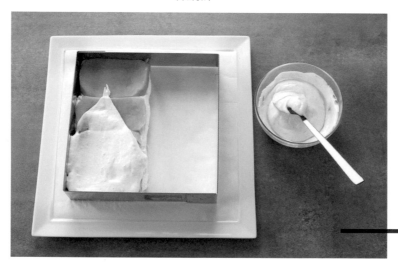

06.

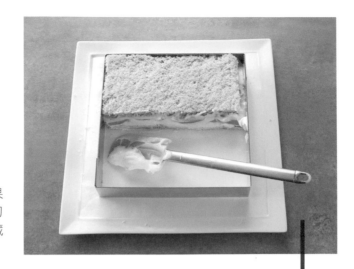

放上第二片長方形開心果
蛋糕，用刮刀或彎柄抹刀
抹平表面，送進冰箱冷藏
2 小時。

開心果蛋糕十分脆弱，
操作時必須格外小心，
建議用鋸齒刀切割。

07.

08.

小心拿起不銹鋼無底方形框模，用鋸齒
刀稍微切除蛋糕的四邊讓邊角平整。

在寬邊下刀，將蛋糕平均切成三個長方
塊，再分別從對角線斜切成兩塊，總共
切出 6 個三明治。

進 階 食 譜

克里斯多福 · 亞當

濃醇巧克力波佛蒂洛泡芙塔

10人份（30顆泡芙）

製作時間：50分鐘
烹調時間：50分鐘
靜置時間：2小時

甜點師技法

隔水加熱〔P.616〕、加入液體或固體以降溫〔P.617〕、乳化〔P.617〕、打到柔滑均勻〔P.618〕、擠花〔P.618〕、刨磨皮茸〔P.619〕。

用具

打蛋盆〔P.620〕、手持式電動攪拌棒〔P.621〕、甜點刷〔P.622〕、裝有 10 號圓形花嘴的擠花袋〔P.622〕、Microplane® 刨刀〔P.621〕、溫度計〔P.623〕、30 個小擠管。

牛奶巧克力卡士達餡

- 50 克 …… 細砂糖
- 30 克 …… Maïzena® 玉米粉
- 5 顆 …… 蛋黃（90 克）
- 500 克 …… 全脂牛奶
- 150 克 …… 乳脂含量 35% 的打發用鮮奶油
- 250 克 …… 牛奶巧克力（Valrhona®36% 奶油焦糖巧克力）
- 100 克 …… 奶油

泡芙麵糊

- 160 克 …… 水
- 160 克 …… 低脂牛奶
- 160 克 …… 奶油
- 4 克 …… 鹽
- 6 克 …… 細砂糖
- 8 克 …… 香草精
- 160 克 …… T55 麵粉
- 5 或 6 顆 …… 蛋（280 克）

可可波蘿酥皮

- 45 克 …… 黃蔗糖
- 40 克 …… T55 麵粉
- 10 克 …… 杏仁粉
- 40 克 …… 軟化奶油
- 10 克 …… 黑巧克力

巧克力焦糖甘納許

- 130 克 …… 細砂糖
- 90 克 …… 葡萄糖
- 210 克 …… 乳脂含量 35% 的液態鮮奶油
- 15 克 …… 牛奶巧克力（Valrhona®36% 奶油焦糖巧克力）
- 55 克 …… 鹹奶油

組裝與完成

- 1 顆 …… 綠檸檬皮碎
- 500 克 …… 巧克力（Valrhona®36% 奶油焦糖巧克力）
- 食用金粉

又是另一款亞當甜點店以美式點心概念製作的甜點……頂端鋪上可可波蘿酥皮的大泡芙、加入綠檸檬皮碎突顯風味的巧克力內餡、輕盈不膩的糖衣，共同組成這款濃醇巧克力波佛蒂洛泡芙塔。搭配裝在小擠管中的巧克力焦糖甘納許，立刻升級成超級老饕版美味。

01.

牛奶巧克力卡士達餡

在沙拉碗中攪拌糖、Maïzena® 玉米粉和蛋黃。單柄鍋中倒入牛奶和打發用鮮奶油，煮到沸騰，取三分之一煮沸的牛奶鮮奶油混和液倒入蛋糖糊，攪拌後全部倒回單柄鍋，再度煮沸後續煮 2 分鐘。

巧克力切塊，放入打蛋盆，倒上熱鮮奶油，使用打蛋器攪拌到乳化，靜置冷卻。

上述材料達到約 40℃之後，加入切成小塊的奶油，用手持式電動攪拌棒攪打到質地柔滑。蓋上保鮮膜，送進冰箱冷藏至少 2 小時，直到完全冰涼。

02.

泡芙麵糊和可可波蘿酥皮

烤箱預熱到 180℃（刻度 6）。

使用本食譜的材料和份量，按照 P.278 的步驟製作泡芙麵糊和可可波蘿酥皮。泡芙麵糊放進裝了 10 號圓形花嘴的擠花袋，在鋪了烘焙紙或矽膠烤墊的烤盤上擠出 30 個直徑約 3 公分的泡芙，各放上一片可可波羅酥皮，送進烤箱烘烤 10 分鐘，然後半開烤箱門，再烘烤 20 分鐘。

03.

關上烤箱門烘烤的
那10分鐘，泡芙應該
已經膨脹到一定程度。
如果沒有膨脹，
請繼續烘烤，
直到膨脹至應有程度。

巧克力焦糖甘納許

單柄鍋中放入糖和葡萄糖，不斷以木匙攪拌，煮成金棕色焦糖。於此同時，取另一個單柄鍋，以小火加熱液態鮮奶油。

金棕焦糖離火，澆上熱鮮奶油降溫，以木匙攪拌至少 5 分鐘，讓溫度降到 85℃。

04.

牛奶巧克力塊放入沙拉碗。焦糖鮮奶油煮到 85℃，倒在巧克力上並以打蛋器攪拌乳化。等到上述混合物達到約 35℃，加入切成小塊的鹹奶油。用手持式電動攪拌棒打到柔滑均勻，放置室溫冷卻。

使用烹調用溫度計
確認甘納許溫度。
如果沒有小擠管
可裝巧克力焦糖甘納許，
可使用其他小容器盛裝，
在品嘗時隨自己喜好
澆淋到波佛蒂洛泡芙塔上。

巧克力焦糖甘納許裝入擠花袋，剪去擠花袋尖端，在 30 個小擠管中擠滿甘納許。

05.

06.

組裝與完成

用打蛋器攪拌牛奶巧克力餡，直到質地柔滑。以 Microplane® 刨刀在奶油餡上直接磨上綠檸檬皮碎，攪拌均勻。

放入擠花袋並剪去尖端。在泡芙底部鑽一個孔，擠滿牛奶巧克力餡。

用小花嘴或小刀尖端在泡芙上鑽出一個小孔。

07.

取三分之二的巧克力，隔水加熱或放入微波爐加熱融化，倒回剩下的三分之一切碎巧克力上，攪拌均勻。泡芙底部浸入融成液態的巧克力，移到烘焙紙上乾燥。

用刷子在泡芙隆起面刷上食用金粉。

三個一組用小塑膠袋包起，做出美式點心效果，或是盛放在盤子上，附上一管巧克力焦糖甘納許。

進 階 食 譜

尚-保羅・艾凡

隨時隨地來根隨身攜帶的巧克力，讓自己更
「棒」。這雖然不是金條，但是擁有大爆發
的能量與熱情。

活力元氣巧克力棒

144條

製作時間：1小時
烹調時間：20分鐘
靜置時間：2×10小時

甜點師技法

結晶〔P.617〕、隔水加熱
〔P.616〕、澆淋〔P.618〕、
軟化奶油〔P.616〕、巧克力調
溫〔P.619〕。

用具

36.5公分×36.5公分×6公釐
無底方形框模、36.5×36.5×1
公分無底方形框模〔P.620〕、
巧克力叉〔P.621〕、刮刀
〔P.621〕、食物調理機
〔P.621〕、彎柄抹刀〔P.622〕、
溫度計〔P.623〕。

百香果辣椒甘納許

* 100 克 …… 百香果泥
* 40 克 …… 細砂糖
* 190 克 …… 打發用鮮奶油
* 40 克 …… 轉化糖
  （或洋槐花蜜）
* 0.8 …… 卡宴（Cayenne）
  辣椒粉
* 460 克 …… 巧克力
  （Caraque de Valrhona®）
* 40 克 …… 軟化奶油

橘香杏仁膏

* 130 克 …… 去皮杏仁
  （瓦倫西亞）
* 95 克 …… 糖粉
* 9.5 克 …… 轉化糖
  （或洋槐花蜜）
* 95 克 …… 橘子果醬泥
* 175 克 …… 橘子汁
* 90 克 …… 牛奶巧克力
  （JPH 40%）
* 30 克 …… 可可脂

糖衣

* 300 克 …… 黑巧克力（可可
  含量 70% 的 Mélange JPH
  調配款）

01.

百香果辣椒甘納許

前兩夜，在單柄鍋中放入百香果果泥和細砂糖，煮到沸騰。不蓋上鍋蓋，放旁備用。

單柄鍋中放入打發用鮮奶油和轉化糖（或蜂蜜），煮到沸騰後加入百香果泥和卡宴辣椒粉，混合均勻。

巧克力切碎，放入沙拉碗，在巧克力上倒進先前製作且接近 80℃ 的液體，以刮刀仔細拌勻。

等到巧克力糊攪拌均勻後，加入切成小塊的軟化奶油，再度拌勻。

――――――

如果買不到百香果泥，取出百香果肉放入小圓形濾網過篩。

如果甘納許出現油水分離狀況，請確認溫度為36℃，不然就要再度加熱。

――――――

02.

烤盤鋪上烘焙紙或 Silpat® 矽膠烤墊，放上一個每邊 36.5 公分、高 6 公釐的無底正方形框模。用彎柄抹刀在底部鋪上步驟 1 製作的巧克力糊。放入冰箱冷藏 10 小時。

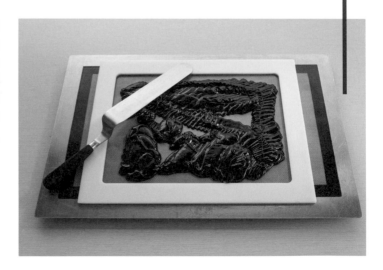

03.

橘香杏仁膏

前一夜，在單柄鍋中放入杏仁，注水蓋過，煮沸
5分鐘，瀝乾杏仁水分。用食物調理機打成糊狀，
加入糖粉並再度攪打。放進轉化糖或蜂蜜，攪打
最後一次，倒在沙拉碗中。取一個碗，混合糖漬
橘子果醬和橘子汁，加進杏仁糊內攪拌均勻。

隔水加熱融化牛奶巧克力與可可脂，以刮刀不斷
攪拌。加入杏仁橘子糊，再度攪拌均勻。

杏仁的品質依品種而異。請仔細挑選！
糖漬橘子果醬可在G. Detou購買
（地址為58 rue Tiquetonne, 75002 Paris）。
可可脂則可在甜點食材專賣店或網路上購得。

04.

拿起百香果甘納許的無底方形框模，換成長寬相同但高度變成 1 公分的無底方形框模。用彎柄抹刀在甘納許上塗鋪一層巧克力橘香杏仁膏。送進冰箱冷藏 10 小時。

05.

糖衣

製作當天，用刀子插入無底方形框模邊緣移動一圈，取下模具。切碎覆蓋用黑巧克力，以隔水加熱法調溫（參閱 P.565）。

調溫完成的巧克力倒入沙拉碗，在甘納許表面以細線狀倒上調溫巧克力，然後快速用彎柄抹刀抹平甘納許表面，形成一層薄薄的巧克力外殼。等待巧克力乾燥後，翻面進行相同步驟。使用微溫的刀子切出數條 6×1.5 公分的巧克力棒。

這款巧克力棒可在
18℃的陰涼乾燥
處保存15天。

在巧克力叉上放一根巧克力棒，裹覆巧克
力糖衣的其中一面置於叉齒，然後整條浸
入調溫巧克力中。用叉子取下巧克力條，
敲動幾下讓巧克力液體滴乾，移到烘焙紙
上。為每條巧克力甘納許棒進行相同步
驟。

06.

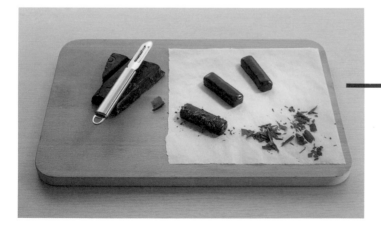

07.

用削皮刀刨出巧克力碎屑，撒在巧克力棒上，移至陰
涼處保存，等待巧克力結晶。

尚-保羅・艾凡

夜未央……泛著花香與酸香的柑橘氣味氤氳浮動，更加突顯黑暗中的溫存，暗許令人臉紅心跳的極致享受。

柚子巧克力糖

50顆巧克力糖

製作時間：30分鐘
烹調時間：10分鐘
靜置時間：10小時

甜點師技法

結晶〔P.617〕、隔水加熱〔P.616〕、打到柔滑均勻〔P.618〕、軟化奶油〔P.616〕、巧克力調溫〔P.619〕。

用具

36.5 公分 ×13.8 公分 ×6 公釐無底方形框模〔P.620〕、巧克力叉〔P.621〕、彎柄抹刀〔P.622〕、溫度計〔P.623〕。

柚子甘納許

- 60 克 …… 黑巧克力（可可含量 58% 的 Valrhona® Caraque 巧克力）
- 60 克 …… 黑巧克力（可可含量 64% 的 Valrhona® Manjari 巧克力）
- 40 克 …… 牛奶巧克力（可可含量 40% 的 JPH 調配款）
- 80 克 …… 打發用鮮奶油

- 15 克 …… 轉化糖（或洋槐花蜜）
- 6.5 克 …… 柚子汁
- 10 克 …… 綠檸檬汁
- 10 克 …… 橘子汁
- 30 克 …… 軟化奶油

裹覆

- 300 克 …… 黑巧克力（可可含量 70% 的 JPH 調配款）

裝飾

- 金箔

柚子甘納許

前一夜，用刀子粗略切碎兩種黑巧克力與牛奶巧克力，放入沙拉碗。

單柄鍋中放入打發用鮮奶油、轉化糖（或蜂蜜）、柚子汁、綠檸檬汁和橘子汁，攪拌均勻，加熱到 75℃，倒在切碎的巧克力上，混合均勻。

等到混合物變得柔滑均勻，加入切成小塊的軟化奶油，再度攪拌。

01.

02.

烤盤鋪上烘焙紙或 Silpat® 矽膠烤墊，放上一個 36.5 公分 ×13.8 公分 ×6 公釐的無底方形框模。等到甘納許的溫度達到 32.5℃，用彎柄抹刀鋪抹一層。在陰涼處（16℃）靜置 10 小時。

03.

裹覆

製作當天，刀子尖端插入無底方形框模邊緣，沿著內緣繞一圈脫模。切碎黑巧克力，用隔水加熱法融化，靜置結晶。

在甘納許表面淋上線狀調溫巧克力，以彎柄抹刀快速抹平，形成一層薄薄的巧克力殼。乾燥少許時間後，翻轉甘納許，重複上述步驟。靜置乾燥。

巧克力糖靜置在18℃的溫度下進行結晶。可在18℃的陰涼乾燥處保存15天。

04.

使用微溫的刀子切成每邊 3 公分的小塊。

裝飾

在巧克力叉上放一顆巧克力糖，整顆完全浸入剩下的調溫巧克力中。取出糖果，敲動幾下，讓巧克力液體滴乾，移到烘焙紙上。在巧克力糖表面放上一張 4 公釐玻璃紙（或烘焙紙），用軟木塞按壓表面，讓表面平整。為每塊巧克力糖重複上述步驟。最後加上金箔做為裝飾。

05.

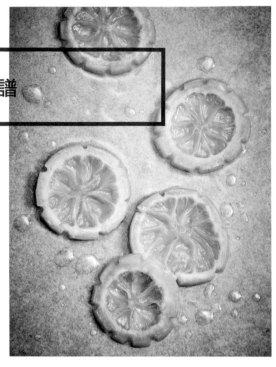

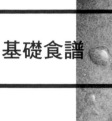

基礎食譜

製作時間：10分鐘
烹調時間：5分鐘
靜置時間：2小時+1夜

- 1 片 …… 吉利丁（2 克）
- 150 克 …… 細砂糖
- 125 克 …… 檸檬汁
- 1 顆 …… 檸檬皮碎
- 4 顆 …… 蛋（200 克）
- 125 克 …… 奶油

檸檬凝乳

特色

柔滑濃郁的蛋奶醬，洋溢檸檬酸香。

用途

做為檸檬塔、多層次甜點和小蛋糕的內餡。

變化

克里斯多福 · 米夏拉的柚子蛋奶餡〔P.498〕。

甜點師技法

打到發白〔P.616〕、乳化〔P.617〕、材料表面覆蓋保鮮膜〔P.617〕、刨磨皮茸〔P.619〕。

用具

打蛋盆〔P.620〕、手持式電動攪拌棒〔P.621〕、細目濾網〔P.622〕、Microplane® 刨刀〔P.621〕。

應用食譜

無麩質檸檬塔〔P.10〕
羅勒檸檬塔〔P.13〕
古法檸檬塔〔P.27〕
千層派式檸檬塔〔P.66〕
舒芙蕾檸檬塔〔P.492〕
無蛋白霜焙烤開心果檸檬塔〔P.494〕
黃袍加身柑橘泡芙，**克里斯多福 · 米夏拉**〔P.498〕

01.

取一碗冷水浸泡吉利丁。在大單柄鍋中放入半數的糖、檸檬汁和檸檬皮碎，煮到沸騰。

打蛋盆中加入蛋液和剩下的糖，打到發白。使用細目濾網過濾檸檬糖漿，拌入打到發白的蛋糖糊中。

02.

全部倒回單柄鍋煮到沸騰，同時以打蛋器不斷攪拌。離火後拌入切成小塊的奶油和擠乾水分的吉利丁。用手持式電動攪拌棒攪打至少 2 分鐘，讓奶油醬乳化，並在表面蓋上保鮮膜。送進冰箱冷藏至少 2 小時，若能過夜更為理想。

入門食譜

8人份

製作時間：30分鐘
烹調時間：1小時
靜置時間：2小時

甜點師技法

盲 烤〔P.617〕、 溶 化
〔P.617〕、去籽〔P.617〕、
打到柔滑均勻〔P.618〕、擠
花〔P.618〕。

用具

直 徑 28 公 分 和 高 4.5 公
分 中 空 圈 模〔P.620〕、 刮
刀〔P.621〕、 食 物 調 理
機〔P.621〕、 彎 柄 抹 刀
〔P.622〕、攪拌機〔P.622〕、
溫度計〔P.623〕。

舒芙蕾檸檬塔

舒芙蕾麵糊

- 4 顆 …… 檸檬
- 20 克 …… Maïzena® 玉米粉
- 30 克 …… 檸檬甜酒
- 240 克 …… 細砂糖
- 4 顆 …… 蛋白（120 克）

組裝與完成

- 1 個 …… 盲烤甜塔殼
  （參閱 P.8）
- 800 克 …… 檸檬凝乳
  （參閱 P.490）
- 50 克 …… 糖粉

這款檸檬塔十分蓬鬆酥軟，是
絕對能夠滿足甜點控的純粹美
味！充滿空氣感的蓬鬆質地讓
檸檬的酸味變得柔和輕盈。

01.

舒芙蕾麵糊

檸檬洗淨，用穿肉針在整顆檸檬表面戳洞，若沒有穿肉針也可用尖細的刀子。放入雙耳蓋鍋或大單柄鍋，注入冷水蓋過，烹煮約 40 分鐘。煮好後切成塊狀，取出檸檬籽。

用刀子尖端戳刺檸檬以確認烹調程度，煮到內部柔軟即可。

02.

檸檬塊放入食物調理機的調理杯，攪打成均勻果泥。取 350 克檸檬果泥，加入 Maïzena® 玉米粉和檸檬甜酒，攪拌均勻，靜置冷卻。細砂糖放入單柄鍋，以少許水調開，加熱到 116℃。攪拌機裝上打蛋器，打發攪拌缸中的蛋白，倒入煮好的糖漿，攪打到完全冷卻，做出義式蛋白霜。用刮刀將蛋白霜小心拌入檸檬果泥中。

03.

組裝與完成

分別按照 P.8 和 P.490 的步驟製作盲烤甜塔殼和檸檬凝乳。檸檬凝乳裝入擠花袋中，擠入盲烤過的甜塔殼底部，直到三分之一高度。送進冷凍庫 2 小時。

04.

烤箱預熱到 110℃（刻度 4）。取一個與塔底直徑相同但高度為 4.5 公分的中空圈模，抹上大量奶油，放入塔殼，填入舒芙蕾麵糊直到裝滿整個中空圈模。用彎柄抹刀抹平表面，送進烤箱烘烤 20 分鐘。

05.

烤箱改成上火烤架模式。在甜塔表面撒上一層糖粉，以上火烘烤 5 分鐘做出焦糖。取出後小心脫模。

入門食譜

8人份

製作時間：40分鐘
烹調時間：30分鐘
靜置時間：1小時

甜點師技法
川 燙〔P.616〕、 盲 烤
〔P.617〕、結合〔P.618〕、
擠 花〔P.618〕、 收 汁
〔P.619〕、焙烤〔P.619〕、
刨磨皮茸〔P.619〕。

用具
食物調理機〔P.621〕或手持
式電動攪拌棒〔P.621〕。

無蛋白霜焙烤開心果檸檬塔

糖漬檸檬皮
- 5 顆 ⋯⋯ 檸檬
- 250 克 ⋯⋯ 細砂糖

焙烤開心果
- 100 克 ⋯⋯ 去殼開心果
- 約 10 克 ⋯⋯ 蛋白
- 50 克 ⋯⋯ 細砂糖

組裝
- 1 個 ⋯⋯ 盲烤甜塔殼
  （參閱 P.8）
- 800 克 ⋯⋯ 檸檬凝乳
  （參閱 P.490）

這款檸檬塔同樣擁有酥脆口感！我們使用美味絕倫的糖衣開心果（最好烤過）取代傳統的蛋白霜，為甜塔殼和檸檬凝乳這組好搭檔更添趣味。

01.

如果沒有削皮刀，
可以用傳統的刮皮器，
取得較細的檸檬皮絲。

糖漬檸檬皮
使用刮皮器取下檸檬表皮，以小刀切成細絲。

02.

在雙耳蓋鍋或大單柄鍋中放入檸檬絲，注入能夠蓋過材料的冷水，煮到沸騰以便川燙去除檸檬的苦澀味。瀝乾水分，重複上述步驟第二次，再度瀝乾，然後重複第三次相同步驟。壓擠檸檬以便得到最多汁液，應該要擠出 300 毫升，不足的部分可以用水補足。在單柄鍋中倒入檸檬汁、細砂糖和瀝乾水分的川燙檸檬皮，煮到沸騰後維持在微滾狀態，直到糖漿收乾。

使用食物調理機或手持式電動攪拌棒打碎所有材料，靜置冷卻。

如果沒有榨汁機可以榨取檸檬汁，
可以使用叉子的叉齒。
等到液體跟檸檬絲差不多等高，
糖漿即足夠濃稠。

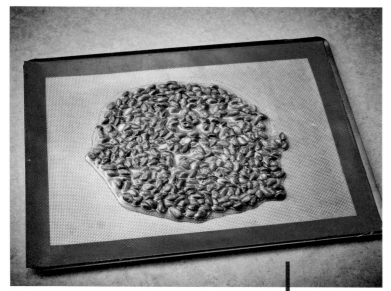

焙烤開心果

烤箱預熱到 180℃（刻度 6）。混合去殼開心果和蛋白，讓每顆開心果都沾裹蛋白。加入細砂糖，使用平鏟或刮刀讓所有材料結合在一起。

烤盤鋪上烘焙紙或 Silpat® 矽膠烤墊的烤盤，鋪上一層開心果，送進烤箱焙烤 6 分鐘。靜置冷卻，保存在乾燥處。

03.

也可以在塔面撒上
開心果碎粒牛軋糖。

04.

組裝

分別按照 P.8 和 P.490 的
步驟製作盲烤甜塔殼和檸檬
凝乳。用大湯匙在盲烤過的
甜塔殼底部鋪上一層薄薄的
糖漬檸檬。

05.

塔殼中擠滿檸檬凝乳，送進冰
箱冷藏 1 小時。品嘗前在非
常冰冷的檸檬塔表面撒上烤過
的開心果。

我們看多了蛋白霜檸檬塔，也聽過各種版本，
但我向你保證，做成泡芙絕對能帶來迴異感
受……

黃袍加身柑橘泡芙

25個泡芙

製作時間：40分鐘
烹調時間：2小時30分鐘
靜置時間：1夜

甜點師技法

完整取下柑橘瓣果肉
〔P.619〕、材料表面覆蓋保鮮
膜〔P.617〕、擠花〔P.618〕、
過篩〔P.619〕、刨磨皮茸
〔P.619〕。

用具

錐形濾網〔P.620〕或圓形濾網
〔P.622〕、刮刀〔P.621〕、
手持式電動攪拌棒〔P.621〕、
Microplane® 刨刀〔P.621〕、
細目濾網〔P.622〕、裝有
12號平口圓頭花嘴的擠花袋
〔P.622〕、攪拌機〔P.622〕、
Silpat® 矽膠烤墊〔P. 623〕、
溫度計〔P.623〕。

柚子蛋奶餡

◆ 30 克 …… 全脂牛奶
◆ 70 克 …… 柚子汁
◆ 1 顆 …… 綠檸檬皮碎
◆ 3 顆 …… 大型蛋（170 克）
◆ 110 克 …… 細砂糖
◆ 160 克 …… 奶油

法式蛋白霜

◆ 3 顆 …… 大蛋白（100 克）
◆ 100 克 …… 細砂糖
◆ 幾滴 …… 黃色色素
◆ 2 克 …… 鹽
◆ 100 克 …… 糖粉

泡芙

◆ 25 顆 …… 泡芙
（參閱 P.278）
◆ 25 片 …… 波蘿酥皮圓片
◆ 2 克 …… 黃色色素

糖漬柑橘

- ◆ 4 顆 ⋯⋯ 綠檸檬
- ◆ 3 顆 ⋯⋯ 黃檸檬
- ◆ 2 顆 ⋯⋯ 柳橙
- ◆ 50 克 ⋯⋯ 柑橘果醬
- ◆ 1 根 ⋯⋯ 香草莢
- ◆ 1 克 ⋯⋯ 鹽之花

組裝與完成

- ◆ 30 克 ⋯⋯ 柑橘果醬
- ◆ 1 顆 ⋯⋯ 檸檬皮碎

01.

柚子蛋奶餡

前一夜，在單柄鍋中放入牛奶、柚子汁、磨成細屑的綠檸檬皮碎、蛋和細砂糖，使用打蛋器攪拌。加熱直到煮沸，期間持續攪拌。蛋奶餡放入錐形濾網或圓形濾網過濾，讓溫度下降到約 40℃，分批加入切成小丁的奶油，同時不停以手持式電動攪拌棒攪打。蛋奶餡表面蓋上保鮮膜，放入冰箱冷藏一夜。

在烹煮蛋奶餡的過程中務必不停攪拌，以免燒焦。煮好的奶油醬倒入焗烤盤，表面蓋上保鮮膜，可更有效率地冷卻。

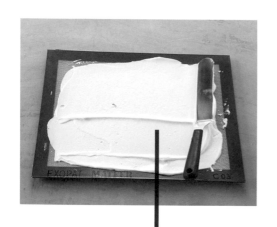

02.

法式蛋白霜

製作當天，烤箱預熱到 80℃（刻度 2-3）。攪拌機裝上打蛋器，打發攪拌缸中的蛋白，在打發期間分批加入細砂糖，隨後加進色素和鹽。用刮刀小心將過篩糖粉拌入打發的蛋白霜中。

在 Silpat® 矽膠烤墊上鋪抹一層約 2 公釐厚的均勻蛋白糖霜糊，送進烤箱烘烤至少 2 小時，讓蛋白霜烤乾。取出後放置室溫。

03.

泡芙

烤箱預熱到 210℃（刻度 7）。在 P.278 的基礎食譜材料中加入黃色色素，按照 P.278 的步驟製作波蘿酥皮圓片。同樣按照 P.278 的步驟製作泡芙，在鋪了烘焙紙的烤盤上擠出 25 個泡芙。烘烤前放上一片波蘿酥皮。送進熄火的烤箱 10 分鐘。重新啟動烤箱，溫度設在 165℃（刻度 6），繼續烘烤泡芙 10 分鐘。

04.

用小花嘴在泡芙的
平坦面鑽洞。

糖漬柑橘

用 Microplane® 刨刀刨下檸檬和
柳橙皮碎。取出每個果實的完整果
肉瓣，切成小丁。

05.

用細目濾網瀝乾柑橘水分，
放入沙拉碗。加入柑橘果
醬、香草莢刮出的香草籽和
鹽之花。仔細混拌後全部放
入擠花袋，剪掉尖端。

組裝與完成

在泡芙底部鑽一個小孔，擠入糖漬柑橘。
泡芙隆起面向下放置。柚子蛋奶餡放入裝有
12 號平口圓頭花嘴的擠花袋中，在每個泡
芙的平坦表面擠上一大球，並在蛋奶餡球中
央擠上一滴柑橘果醬。

06.

品嘗泡芙前才插上蛋白
霜片，以免融化。

07.

用手將蛋白霜掰成幾片，插在
柚子蛋奶餡球表面。取一顆檸
檬，用 Microplane® 刨刀在
泡芙上刨一些皮碎，立刻品
嘗。

基礎食譜

6到8人份

製作時間：15分鐘
靜置時間：2小時

- 6 顆 …… 蛋（350 克）
- 150 克 …… 黑巧克力
- 1 大匙 …… 水
- 150 克 …… 細砂糖

巧克力慕斯

特色
輕盈細緻，充滿空氣感的巧克力慕斯。

用途
單獨品嘗或作為蛋糕內餡。

變化
覆盆子慕斯〔P.504〕、黑巧克力、牛奶巧克力或白巧克力慕斯〔P.506〕、法式白乳酪慕斯〔P.509〕、尚-保羅·艾凡的黑巧克力慕斯〔P.512〕、克萊兒·艾茲勒的香檳慕斯〔P.516〕。

甜點師技法
稀釋〔P.617〕。

用具
刮刀〔P.621〕、攪拌機〔P.622〕。

應用食譜
覆盆子無麩質熔岩巧克力蛋糕〔P.228〕
開心果粒覆盆子慕斯〔P.504〕
巧克力慕斯〔P.502〕
草莓夏洛特〔P.509〕
黑巧克力慕斯，**尚-保羅·艾凡**〔P.512〕
香檳荔枝森林草莓輕慕斯，**克萊兒·艾茲勒**〔P.516〕
瓜亞基爾，**尚-保羅·艾凡**〔P.522〕
巧克力香蕉夏洛特〔P.555〕
金箔巧克力蛋糕，**皮耶·艾曼**〔P.558〕

01.

分開蛋白與蛋黃。粗略切碎巧克力,放入小單柄鍋中並加入水。以極弱火融化,用木匙不斷攪拌,直到巧克力形成光滑柔潤的奶油醬,即可離火。加入蛋黃,同時不斷攪拌。攪拌機裝上打蛋器,以慢速攪打攪拌缸中的蛋白與 25 克糖約 2 分鐘。加入剩下的糖,以最高速攪打 30 秒,直到蛋白霜緊實。

———————

也可添加刨細如白雪的
柳橙皮碎。

———————

02.

在蛋黃巧克力糊中加入一大匙蛋白霜,快速攪打讓糊料稀釋。用刮刀在巧克力糊料中輕柔拌入剩下的蛋白霜。放進冰箱凝固至少 2 小時。

入門食譜

4人份

製作時間：30分鐘
靜置時間：2小時

用具

刮刀〔P.621〕、食物調理機〔P.621〕、細目濾網〔P.622〕、4個小模具、攪拌機〔P.622〕。

開心果粒覆盆子慕斯

- 500 克 ⋯⋯ 覆盆子
- 120 克 ⋯⋯ 糖粉或細砂糖
- 2 顆 ⋯⋯ 蛋白（60 克）
- 1 撮 ⋯⋯ 鹽
- 100 毫升 ⋯⋯ 液態鮮奶油
  （100 克）
- 50 克 ⋯⋯ 去殼開心果

在食物調理機的調理杯中放入覆盆子和
20 克糖,高速攪打後放入細目濾網,
以木匙擠壓果泥,濾出醬汁。

攪拌機裝上打蛋器,以高速攪打攪拌缸中的蛋
白和鹽。等到蛋白霜變得緊實,倒入剩下的糖
繼續攪打幾秒鐘。倒入沙拉碗。清洗攪拌缸和
打蛋器,擦乾後放入冷凍庫 10 分鐘。在攪拌
缸中放入非常冰冷的鮮奶油,以裝上打蛋器的
攪拌機非常緩慢地攪打 1 分鐘,接著用中速
攪打至鮮奶油變得十分緊實。在鮮奶油中拌入
覆盆子醬汁。

使用刮刀,把步驟 2 的所有
材料輕柔拌入蛋白霜中做成慕
斯,均分在 4 個小模具中,
送入冰箱冷藏至少 2 小時。
開心果切碎,撒在慕斯上。

這款慕斯佐常溫蛋糕一起
享用更加美味。

4人份

製作時間：20分鐘
靜置時間：2小時30分鐘

甜點師技法
粗略弄碎〔P.616〕。

用具
4 個 直 徑 5 公 分 中 空 圈 模
〔P.620〕、攪拌機〔P.622〕、
擀麵棍〔P.622〕、吹風機或
火 焰 槍〔P.620〕、 溫 度 計
〔P.623〕。

巧克力慕斯

巧克力砂岩玫瑰
- 50 克 …… 可可含量 70% 的
  覆蓋用黑巧克力
- 20 克 …… 甜玉米脆片

慕斯
- 90 克 …… 黑巧克力
  或 110 克 …… 牛奶巧克力
  或 120 克 …… 白巧克力
- 1.5 片 …… 吉利丁（3 克）
- 125 克 …… 打發用鮮奶油
- 90 克 …… 牛奶

01.

巧克力砂岩玫瑰

用擀麵棍壓碎玉米片，不要壓得太大力，以免玉米片變成粉末。融化巧克力並與玉米片混拌，鋪在 4 個直徑 5 公分的中空圈模底部，以叉子壓實，小心不要弄碎。送進冰箱 30 分鐘。

慕斯

鮮奶油倒入攪拌缸中，攪拌至成為慕斯狀且蓬鬆柔軟。吉利丁放入冷水浸泡。加熱牛奶但不要煮到沸騰。擠乾吉利丁水分，加到牛奶中攪拌均勻。在沙拉碗中放入巧克力，倒入牛奶。攪拌直到巧克力融化。確認混合物的溫度，接近 35℃ 時拌入打發的鮮奶油。

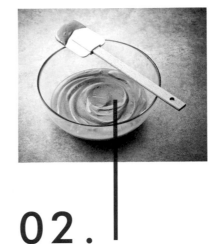

02.

04.

03.

組裝與完成

分裝慕斯到每個中空圈模，送進冰箱凝固約 2 小時。

慕斯放置在倒扣的玻璃杯上脫模。用火焰槍加熱中空圈模幾秒鐘，如果沒有火焰槍可用吹風機，讓中空圈模滑落。再度將慕斯送回冰箱，品嘗時才取出。

草莓夏洛特

6人份

製作時間：25分鐘
烹調時間：10分鐘
靜置時間：12小時

甜點師技法
鋪覆〔P.616〕、去蒂〔P.617〕、澆淋〔P.618〕、蘸刷糖漿或液體〔P.619〕。

用具
電動攪拌器〔P.620〕、食物調理機〔P.621〕、夏洛特模具〔P.622〕、甜點刷〔P.622〕。

草莓果凍
* 160 克 …… 草莓
* 30 克 …… 細砂糖
* 半片 …… 吉利丁（1克）

餅乾
* 40 根 …… 漢斯（Reims）粉紅手指餅乾
* 350 克 …… 基礎糖漿（參閱 P.194）
* 125 克 …… 草莓泥

法式白乳酪慕斯
* 2 片 …… 吉利丁（4克）
* 12 克 …… 檸檬汁（1顆檸檬）
* 250 克 …… 乳脂含量 40% 的法式白乳酪
* 1 顆 …… 小型蛋（25 克蛋白）
* 25 克 …… 細砂糖

組裝
* 20 幾顆 …… 草莓
* 準備好的草莓凍

進階食譜

01.

草莓凍

前一夜，在平底鍋中放入糖並乾煮成焦糖，期間持續轉動平底鍋。草莓去蒂、洗淨、瀝乾水分、切塊。等到焦糖煮成深金色，加入草莓，讓草莓煮軟並釋放汁液，倒入碗中。吉利丁放進冷水浸泡，擠乾水分後加入草莓，攪拌以讓吉利丁融化。蓋上保鮮膜，送進冰箱凝固（或放入冷凍庫 5 分鐘）。

手指餅乾

混合基礎糖漿（參閱 P.194）和草莓泥，製作用於手指餅乾的糖漿。粉紅手指餅乾浸入糖漿，只要手指餅乾一吸收糖漿就拿起，鋪滿夏洛特模具。先從邊緣鋪起，讓浸漬糖漿的那一面朝外，最後才鋪底部。

在焦糖中拌炒草莓，
草莓會迅速釋放汁液並變軟，
如此即可避免弄碎草莓。
等到開始煮成糊狀
但又還沒完全煮爛時，
即可熄火，
草莓應仍保持完整。

02.

03.

04.

法式白乳酪慕斯

吉利丁放入一碗冷水浸泡。單柄鍋中放入檸檬汁，以中火加熱。擠乾軟化的吉利丁水分，加入離火的檸檬汁融化，攪拌均勻。取一個碗，放進法式白乳酪，加入檸檬汁，攪拌均勻，然後倒入大沙拉碗。使用電動打蛋器打發蛋白成霜狀，一邊加入糖一邊繼續攪打。將蛋白霜輕柔拌入法式白乳酪糊。

組裝

在夏洛特底部鋪上一層慕斯，取出冰箱中的草莓凍，倒在慕斯上。

鋪上一層手指餅乾，再加上一層法式白乳酪慕斯。

製作慕斯時，最需要注意的是蛋白霜不要打到太緊實，以便做出質地均勻的慕斯糊。

最後再鋪一層餅乾，用小塊餅乾填滿所有縫隙，用保鮮膜蓋上夏洛特，送進冰箱冷藏 12 小時。

製作當天，將夏洛特放在要盛裝上桌的盤子上脫模。洗淨草莓並去除蒂頭，切成兩半。融化現成的草莓凍，利用甜點刷塗滿整個夏洛特表面。在夏洛特頂端和周圍排上一圈切半草莓，搭配香堤伊鮮奶油品嘗（參閱 P.360）。

尚-保羅・艾凡

這是「法式」生活藝術的最佳範例：巧克力慕斯配上雕花玻璃杯盛裝的香檳。開始慶祝吧！

黑巧克力慕斯

15人份

製作時間：45分鐘
烹調時間：20分鐘
靜置時間：7小時

甜點師技法

結晶〔P.617〕、隔水加熱〔P.616〕、擠花〔P.618〕。

用具

甜點刷〔P.622〕、裝有星型凹槽花嘴的擠花袋〔P.622〕、溫度計〔P.623〕、1個高腳杯。

吉利丁模

- 300 克 …… 細砂糖
- 200 克 …… 熱水
- 50 片 …… 吉利丁（100 克）
- 2 公斤 …… 黑巧克力

亮光膠

- 15 克 …… 阿拉伯膠
- 15 克 …… 溫水

黑巧克力慕斯

- 200 克 …… 黑巧克力
  （JPH 70 %）
- 225 克 …… 細砂糖
- 800 毫升 …… 水
- 9 顆 …… 蛋黃（180 克）
- 7 顆 …… 蛋白（220 克）
- 540 克 …… 打發鮮奶油

01.

吉利丁模

在沙拉碗中裝入冷水，浸泡吉利丁片。取一個單柄鍋，以熱水融化糖，加入擠乾水分的吉利丁，攪拌均勻，加熱直到沸騰。靜置冷卻，直到出現泡沫，移除這些泡沫。

取些許上述混合物加熱到液狀。高腳杯放入與其直徑近似的容器中，倒入吉利丁，送進冰箱冷藏6小時。

02.

用刀子橫向切除杯子上方的吉利丁，再從側邊由上到下切開，取出杯子，然後用橡皮筋固定吉利丁模。

03.

切碎巧克力，隔水加熱融化，靜置結晶。結晶巧克力倒入模具內部。五分鐘後，倒轉模具以便清空多餘的巧克力。放入冰箱冷藏1小時。

04.

在溫水中融化阿拉伯膠。巧克力杯脫模，為杯子表面上一層亮光膠。重複上述步驟，做出數個杯子。

05.

這款慕斯可在冰箱冷藏保存4天。

黑巧克力慕斯

切碎巧克力，以 45℃的熱水隔水融化，放旁備用。

在單柄鍋中放進糖和水，加熱到 118℃，倒入沙拉碗靜置備用。

攪拌缸中放入蛋黃，以打蛋器攪打，然後加入三分之一的糖漿，繼續攪打直到變成慕斯狀，靜置備用。使用另一台攪拌機，開始打發蛋白直到呈雪花狀，加入剩下的糖漿，慢速攪打直到蛋白糖霜冷卻。

用攪拌匙在蛋黃糊中拌入巧克力，接著輕柔拌入蛋白霜。打發用鮮奶油倒進攪拌缸內，攪打到軟性發泡，倒入先前製作的巧克力蛋糊，輕柔混拌。

在裝有星型凹槽花嘴的擠花袋中放入慕斯，擠入巧克力杯內，送進冰箱冷藏，品嘗時才取出。

進 階 食 譜

克萊兒・艾茲勒

香檳荔枝森林草莓輕慕斯

10人份

製作時間：2小時
烹調時間：10分鐘
靜置時間：12小時

甜點師技法

擀麵〔P.616〕、使用錐形濾網過濾〔P.616〕、切丁〔P.616〕、結晶〔P.617〕、稀釋〔P.617〕、擠花〔P.618〕、巧克力調溫〔P.619〕。

用具

10 個深盤、錐形濾網〔P.620〕、各種尺寸花嘴〔P.621〕、直徑 7、6.5、5、3 和 2 公分切模〔P.621〕、手持式電動攪拌棒〔P.621〕、10 個直徑 10 公分和 10 個直徑 12 公分半圓形模具、甜點刷〔P.622〕、噴槍或即用型噴霧器〔P.622〕、擠花袋〔P.622〕、攪拌機〔P.622〕、擀麵棍〔P.622〕、半自動冰淇淋機〔P.623〕、Silpat® 矽膠烤墊〔P.623〕、溫度計〔P.623〕。

白巧克力殼

- 150 克 …… 白巧克力

香檳慕斯

- 300 克 …… 液態鮮奶油
- 4 片 …… 吉利丁（8 克）
- 250 克 …… 粉紅香檳
- 100 克 …… 義式蛋白霜（參閱 P.114）
- 粉紅色色素

草莓果醬

- 半顆 …… 檸檬
- 250 克 …… 草莓
- 75 克 …… 細砂糖
- 5 克 …… NH 果膠

荔枝凍

- 3.5 片 …… 吉利丁（7 克）
- 200 克 …… 荔枝泥

草莓香檳雪酪

- 半顆 …… 檸檬
- 55 克 …… 水
- 55 克 …… 細砂糖
- 30 克 …… 葡萄糖粉
- 250 克 …… 草莓泥
- 55 克 …… 粉紅香檳

沙布蕾小餅

* 250 克 ⋯⋯ 奶油
* 3 克 ⋯⋯ 鹽之花
* 100 克 ⋯⋯ 細砂糖
* 40 克 ⋯⋯ 杏仁粉
* 20 克 ⋯⋯ 香草精
* 2 顆 ⋯⋯ 蛋黃（40 克）
* 200 克 ⋯⋯ 麵粉
* 5 克 ⋯⋯ 發粉
* 20 克 ⋯⋯ 細砂糖

組裝

* 700 克 ⋯⋯ 新鮮荔枝
* 200 克 ⋯⋯ 森林草莓
* 200 克 ⋯⋯ 草莓汁

我希望做出一款優雅的節慶甜點，運用各種技巧，製造在重大場合一端出來就驚豔四座的效果。這款既美麗又美味的甜點清爽又細緻，都是我向來重視的元素。

白巧克力殼

前一夜，用甜點刷在 10 個直徑 10 公分的半圓模具內部塗上一層覆蓋用白巧克力（參閱 P.565）。重複上述步驟兩次，做出足夠堅固但仍然輕薄的殼模。靜置結晶 12 小時，然後脫模。

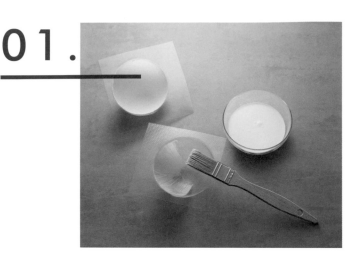

想要更輕鬆打發鮮奶油，可以在作業前將攪拌缸放入冰箱15分鐘。

香檳慕斯

按照 P.114 的步驟製作義式蛋白霜。使用攪拌機打發液態鮮奶油，但不要打到太緊實，保持一定程度的鬆軟。

用一碗冷水浸泡吉利丁。在單柄鍋中加熱四分之一的粉紅香檳，加入擠乾水分的吉利丁，攪拌均勻後倒入剩下的冰涼香檳，再度攪拌。

在義式蛋白霜中分批倒入香檳吉利丁液，用打蛋器攪拌以稀釋蛋白霜，然後加入打發的鮮奶油，輕柔混拌成慕斯。

平均分裝在直徑 12 公分的半圓模具中，裝到三分之一高度。送進冷凍庫 4 小時。

草莓果醬

製作當天，擠出檸檬汁並以錐形濾網過濾，秤出 20 克放入單柄鍋。加進 40 克草莓和細砂糖，然後加熱至 40℃。果膠與剩下的 35 克糖混合，加入單柄鍋內，攪拌均勻。加熱到沸騰之後，用手持式電動攪拌棒攪碎成泥，靜置冷卻。

荔枝凍

用一碗冷水浸泡吉利丁。在單柄鍋中倒入荔枝泥，煮到沸騰，加進擠乾水分的吉利丁，攪拌均勻。取 300 克荔枝切丁，在 10 個深盤中各放入 30 克荔枝丁，鋪上 20 克荔枝凍，送進冰箱凝固成形至少 2 小時。

04.

為了盛盤美麗，
可使用切模造型。

05.

草莓香檳雪酪

擠出檸檬汁，以錐形濾網過濾並秤出 20 克。單柄鍋中放入水、細砂糖和葡萄糖粉，加熱直至沸騰。在草莓泥中倒入煮好的糖漿，加進香檳和 20 克檸檬汁，攪拌均勻，放入半自動冰淇淋機製作成雪酪。

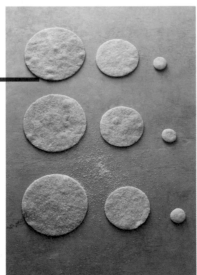

06.

沙布蕾小餅

烤箱預熱到 160℃（刻度 5-6）。使用本食譜的材料和份量，按照 P.24 的步驟製作沙布蕾麵團。取 200 克擀成 2 公釐厚，放在鋪了 Silpat® 矽膠烤墊的烤盤上。撒上細砂糖，送進烤箱烘烤 5 分鐘。烤到一半時，取出並切出 10 個直徑 7 公分的圓片、10 個直徑 5 公分的圓片和 10 個直徑 2 公分的圓片。放回烤箱，以同樣的溫度繼續烘烤 5 分鐘。

葡萄糖粉可以讓冰淇淋
在冷凍後仍然保有
滑順質地。

07.

香檳慕斯

模具浸入冷水中，以利香檳慕斯脫模。使用直徑 3 公分的切模在慕斯中央鏤洞。用噴槍或即用型噴霧器為慕斯噴上粉紅色色素。

香檳慕斯在脫模和在其中央鏤洞時
應該保持冷凍。
噴上色素時也須處於冷凍狀態，
以便獲得霧面絲絨效果。
烘烤餅乾的時間和溫度並非絕對，
必須視烤箱火力而定。
使用火焰槍加熱花嘴。

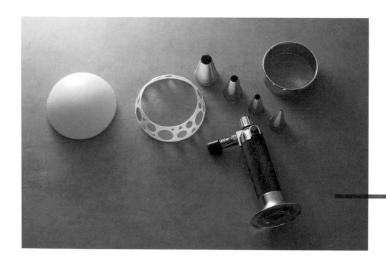

08.

組裝

加熱直徑 6.5 公分的切模，利用熱切模在白巧克力殼表面鏤洞。繼續加熱其他各種尺寸花嘴進行鏤空作業，賦予白巧克力殼輕盈和優雅質感。

09. 用擠花袋在直徑 7 公分的沙布蕾圓餅表面擠上草莓果醬，放上香檳慕斯，一起移到深盤中，放在荔枝凍上。剩下的荔枝剝殼，切成 30 片做為裝飾。在直徑 5 公分的沙布蕾圓餅上裝飾森林草莓，交替放上荔枝片和切成兩半的草莓，最後插上直徑 2 公分的沙布蕾餅。

製作草莓汁的方式如下：
在沙拉碗中混合500克草莓和50克糖，
蓋上保鮮膜，隔水加熱至少1小時。
草莓應該要釋出大量汁液。全部放到一塊紗布上，
不要擠壓，讓它自然濾出澄清的果汁。

10.

用擠花袋在粉紅香檳慕斯中央擠上草莓香檳雪酪，放上步驟 9 的草莓沙布蕾餅。在荔枝果凍上澆淋草莓汁，小心放上白巧克力鏤空殼做為最後裝飾。

進 階 食 譜

尚-保羅・艾凡

我想藉由這款蛋糕創造前所未有的甜點，擁有介於慕斯和蛋糕
之間的獨特口感，以及經得起時間考驗的平衡風味。

瓜亞基爾

3個6人份蛋糕

製作時間：20分鐘
烹調時間：15分鐘
靜置時間：4小時

甜點師技法

隔水加熱〔P.616〕、打到柔滑
均勻〔P.618〕、蘸刷糖漿或液
體〔P.619〕、鋪底〔P.619〕。

用具

電 動 攪 拌 器〔P.620〕、
20×30×5 公 分 無 底 方 形 框
模、極細目圓形濾網〔P.622〕、
甜 點 刷〔P.622〕、20×30 公
分烤盤、彎柄抹刀〔P.622〕。

超苦蛋糕

◆ 250 克 …… 杏仁膏
◆ 30 克 …… 細砂糖
◆ 2 顆 …… 大型蛋（125 克）
◆ 1 顆 …… 蛋黃（20 克）
◆ 4 顆 …… 蛋白（130 克）
◆ 135 克 …… 糖粉
◆ 120 克 …… 融化奶油
◆ 120 克 …… 可可粉

糖漿

◆ 200 克 …… 水
◆ 100 克 …… 細砂糖
◆ 半根 …… 香草莢

黑巧克力慕斯

◆ 300 克 …… 黑巧克力（可
可含量 72% 的 Valrhona®
Araguani 72 %）
◆ 350 克 …… 黑巧克力（可可
含量 100% 的 Domori®Sur
del Lago 100 %）

◆ 100 克 …… 奶油
◆ 19 顆 …… 蛋白（610 克）
◆ 200 克 …… 細砂糖

淋醬

◆ 110 克 …… 黑巧克力（可可
含量 67% 的 JPH 調溫巧克
力）
◆ 100 克 …… 打發用鮮奶油
◆ 可可粉

超苦蛋糕

烤箱預熱到 250℃（刻度 8）。攪拌缸中放入杏仁膏和細砂糖，加入一顆全蛋並以打蛋器攪打。加入蛋黃，攪拌均勻後再加入另外一顆蛋。繼續攪打 10 分鐘直到糊料呈慕斯狀。於此同時，以電動打蛋器打發蛋白呈雪花狀，分三次加入糖粉，期間不斷慢速攪拌。在一開始製作的杏仁膏糊中加入溫熱的融化奶油，用攪拌匙混拌，然後拌入可可粉。最後加進雪花狀蛋白霜輕柔混拌。

01.

如果沒有攪拌機，可以使用電動打蛋器在沙拉碗中製作蛋糕麵糊。記得使用無糖可可粉。

02.

在 20×30 公分的烤盤鋪上烘焙紙，取三分之一的麵糊，以彎柄抹刀在整個烤盤上鋪抹一層，送進烤箱烘烤 4-5 分鐘。重複上述步驟兩次，總共做出三片蛋糕。

03.

糖漿

在單柄鍋中放入水、細砂糖、半根縱切成兩半的香草莢和取出的香草籽，煮到沸騰。一出現沸騰跡象就讓單柄鍋離火，等待糖漿冷卻。烤盤鋪上烘焙紙，放上寬 20 公分、長 30 公分、高 5 公分的無底方形框模，在底部放進第一片蛋糕，用甜點刷在蛋糕上蘸刷半量溫熱的糖漿。

以糖漿蘸刷蛋糕可以賦予蛋糕不同的質地和芬芳的香草風味。

04.

黑巧克力慕斯

切碎黑巧克力，加入奶油，隔水加熱融化。用打蛋器一邊打發蛋白，一邊分批加入細砂糖。在融化巧克力中拌入蛋白霜，以攪拌匙輕柔混拌。在第一片蛋糕表面抹上三分之一的慕斯。接著放上第二片蛋糕，再抹上三分之一的慕斯。最後放上第三片蛋糕，塗上剩下的糖漿，抹上剩下的慕斯，以彎柄抹刀抹平表面。送進冰箱冷藏 3 小時。

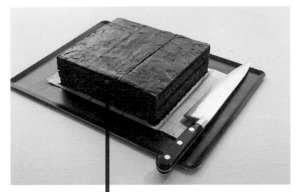

05.

用溫熱刀刃讓蛋糕脫模，然後切成三等份。

06.

淋醬

切碎黑巧克力，放入沙拉碗。煮沸打發用鮮奶油，倒在巧克力上，以攪拌匙輕柔拌勻。

在每個蛋糕的表面和側邊仔細抹上一層薄薄的黑巧克力淋醬。送進冰箱冷藏 1 小時。

07.

用網目極細的圓形濾網在蛋糕表面撒上可可粉，再以甜點刷製造效果。

這款蛋糕保存在保鮮盒可以冷藏保存5天。
品嘗前2小時
從冰箱取出，放置室溫。

Part 3

醬汁、裝飾、鏡面淋醬

基礎食譜

500克生杏仁榛果純帕林內

製作時間：20分鐘
烹調時間：1小時

- ◆ 300 克 …… 整粒生榛果
- ◆ 300 克 …… 整粒生杏仁
- ◆ 400 克 …… 細砂糖
- ◆ 100 克 …… 水

帕林內
菲利普・康帝辛尼

特色
在糖漿中煮過後攪打成濃稠膏狀的堅果（通常是杏仁和榛果）。

用途
用來為鮮奶油增添香味（巴黎布列斯特泡芙）或做為蛋糕內餡。

變化
克里斯多福・米夏拉的榛果帕林內〔P.534〕、克里斯多福・米夏拉的開心果帕林內、皮耶・馬可里尼的芝麻帕林內〔P.542〕。

甜點師技法
打到發白〔P.616〕、焙烤〔P.619〕。

用具
食物調理機〔P.621〕、溫度計〔P.623〕。

應用食譜
菲利普・康帝辛尼：巴黎布列斯特泡芙〔P.302〕、摩卡〔P.418〕、泡沫榛果糖蛋糕〔P.530〕
克萊兒・艾茲勒：百香熱情戀人〔P.168〕
皮耶・艾曼：兩千層派〔P.74〕、甜蜜歡愉〔P.178〕、金箔巧克力蛋糕〔P.558〕
皮耶・馬可里尼：柚子千層派佐芝麻帕林內夾心，2011〔P.542〕
克里斯多福・米夏拉：巧克力帕林內金三角〔P.534〕、莫希多雞尾酒綠泡芙〔P.538〕
帕林內甘納許巧克力海綿蛋糕〔P.184〕

01.

杏仁和榛果放在烘焙紙上，送進 150℃（刻度 5）的烤箱焙烤約 25 分鐘。

02.

大單柄鍋中放入糖和水煮到沸騰，繼續加熱糖漿到 116℃。加入烤過且冷卻的榛果和杏仁，仔細讓堅果裹上糖漿，再煮 20 分鐘，期間使用木匙不斷攪拌，以免燒焦。

03.

加入堅果後糖會轉白幾分鐘，之後會完全變成焦糖色。

04.

煮好後的堅果應該閃耀光澤，變成漂亮的赤褐色。倒在烘焙紙上鋪開，以便快速冷卻，小心別被高溫堅果燙到。

05.

堅果全部冷卻後分成三批倒入食物調理機攪打，以免帕林內溫度過高，打成半液體狀的帕林內膏狀物。

進 階 食 譜
菲利普・康帝辛尼

泡沫榛果糖蛋糕

6人份

製作時間：45分鐘
烹調時間：1小時10分鐘
靜置時間：20小時

甜點師技法

隔水加熱〔P.616〕、乳化〔P.617〕、製作馬卡龍糊〔P.618〕、擠花〔P.618〕、製作榛果奶油〔P.616〕、焙烤〔P.619〕、刨磨皮茸〔P.619〕。

用具

20×30×2公分無底方形框模〔P.620〕、手持式電動攪拌棒〔P.621〕、直徑18公分和高1公分高邊模，或20×30公分無底方形框模〔P.620〕、裝有8號花嘴的擠花袋〔P.622〕、食物調理機〔P.621〕、刮皮器〔P.623〕。

龍蒿糖漬檸檬醬

- 100 克 …… 檸檬皮
- 250 克 …… 檸檬汁
- 150 克 …… 細砂糖
- 1 根 …… 龍蒿

酸甜泡沫

- 580 克 …… 水
- 80 克 …… 檸檬汁
- 75 克 …… 冷杉蜂蜜
  （若無，可用千花花蜜）
- 1 包 …… 伯爵茶（3 克）

- 半顆 …… 檸檬皮碎
  （佛手柑更為理想）
- 1 根 …… 香草莢
- 1 根 …… 肉桂棒
- 10 小束 …… 薄荷（4 克）
- 5.5 片 …… 金級吉利丁
  （膠強度 220，11 克）

榛果蛋糕

- 115 克 …… 榛果
- 115 克 …… 香味紅糖
- 25 克 …… 糖粉
- 2 根 …… 香草莢

- 5 顆 …… 蛋白（155 克）
- 2 顆 …… 蛋黃（40 克）
- 105 克 …… 奶油
- 60 克 …… T45 麵粉
- 半包 …… 發粉（7 克）
- 1 撮 …… 鹽之花

榛果糖

- 15 克 …… 牛奶巧克力
- 50 克 …… 杏仁榛果帕林內
  （參閱 P.528）

這款甜點建構在溫度、口感、美味和生動上。冰凍泡沫入口即化，
與柔軟緻密的蛋糕水乳交融。帕林內帶來不可或缺的美味癮頭。
最後再點綴糖漬檸檬，讓整體風味在口中留下深遠餘韻。

前一夜,在裝滿冰水的容器中浸泡吉利丁供製作酸甜泡沫使用,蓋上保鮮膜,放入冰箱至少 12 小時。

龍蒿糖漬檸檬醬

製作當天,單柄鍋裝入一半的水,放入檸檬皮,煮到沸騰。瀝乾水分,重複上述作業兩次。取另一個單柄鍋,放入檸檬皮、檸檬汁和糖,以中火加熱 40 到 50 分鐘,煮到剩下幾匙汁液。加入龍蒿葉,趁熱倒入食物調理機中打碎,做出龍蒿糖漬檸檬醬。放旁備用。

01.

注意不要刮到檸檬皮的白膜,這部分非常苦澀。檸檬表皮川燙3次,糖漬檸檬醬的香氣就不會被苦澀抵銷。請注意,糖漬檸檬醬的風味十分強烈濃縮。

酸甜泡沫

單柄鍋中放入水、檸檬汁、蜂蜜、茶包內容物、檸檬皮碎、香草莢、肉桂棒和薄荷葉,煮到沸騰後離火,浸泡 5 分鐘。加入吉利丁,然後過濾。使用手持式電動攪拌棒攪打過濾的汁液,送進冰箱冷藏 4 小時。冰到十分冰涼後以手持式電動攪拌棒乳化,直到打出漂亮的泡沫。放入冰箱冷藏 5 分鐘,重複上述步驟。

02.

03.

在烘焙紙上放置長 30、寬 20、高 2 公分的無底方形框模,擷取泡沫放入模具,送進冷凍庫至少 4 小時,等到甜點要上桌前才脫模,用溫熱的大刀切出長 11 公分、寬 4 公分的長方體冷凍泡沫。

榛果蛋糕

烤箱預熱到 210℃（刻度 7）。焙烤所有榛果然後打碎。在攪拌機中混合榛果粉、95 克紅糖、糖粉和香草籽，加入 1 顆蛋白（30 克）和 2 顆蛋黃，攪拌均勻。在小單柄鍋中以中火加熱奶油，直到煮成榛果色。分兩次加入蛋糖糊中，快速攪打。加進麵粉、發粉和鹽，再度攪拌。4 顆蛋白與 20 克紅糖一起打成綿軟緊實的蛋白霜，分兩次加入上述麵糊，使其呈現半液體狀。倒入直徑 18 公分的高邊模，或長 30、寬 20、高 1 公分的無底方形框模，送進烤箱烘焙 40 分鐘。烤好後等 5 分鐘再小心將蛋糕脫模。冷卻後切成長 12、寬 3.5、厚 3 公分的長方體。

04.

製作蛋糕麵糊的最後階段
必須讓麵糊稍微做成馬卡龍糊，
以便做出略為流質的厚實麵糊。
這種質感可以讓烘烤後的結構變得緻密，
同時加強融溶口感。

05.

隔水加熱融化牛奶巧克力，拌入帕林內。在盤子的左上角放上榛果蛋糕，於蛋糕表面擺上一塊冷凍泡沫長條，然後用裝有 8 號花嘴的擠花袋在旁邊擠上一條 8 公分的榛果糖，並緊鄰著榛果糖擠上一條細細的糖漬檸檬醬。

進 階 食 譜
克里斯多福・米夏拉

巧克力帕林內金三角

10個三角蛋糕

製作時間：50分鐘
烹調時間：40分鐘
靜置時間：1夜+30分鐘

> 我鍾愛的一道盤飾甜點，簡潔，沒有多餘凌亂裝飾，在世界各地都容易再製重現……帶有我喜愛的所有元素！

甜點師技法

去皮〔P.618〕、擠花〔P.618〕、蘸刷糖漿或液體〔P.619〕、過篩〔P.619〕。

用具

圓形切模〔P.621〕、塑膠軟板〔P.622〕、食物調理機〔P.621〕、12×35×2公分模具或無底長方形框模〔P.620〕、甜點刷〔P.622〕、擠花袋〔P.622〕、攪拌機〔P.622〕、擀麵棍〔P.622〕、溫度計〔P.623〕。

巧克力蛋糕

* 3 顆 …… 蛋（150 克）
* 60 克 …… 細砂糖
* 半撮 …… 鹽
* 50 克 …… T45 麵粉
* 15 克 …… 可可粉

苦甜巧克力糖漿

* 120 克 …… 水
* 40 克 …… 細砂糖
* 10 克 …… 可可粉

牛奶巧克力慕斯

* 90 克 …… 可可含量 33% 的 Tanariva de Valrhona® 牛奶巧克力
* 235 克 …… 可可含量 40 % 的 Jivara de Valrhona® 牛奶巧克力
* 80 克 …… 乳脂含量 35% 的 UHT 鮮奶油
* 80 克 …… 全脂牛奶
* 10 克 …… 黃蔗糖
* 1 顆 …… 蛋黃（30 克）
* 275 克 …… 乳脂含量 35% 的打發鮮奶油

榛果帕林內

* 200 克 …… 烤過去皮榛果
* 130 克 …… 細砂糖
* 1 撮 …… 鹽

裝飾完成

* 500 克 …… 可可含量 70% 的 Guanaja de Valrhona® 黑巧克力
* 10 克 …… 金粉
* 50 克 …… 櫻桃白蘭地
* 烤過的杏仁
* Nutella® 巧克力榛果醬

巧克力蛋糕

前一夜，烤箱預熱到200℃（刻度7）。
分離蛋白和蛋黃。在攪拌缸中加入蛋白、糖和鹽，打發成蛋白霜。

麵粉和可可粉一起過篩。

蛋白霜中拌入蛋黃，然後加入麵粉和可可粉拌勻。倒進 12×35×2 公分的模具或無底長方形框模。送入烤箱烘焙約 5 分鐘，放在烤架上冷卻。

01.

02.

牛奶巧克力慕斯

切碎 Tanariva 和 Jivara 巧克力。在單柄鍋中混合鮮奶油、牛奶、黃蔗糖和蛋黃，一起加熱到 85℃，倒在切碎的巧克力上。攪拌上述混合物，達到 40℃後加入打發鮮奶油，攪拌均勻。在擠花袋中裝入 100 克慕斯，冷藏在冰箱中供隔天使用。剩下的慕斯鋪在模具內的蛋糕上，送進冷凍庫一夜。

榛果帕林內

製作當天，在烘焙紙放上烤過與去皮的榛果。取一個單柄鍋，乾煮細砂糖直到煮成金棕色，倒在榛果上，加入一小撮鹽，靜置冷卻後放入食物調理機做成帕林內，裝入擠花袋。

苦甜巧克力糖漿

水、糖和可可粉一起煮沸，冷卻後用甜點刷在蛋糕上塗抹一層，讓蛋糕吸收糖漿變得濕潤。

03.

裝飾完成

製作巧克力頂蓋：融化 300 克巧克力，使溫度達到 50℃，然後降低溫度到 27℃，再升高到 31℃，倒在一片塑膠軟板上，放上另一片塑膠板，用擀麵棍擀開。割出幾個 8×14 公分的三角形，用切模在三角形中間鏤出一個孔洞。混合金粉和櫻桃白蘭地，以甜點刷在每個三角形中間畫一條線。

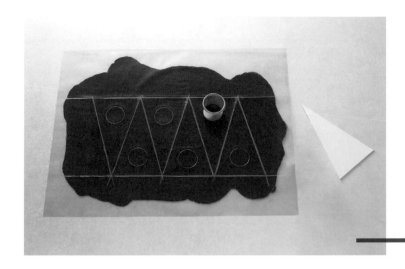

04.

榛果要充分焙烤，
帕林內才能
散發濃郁的香味。

05.

融化剩下的巧克力，在長方形蛋糕的蛋糕面抹上一層融化巧克力。蛋糕脫模。切出幾個底邊為 6 公分的三角形，解凍 30 分鐘。使用準備好的慕斯在表面擠出一個圓圈，放置在涼爽處備用。

上桌前將這款甜點移到盤子上，鋪抹一層帕林內，放上巧克力三角片。擠花袋裝入 Nutella®，在甜點周圍擠上薄薄的三角線條。切碎杏仁，與金粉混和，撒在 Nutella® 線條上。

克里斯多福・米夏拉

克里斯多福・亞當是我的哥兒們和閃電泡芙的大明星，
我根據他的作品小小做了點瘋狂改造。我愛死這款妙趣
橫生的泡芙！

莫希多雞尾酒綠泡芙

25個泡芙

製作時間：40分鐘
烹調時間：1小時
靜置時間：1夜+40分鐘

甜點師技法

粗略弄碎〔P.616〕、材料表面
覆蓋保鮮膜〔P.617〕、擠花
〔P.618〕、收汁〔P.619〕、
刨磨皮茸〔P.619〕。

用具

錐形濾網〔P.620〕或圓形濾
網〔P.622〕、食物調理機
〔P.621〕、手持式電動攪拌棒
〔P.621〕、裝有 10 號圓形花
嘴和 12 號星形花嘴的擠花袋
〔P.622〕、Microplane® 刨刀
〔P.621〕。

開心果香堤伊

- 230 克 …… 液態鮮奶油
- 半束 …… 薄荷葉
- 100 克 …… 覆蓋用象牙白巧
  克力
- 1 克 …… 鹽之花
- 150 克 …… 開心果膏
- 幾滴 …… 黃色色素
- 幾滴 …… 綠色色素

綠檸檬醬汁

- 50 克 …… 細砂糖
- 5 顆 …… 綠檸檬汁
- 2 顆 …… 綠檸檬皮碎
- 5 片 …… 薄荷葉

泡芙

- 25 個 …… 泡芙
  （參閱 P.278）
- 25 片 …… 波蘿酥皮圓片
- 1 克 …… 黃色色素
- 1 克 …… 綠色色素

開心果帕林內

- 100 克 …… 細砂糖
- 2 克 …… 鹽之花
- 150 克 …… 整粒開心果
- 榛果油

組裝與完成

- 幾顆 …… 焦糖開心果
- 檸檬水田芥葉

01.

開心果香堤伊

前一夜,在單柄鍋中倒入液態鮮奶油煮沸,加進薄荷葉,離火浸泡 10 分鐘。粗略弄碎白巧克力,放入沙拉碗。薄荷鮮奶油倒入錐形濾網或圓形濾網加以過濾,倒在白巧克力上。加入鹽、開心果膏和色素,使用手持式電動攪拌棒高速攪拌,香堤伊表面覆蓋保鮮膜,送進冰箱冷藏一夜。

02.

綠檸檬醬汁

在單柄鍋中放入糖、檸檬汁、檸檬皮碎和薄荷葉,以小火收汁約 30 分鐘,直到煮出濃滑質地。綠檸檬醬汁放入錐形濾網過濾,送入冰箱冷藏 30 分鐘。

若要讓開心果香堤伊
更快冷卻,請倒入
焗烤盤,香堤伊表面
蓋上保鮮膜。

03.

泡芙

烤箱預熱到 210℃（刻度 7）。按照 P.278 的步驟製作波蘿酥皮圓片,但在準備基礎麵糊時加入黃色和綠色色素。按照 P.278 的步驟製作泡芙麵糊,在鋪了烘焙紙的烤盤上擠出 25 個泡芙,烘烤前再於頂端放上波蘿酥皮圓片。泡芙送入熄火的烤箱靜置 10 分鐘,重新啟動烤箱並將溫度設在 165℃（刻度 6）,泡芙繼續烘烤 10 分鐘。

開心果帕林內

製作當天，單柄鍋中放入細砂糖和鹽，乾煮成焦糖。烤盤鋪上烘焙紙，分散放上數顆整粒開心果，在開心果上澆淋焦糖，靜置冷卻。倒入食物調理機稍微攪打，取出少部分供裝飾用，在剩下的焦糖開心果碎屑中加入榛果油，讓質地更加滑順。再度啟動食物調理機，做出柔滑的帕林內，放入裝有 10 號圓形花嘴的擠花袋。

04.

組裝與完成

在裝有 10 號圓形花嘴的擠花袋中，放入一半先前準備好的開心果香堤伊。在每個泡芙底部鑽一個小洞，擠入香堤伊直到三分之二滿，最後三分之一的空間則擠入開心果帕林內。

05.

用小花嘴在泡芙的平坦面鑽洞。
在泡芙中擠入未打發的香堤伊，
做出較為柔順的口感。

06.

攪拌缸中放入剩下的開心果香堤伊，裝上打蛋器打發，放進裝有 12 號星形花嘴的擠花袋，在泡芙的平坦面擠上開心果香堤伊鮮奶油花，泡芙的隆起面向下放置。用烘焙紙做出三角錐，在香堤伊鮮奶油花頂端滴上一滴綠檸檬醬汁。撒上一些焦糖開心果，插上幾片檸檬水田芥葉。

進 階 食 譜

皮耶・馬可里尼

2011年，我有幸在東京參加一場有50位日本最知名美食記者齊聚的宴會。為了這場宴會，我設計出一款巧妙融匯兩種文化的甜點，讓柚子清爽宜人的酸味與帕林內的柔潤甜美琴瑟和鳴。

柚子千層派佐芝麻帕林內夾心，2011

12人份

製作時間：30分鐘
烹調時間：10分鐘
靜置時間：12小時+1小時

甜點師技法
結晶〔P.617〕、焙烤〔P.619〕。

用具
Silpat® 矽膠烤墊〔P.623〕、溫度計〔P.623〕。

柚子甘納許

- 130 克 …… 柚子汁
- 120 克 …… 橘子汁
- 15 克 …… 綠檸檬汁
- 20 克 …… 山梨醇
- 60 克 …… 轉化糖或葡萄糖
- 440 克 …… 甜點用牛奶巧克力
- 90 克 …… 甜點用黑巧克力
- 120 克 …… 奶油

芝麻帕林內

- 6 克 …… 葡萄糖
- 60 克 …… 蜂蜜
- 60 克 …… 細砂糖
- 55 克 …… 烤過的金芝麻
- 170 克 …… 甜點用牛奶巧克力
- 35 克 …… 可可脂

黑巧克力片

- 300 克 …… 甜點用黑巧克力

01.

柚子甘納許

前一夜,在單柄鍋中放入柚子汁、橘子汁、綠檸檬汁、
山梨醇和轉化糖,加熱到 100℃,與兩種切成小塊的
巧克力混合,拌入切成小丁的奶油。

倒入厚 5 公釐的護條之間,送進冰箱冷藏 1 夜,讓甘
納許結晶。

製作當天,將甘納許切成 2×9 公分的長條。

如果找不到山梨醇,
不用也無妨。

02.

芝麻帕林內

使用葡萄糖、蜂蜜和糖製作焦糖,溫度
達到 165℃之後加入烤過的芝麻,攪
拌均勻,平鋪在 Silpat® 矽膠烤墊上,
靜置冷卻。

03.

焦糖冷卻後，磨碎並與融化的牛
奶巧克力和可可脂混拌在一起。
鋪抹在 5 公釐厚的護條之間，
送進冰箱冷藏 1 到 2 小時讓巧
克力結晶，然後將帕林內切成數
個 2×9 公分的長條。

04.

以 30℃ 讓黑巧克力結晶，平鋪在
烘焙紙上。開始凝固後即可切成數
片 2×9 公分的長方形，靜置結晶。
在盤面放上一片巧克力，疊上一塊
帕林內，再加上一片巧克力並放上
一塊帕林內。最後放上一片巧克
力，並以可食用花朵裝飾。

基礎食譜

製作時間：10分鐘
烹調時間：10分鐘
靜置時間：2小時

鹹奶油焦糖

- 100 克 …… 液態鮮奶油
- 100 克 …… 細砂糖
- 55 克 …… 半鹽奶油

焦 糖 醬

特色
使用鮮奶油製成的液態醬汁，富含鹹奶油焦糖的甜蜜滋味。

用途
佐伴蛋糕食用。

甜點師技法
加入液體或固體以降溫〔P.617〕、材料表面覆蓋保鮮膜〔P.617〕。

應用食譜
焦糖東加豆香草棒棒糖泡芙，**克里斯多福 · 米夏拉**〔P.548〕

01.

在單柄鍋中加熱液態鮮奶油。取另一個單柄鍋放入細砂糖，不斷攪拌，乾煮成金棕色焦糖。

02.

在焦糖中加入半鹽奶油以降溫，用木匙攪拌。

03.

分三次在焦糖中加入熱鮮奶油，每加一次都要快速攪拌。煮滾後讓焦糖鮮奶油繼續沸騰一分鐘，材料表面覆蓋保鮮膜，送進冰箱冷藏至少 2 小時。

克里斯多福・米夏拉

亞倫・杜卡斯創立「地獄泡芙」（Choux d'Enfer）專賣店時，我堅持要讓美味升值。這款泡芙本身十分可口，但淋上醬汁能夠使整體更加水乳交融，造就難以抗拒的絕對美味……現在交由你品嘗評分！

焦糖東加豆香草棒棒糖泡芙

25個泡芙

製作時間：35分鐘
烹調時間：45分鐘
靜置時間：1夜+4小時

甜點師技法

材料表面覆蓋保鮮膜〔P.617〕、打到柔滑均勻〔P.618〕、擠花〔P.618〕、焙烤〔P.619〕。

用具

錐形濾網〔P.620〕、打蛋盆〔P.620〕、手持式電動攪拌棒〔P.621〕、裝有10號平口圓頭花嘴的擠花袋〔P.622〕、Microplane® 刨刀〔P.621〕。

香草東加豆輕卡士達醬

- ◆ 320 克 ⋯⋯ 全脂牛奶
- ◆ 1 根 ⋯⋯ 香草莢
- ◆ 1/4 個 ⋯⋯ 東加豆莢，磨成細屑
- ◆ 1 片 ⋯⋯ 吉利丁（2 克）
- ◆ 12 克 ⋯⋯ 冷水
- ◆ 3 顆 ⋯⋯ 蛋黃（60 克）
- ◆ 30 克 ⋯⋯ 黃蔗糖
- ◆ 25 克 ⋯⋯ 玉米澱粉（Maïzena®）
- ◆ 50 克 ⋯⋯ 非常冰冷的奶油
- ◆ 1 克 ⋯⋯ 鹽之花

鹹奶油焦糖（參閱P.546）

泡芙

- ◆ 25 個 ⋯⋯ 泡芙（參閱 P.278）
- ◆ 50 克 ⋯⋯ 粒狀糖
- ◆ 50 克 ⋯⋯ 切碎的烤杏仁

01.

香草東加豆輕卡士達醬

前一夜，在單柄鍋中加熱牛奶，離火後加入縱切的香草莢和刮出的香草籽，以及磨成碎屑的東加豆，放在涼爽處浸泡1夜。

隔天，吉利丁泡入冷水吸收水分。打蛋盆送進冷凍庫，好在使用時處於非常冰冷的狀態。香草東加豆牛奶放入錐形濾網過濾，倒進單柄鍋加熱到沸騰。

02.

務必一邊加熱一邊攪拌材料，
以免燒焦。
卡士達醬倒在平底焗烤盤中，
材料表面覆蓋保鮮膜，
送進冰箱冷藏，就能快速冷卻。

快速攪打蛋黃、黃蔗糖和玉米澱粉，混合香草東加豆牛奶，然後全部倒回單柄鍋中，再度煮到沸騰，期間以打蛋器不斷攪拌。加入擠乾水分的吉利丁，攪拌1分鐘讓吉利丁融化。放進非常冰冷的打蛋盆，用手持式電動攪拌棒打到柔滑均勻。冰冷的奶油切成小塊，加入上述混和物中，不斷攪拌。加入鹽。材料表面覆蓋保鮮膜，送進冰箱冷藏至少2小時。

鹹奶油焦糖

按照 P.546 的步驟製作焦糖。

03.

泡芙

烤箱預熱到 210℃（刻度 7）。按照 P.278
的步驟製作泡芙麵糊，在鋪了烘焙紙的烤盤上
擠出 25 個泡芙。烘烤前為每個泡芙撒上糖粒
和切碎的烤杏仁，送進熄火的熱烤箱靜置 10
分鐘，然後重新啟動烤箱，溫度設在 165℃
（刻度 6），繼續烘烤泡芙 10 分鐘。在每個
泡芙底部鑽洞。擠花袋裝上 10 號平口圓頭花
嘴，放進香草束加豆奶油餡，擠滿整個泡芙內
部。

04.

使用小花嘴在泡芙的平坦面鑽洞。
在烹飪用品專賣店很容易就能買到
棒棒糖專用的小棍子。

05.

為每個泡芙插上棒棒糖專用的小棍子，浸入焦糖，靜置凝固乾燥幾
分鐘後即可品嘗。

基礎食譜

製作時間：10分鐘
烹調時間：15分鐘

- ◆ 35 克 ⋯⋯ 細砂糖
- ◆ 45 克 ⋯⋯ 水
- ◆ 15 克 ⋯⋯ 無糖可可粉
- ◆ 45 克 ⋯⋯ 打發用鮮奶油
- ◆ 45 克 ⋯⋯ 可可含量 66% 的黑巧克力

巧克力醬

特色
巧克力液態醬汁，溫熱食用。

用途
佐伴不同類型的甜點。

甜點師技法
隔水加熱〔P.616〕、打到柔滑
均勻〔P.618〕。

用具
手持式電動攪拌棒〔P.621〕。

應用食譜
巧克力香蕉夏洛特〔P.555〕
金箔巧克力蛋糕，**皮耶・艾曼**〔P.558〕

01.

單柄鍋中放入水並以中火加熱，加入糖和可可粉。煮沸後繼續煮 30 秒直到濃稠，倒入碗中。

在單柄鍋倒入打發用鮮奶油，以中火加熱。使用微波爐或隔水加熱融化塊狀巧克力，不要加水。鮮奶油沸騰後倒在融化的巧克力上，攪拌均勻，做成濃滑的甘納許。

02.

03.

可可糖水分批倒在甘納許上，攪拌均勻。視需要用手持式電動攪拌棒讓質地均勻，醬汁必須完美柔滑。

巧克力香蕉夏洛特

6人份

製作時間：1小時
烹調時間：10分鐘
靜置時間：15分鐘+12小時

甜點師技法

鋪覆〔P.616〕、隔水加熱〔P.616〕、擠花〔P.618〕、蘸刷糖漿或液體〔P.619〕、製作榛果奶油〔P.616〕。

用具

電動攪拌器〔P.620〕、直徑比夏洛特模具稍小的中空圈模〔P.620〕、夏洛特模具〔P.622〕、擠花袋〔P.622〕。

煎香蕉

- 1 或 2 根 …… 香蕉
- 20 克 …… 奶油
- 10 克 …… 細砂糖
- 20 克 …… 蘭姆酒

酥脆餅底

- 35 克 …… Gavottes® 法式薄餅捲
- 40 克 …… 玉米片
- 35 克 …… 可可含量 44% 的牛奶巧克力
- 85 克 …… 榛果醬

手指餅乾

- 30 根 …… 原味手指餅乾（參閱 P.192）
- 300 克 …… 基礎糖漿（參閱 P.196）

巧克力慕斯

- 5 個 …… 中型蛋（220 克）
- 25 克 …… 細砂糖
- 150 克 …… 可可含量 70% 的黑巧克力
- 75 克 …… 非常冰冷的打發用鮮奶油
- 35 克 …… 細砂糖

巧克力醬（參閱P.562）

進階食譜

01.

煎香蕉

前一夜，香蕉切成夠厚的圓片。在熱平底鍋放入切成小丁的奶油，煮到變成琥珀色並散發榛果香味。加進香蕉圓片，煎到金黃，撒上糖。翻面續煎。倒入蘭姆酒，以火柴點燃火焰讓酒精蒸發。瀝乾香蕉汁液，移到盤中備用。

02.

酥脆餅底

壓碎 Gavottes® 法式薄餅捲和玉米片。融化巧克力，混合榛果醬，加入壓碎的法式薄餅和玉米片，混拌均勻，餅糊必須均勻。烤盤鋪上烘焙紙，放上一個直徑較夏洛特模具小的中空圈模，底部鋪上約 1 公分厚的酥脆餅底，鋪平表面但不要壓實。送進冰箱冷藏 15 分鐘讓餅底變硬。

手指餅乾

按照 P.192 和 P.194 的步驟製作手指餅乾和基礎糖漿。糖漿倒入大碗。烤架放在一個盤子上。手指餅乾快速浸入糖漿，移到烤架上滴乾液體。在模具邊緣鋪上手指餅乾（浸漬糖漿那一面朝外），然後鋪覆底部（糖漿面朝內）。視需要用剪刀剪掉超出模具邊緣的手指餅乾。

混拌巧克力和蛋白霜之前，先取部分蛋白霜與巧克力混拌，使巧克力具備相同的慕斯質地。

03.

巧克力慕斯

分離蛋白和蛋黃，秤出 100 克蛋白和 30 克蛋黃。快速攪打蛋白，成為慕斯狀蛋白霜之後改成以中速攪打。加入糖。使用微波爐或隔水加熱融化巧克力，不要加水。一邊加入鮮奶油一邊攪拌。然後放入蛋黃繼續攪拌。在巧克力糊中先加入小部分打到緊實的蛋白霜加以稀釋。接著倒回剩下的蛋白霜中。輕柔混拌，以免蛋白霜塌陷。用擠花袋在模具中鋪上一層巧克力慕斯（若沒有擠花袋，可使用湯匙）。加入煎香蕉。

04.

05.

組裝

再裝入一層慕斯。鋪上一層手指餅乾，最後填入一層慕斯。剩下的慕斯放在保鮮盒內，放冰箱保存。

06.

從冰箱取出裝有酥脆餅底的中空圈模，脫模後放在夏洛特頂端，作為慕斯餅底。覆蓋夏洛特，送進冰箱冷藏 12 小時。

為了避免在甜點的盛裝盤上留下
醬汁痕跡，將夏洛特放入冷凍而非冷藏。
製作當天，趁夏洛特仍然堅硬，
移到烤架上澆淋醬汁，
然後盛裝到盤子上。
預留夏洛特解凍的時間！

夏洛特脫模後移到烤架上，在烤架下墊一張烘焙紙。使用巧克力醬和削皮刀削下的巧克力片作為裝飾。

巧克力醬

製作當天，按照 P.552 的步驟準備巧克力醬，放置室溫冷卻。

07.

08.

金箔巧克力蛋糕

6-8人份

製作時間：1小時30分鐘
烹調時間：45分鐘
靜置時間：5小時45分鐘

甜點師技法

隔水加熱〔P.616〕、醬汁煮稠到可裹覆匙面〔P.617〕、打到柔滑均勻〔P.618〕、澆淋〔P.618〕、鋪底〔P.619〕。

用具

塑膠軟板〔P.622〕、邊長 18公分和高 4-5 公分模具或方形烤盤、彎柄抹刀〔P.622〕、有彈性的長抹刀〔P.623〕、溫度計〔P.623〕。

巧克力軟質蛋糕

* 125 克 …… 可可含量 70% 的 Guanaja de Valrhona® 巧克力
* 125 克 …… 軟化奶油
* 110 克 …… 細砂糖
* 2 顆 …… 蛋（100 克）
* 35 克 …… 過篩麵粉

柔滑巧克力醬

* 90 克 …… 可可含量 70% 的 Guanaja de Valrhona® 巧克力，切得極碎
* 3 顆 …… 蛋黃（60 克）
* 60 克 …… 細砂糖

* 125 克 …… 全脂鮮奶
* 125 克 …… 液態鮮奶油

黑巧克力千層帕林內

* 40 克 …… 40/60 杏仁帕林內（Valrhona®）
* 40 克 …… 純榛果膏（榛果泥）
* 20 克 …… Valrhona® 特級可可膏（可可含量100%）
* 25 克 …… Gavottes® 法式薄餅捲碎片
* 20 克 …… 可可粒
* 10 克 …… 奶油

巧克力慕斯

* 170 克 …… 可可含量 70% 的 Guanaja de Valrhona® 巧克力
* 80 克 …… 鮮奶
* 1 顆 …… 蛋黃（20 克）
* 4 顆 …… 蛋白（120 克）
* 20 克 …… 細砂糖

巧克力醬

* 130 克 …… 可可含量 70% 的 Guanaja de Valrhona® 巧克力
* 250 毫升 …… 礦泉水
* 90 克 …… 細砂糖
* 125 克 …… 濃鮮奶油

巧克力鏡面

- 100 克 ┈┈ 可可含量 70% 的 Guanaja de Valrhona® 巧克力
- 80 克 ┈┈ 液態鮮奶油
- 20 克 ┈┈ 奶油

巧克力薄脆片

- 150 克 ┈┈ 可可含量 70% 的 Guanaja de Valrhona® 巧克力

專為喜愛強烈苦味者製作的純巧克力蛋糕,利用口感和溫度創造趣味,遊走於柔軟、腴滑和酥脆之間。

巧克力軟質蛋糕

為邊長 18 公分,高 4 到 5 公分的模具或方形烤盤塗抹奶油,撒上麵粉。切碎巧克力,隔水加熱融化。依序混合所有材料,最後加入融化巧克力。麵糊倒入模具。以 180℃(刻度 6)烘烤 25 分鐘。蛋糕必須擁有未烤熟的質感。模具倒扣在涼架上,取下模具,靜置冷卻。

01.

02.

柔滑巧克力醬

在沙拉碗中攪打蛋黃和糖。加熱牛奶和鮮奶油直到沸騰,一邊分批倒入蛋糖糊中,一邊持續攪拌。全部倒回單柄鍋,如同製作英式蛋奶醬一樣以 84-85℃ 烹煮。取第二個沙拉碗放入切碎的巧克力,倒入半量英式蛋奶醬,攪拌均勻。倒進剩下的英式蛋奶醬,再度攪拌。洗淨模具,內部塗上奶油並撒上糖。底部鋪上蛋糕。

在冰冷的蛋糕上倒入蛋奶醬,送進冰箱冷藏 3 小時。

03.

黑巧克力千層帕林內

以 45℃ 隔水加熱融化奶油和可可膏。混合杏仁帕林內、榛果膏、可可膏和奶油，加入 Gavottes® 法式薄餅捲碎片和可可粒。在冰涼的蛋奶醬上鋪一層 140 克黑巧克力千層帕林內，用彎柄抹刀抹平，送進冷凍庫。

04.

由於可可脂的物理性質，
巧克力必須經過
特殊處理才能光滑脆口。
巧克力最大的敵人是水，
除了會使巧克力變得
厚重之外，還會造成
無法挽回的損害。

巧克力慕斯

弄碎巧克力並隔水加熱融化。在第二個單柄鍋中加熱牛奶直到沸
騰，倒在巧克力上，攪拌均勻，加入蛋黃。蛋白放入沙拉碗，以
打蛋器快速攪打，同時一撮一撮撒上糖。在巧克力糊中拌入柔軟
蛋白霜。輕柔混拌，將麵糊從中心舀起，朝外圍往下混拌，一邊
旋轉沙拉碗。在模具中的黑巧克力千層帕林內上方倒入慕斯，裝
滿並抹平表面，送進冷凍庫至少 2 小時。

巧克力醬

巧克力弄碎成小塊，放入大單柄鍋中與水、糖和
鮮奶油一起用小火煮滾後讓醬汁繼續沸騰，同時
以攪拌匙不斷攪拌，直到醬汁濃稠倒可裹覆匙
面，並且達到理想的柔滑度。取出 100 克做為
鏡面，保留剩下的部分佐伴蛋糕。

05.

巧克力鏡面

磨削巧克力。在單柄鍋中煮沸鮮奶油，離火後加入巧克力，用攪拌匙緩緩攪拌，降到 60℃以下之後依序拌入奶油和巧克力醬，盡可能減少攪拌的次數。鏡面必須溫熱使用，介於 35℃到 40℃之間。用勺子澆在蛋糕邊緣，以有彈性的長刮刀在整個表面抹平巧克力。如果鏡面溫度降到太低，用溫水隔水加熱稍微回溫，不要攪拌。

06.

讓蛋糕在冰箱中冷藏，
直到品嘗時再取出。
點綴幾片食用金箔做
為裝飾。

巧克力薄脆片

切碎巧克力，隔水加熱以小火融化。離火冷卻。再度隔水稍微加熱（約 31℃）並攪拌。在透明塑膠軟板上塗鋪一層薄薄的巧克力。在巧克力快要凝固前，切成 18×18 公分的方形薄片。放上一片塑膠片再壓上一本書，以免巧克力變形。送進冰箱 45 分鐘。取下塑膠片。在蛋糕表面放上薄巧克力片。

基礎食譜

巧克力裝飾

應用食譜

酥脆巧克力覆盆子塔，
克萊兒・艾茲勒〔P.30〕
百香熱情戀人，
克萊兒・艾茲勒〔P.168〕
甜蜜歡愉，
皮耶・艾曼〔P.178〕
女爵巧克力蛋糕〔P.189〕
黑巧克力慕斯，
尚-保羅・艾凡〔P.515〕
荔枝森林草莓香檳輕慕斯，
克萊兒・艾茲勒〔P.516〕
巧克力帕林內金三角，
克里斯多福・米夏拉〔P.534〕
金箔巧克力蛋糕，
皮耶・艾曼〔P.558〕
克洛伊薄片塔，
皮耶・艾曼〔P.566〕
秋葉巧克力軟心塔，
克里斯多福・亞當〔P.570〕

特色

使用調溫巧克力製作的巧克力裝飾。

用途

裝飾蛋糕。

甜點師技法

結晶〔P.617〕、隔水加熱〔P.616〕、巧克力調溫〔P.619〕。

用具

打蛋盆〔P.620〕、溫度計〔P.623〕。

以下是幾個成功製作巧克力裝飾的祕訣：

●

想做出美麗的巧克力裝飾，首先必須嫻熟掌握巧克力調溫，這種技巧是讓巧克力經歷三個溫度階段，做出最佳質地、光亮的巧克力，而且在結晶時不會變白。

●

用刀子將巧克力切得極碎，放入打蛋盆並放到裝了水的單柄鍋上。以小火加熱。使用溫度計，根據不同類型的巧克力，確認巧克力融化到應有的溫度：
◆ **黑巧克力**：50-55℃。
◆ **牛奶巧克力**：45-50℃。
◆ **白巧克力**：40℃。

●

接著從單柄鍋取下打蛋盆，降低巧克力溫度：
◆ **黑巧克力**：28-29℃。
◆ **牛奶巧克力**：27-28℃。
◆ **白巧克力**：26-27℃。

打蛋盆重新放回隔水加熱的單柄鍋上，再度以小火回溫至下列溫度：
◆ **黑巧克力**：31-32℃。
◆ **牛奶巧克力**：30-31℃。
◆ **白巧克力**：27-29℃。

進 階 食 譜

皮耶・艾曼

這款甜塔由玉米粉沙布蕾餅底、覆盆子碎片、可可含量64%的酸香Manjari巧克力甘納許組成，最後覆上一片鹽之花黑巧克力薄片。

克洛伊薄片塔

8人份

製作時間：1小時
烹調時間：1小時
靜置時間：24小時+3小時30
分鐘

甜點師技法

擀麵〔P.616〕、結晶〔P.617〕、隔水加熱〔P.616〕、乳化〔P.617〕、巧克力調溫〔P.619〕。

用具

直徑 21 公分和高 2 公分中空圈模〔P.620〕、手持式電動攪拌棒〔P.621〕、彎柄抹刀〔P.622〕、攪拌機〔P.622〕、擀麵棍〔P.622〕、溫度計〔P.623〕。

黑巧克力三角薄片

◆ 250 克 …… 可可含量 64% 的 Valrhona® Manjari 黑巧克力

玉米粉沙布蕾麵團

◆ 150 克 …… 奶油
◆ 30 克 …… 白杏仁粉
◆ 90 克 …… 糖粉
◆ 半克 …… 香草粉
◆ 1 顆 …… 大型蛋（60 克）
◆ 0.5 克 …… Guérande 鹽之花
◆ 225 克 …… T55 麵粉
◆ 45 克 …… 玉米粉

克洛伊巧克力甘納許

◆ 140 克 …… 覆盆子泥
◆ 150 克 …… 可可含量 64% 的 Valrhona® Manjari 苦甜巧克力
◆ 35 克 …… 奶油

乾燥覆盆子

◆ 150 克 …… 覆盆子

黑巧克力三角薄片

前一夜，融化巧克力並在大理石上鋪抹，倒在塑膠軟板上。用彎柄抹刀抹平，放上第二片塑膠軟板，用擀麵棍擀平。稍微結晶後用刀子切出一個直徑 21 公分的圓形，均分成八份。蓋上一張烘焙紙，壓上一個有重量的物體，避免巧克力變形。送進冰箱冷藏 24 小時。

01.

玉米粉沙布蕾麵團

製作當天，攪拌機裝上葉片，攪打攪拌缸中的奶油，然後依序加入其他材料，稍微混拌。用保鮮膜包住麵團，送進冰箱冷藏 30 分鐘。擀平沙布蕾麵團，在表面戳洞。為直徑 21 公分、高 2 公分的中空圈模塗上奶油，切出一塊與模具大小相同的圓形麵皮，放在鋪了烘焙紙的烤盤上，送進冰箱冷藏 1 小時。放入 170℃（刻度 6）的循環氣流烤箱中烘烤約 15 分鐘。

02.

03.

克洛伊巧克力甘納許

奶油放置在室溫下。使用微波爐或隔水加熱融化覆蓋用巧克力。加熱覆盆子泥，倒三分之一的量在覆蓋用巧克力上，從中心開始攪拌，漸漸加大向外的動作。分兩次加入剩下的覆盆子泥，每次都重複上述步驟，然後拌入 40℃ 的奶油。用手持式電動攪拌棒乳化甘納許，立刻使用。

乾燥覆盆子

烤箱開啟旋風模式，預熱到 90℃（刻度 3）。烤盤墊上烘焙紙，鋪滿覆盆子，送進烤箱 1 小時 30 分鐘加以乾燥。用擀麵棍稍微壓碎乾燥的覆盆子。在鋪有烘焙紙的烤盤上放置一個中空圈模，裝入烤好的玉米粉沙布蕾餅底，撒上乾燥覆盆子。倒入 300 克克洛伊巧克力甘納許，送進冰箱凝固 2 小時。

04.

這款甜塔可在冰箱
冷藏保存2天。

05.

用溫熱的刀子把塔切成 8 個三角形，表面各裝飾一片黑巧克力三角薄片。

克里斯多福·亞當

我把這款甜點設計成一個冬季小花園。巧克力葉片、奶酥小圓石，以及繽紛多樣的焦糖堅果，一起盛放在風味濃郁的黑巧克力軟質蛋糕上。

秋葉巧克力軟心塔

4人份

製作時間：30分鐘
烹調時間：40分鐘

甜點師技法
擠 花〔P.618〕、 軟 化 奶 油〔P.616〕、搓成沙狀〔P.619〕、刨磨皮茸〔P.619〕。

用具
打 蛋 盆〔P.620〕、 刮 刀〔P.621〕、甜點刷〔P.622〕、擠 花 袋〔P.622〕、4 個 高 2或 3 公分小圓模型或紙杯、Microplane® 刨刀〔P.621〕。

奶酥小球
◆ 20 克 …… 軟化奶油
◆ 25 克 …… 黃蔗糖
◆ 6 克 …… 可可粉
◆ 20 克 …… 麵粉
◆ 25 克 …… 杏仁粉
◆ 1 撮 …… 鹽之花
◆ 半顆 …… 柳橙皮碎

軟質巧克力蛋糕
◆ 60 克 …… 黑巧克力（可可含量 68% 的 Caraïbes de Valrhona®）

◆ 75 克 …… 軟化半鹽奶油
◆ 2 顆 …… 蛋（100 克）
◆ 80 克 …… 細砂糖
◆ 35 克 …… 麵粉

占度亞巧克力奶醬
◆ 60 克 …… 乳脂含量 35% 的液態鮮奶油
◆ 85 克 …… 占度亞巧克力（Valrhona®）

焦糖堅果
◆ 60 克 …… 糖粉

◆ 30 克 …… 胡桃
◆ 30 克 …… 榛果

巧克力葉片
◆ 100 克 …… 黑巧克力（可可含量 68% 的 Caraïbes de Valrhona®）
◆ 12 片 …… 月桂葉

組裝與完成
◆ 食用金粉
◆ 60 克 …… 裹上巧克力的榛果

不要過度揉搓奶酥小球，
它們不應該擁有光滑的
表面，形狀應該如
小石子般不規則。

01.

奶酥小球

烤箱預熱到 175℃（刻度 6）。在沙拉碗中攪拌軟化奶油、黃蔗糖、可可粉、麵粉、杏仁粉和鹽之花，磨上柳橙皮屑，再度攪拌。麵糊做好後揉成 20 幾顆小球，放在鋪了烘焙紙的烤盤上，送進烤箱烘烤 10 到 15 分鐘，隨時注意烘烤的程度。

巧克力軟質蛋糕

烤箱預熱到 180℃（刻度 6）。巧克力放入微波爐短時間以便融化，倒入打蛋盆，以刮刀拌入軟化半鹽奶油。加進蛋、細砂糖和麵粉，用打蛋器攪拌均勻，做出質地均勻的麵糊。

02.

03.

麵糊放入擠花袋，均分擠入 4 個高 2-3 公分的小圓形模或紙杯中，送進烤箱烘烤 11 分鐘。從烤箱取出的軟質蛋糕應該能夠微微晃動。

占度亞巧克力奶醬

在單柄鍋中加熱液態鮮奶油。切碎占度亞巧克力，倒入依然熱燙的鮮奶油。以刮刀攪拌到質地均勻。保存在室溫環境。

焦糖堅果

在單柄鍋中放入糖粉、胡桃和榛果，以中火加熱。用木匙不斷攪拌，拌炒到堅果反砂並裹上焦糖。

04.

注意，煮焦糖時速度不要太快，
以免堅果無法完全裹上焦糖。

05.

巧克力葉片

在單柄鍋中融化巧克力，讓月桂葉的其中一面沾上融化巧克力，放在涼架或烘焙紙上乾燥。巧克力變硬後，用手指小心取下月桂葉。

裹上巧克力的榛果也很容易
在一般商店購得。

組裝與完成

用湯匙在每個軟質蛋糕上鋪一層占度亞巧克力奶醬。刷子沾上金粉，裝飾巧克力葉片。每個蛋糕插上三片。漂亮地加上幾顆奶酥小球和焦糖堅果。用小刀將裹上巧克力的榛果切成兩半，同樣放到軟質蛋糕上做為點綴。

06.

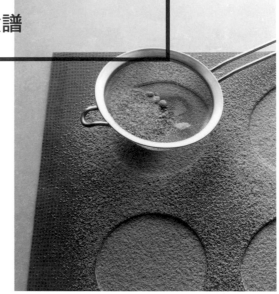

製作時間：10分鐘
烹調時間：30分鐘

- ◆ 30 克 …… 糖粉
- ◆ 30 克 …… 半鹽奶油
- ◆ 30 克 …… 杏仁粉
- ◆ 30 克 …… T45 麵粉
- ◆ 220 克 …… 翻糖
- ◆ 140 克 …… 葡萄糖

糖片
克里斯多福 · 米夏拉

特色

細緻易碎的糖飾。

用途

裝飾蛋糕。

甜點師技法

擀平〔P.616〕。

用具

食物調理機〔P.621〕、圓形濾
網〔P.622〕、擀麵棍〔P.622〕、
Silpat® 矽膠烤墊〔P.623〕。

應用食譜

反轉柑橘塔，**克里斯多福 · 米夏拉**〔P.576〕

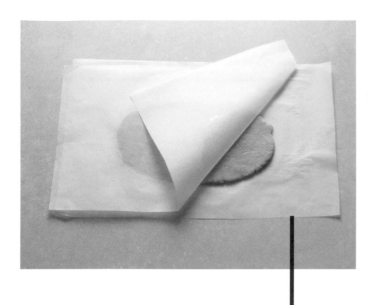

烤箱預熱到 150℃（刻度 5）。製作奶酥。攪拌糖粉、半鹽奶油、杏仁粉和麵粉。放在兩張烘焙紙之間擀成 5 公釐厚，烘烤 20 分鐘，移到涼架上放涼。提高烤箱溫度到 180℃（刻度 6）。

01.

02.

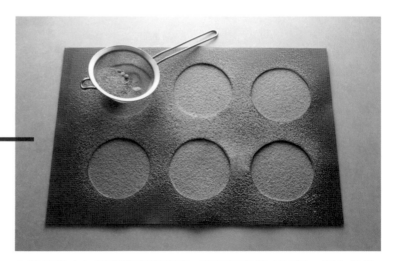

在單柄鍋中加熱翻糖和葡萄糖，直到溫度達 180℃，倒在烤好的奶酥上。冷卻後用食物調理機研磨打碎。在 Silpat® 矽膠烤墊上放置一張有數個直徑 13 公分鏤空圓形的模板，用圓形濾網撒上奶酥糖粉，送進烤箱烘烤 5 分鐘。

克里斯多福・米夏拉

一款清新單純、趣味盎然的甜點，融合各種柑橘類水果的風味，但又達成完美的平衡。謹將此作品獻給熱愛苦味與酸味的亞倫・杜卡斯……

反轉柑橘塔

1個大塔（8人份）

製作時間：45分鐘
烹調時間：1小時
靜置時間：24小時

甜點師技法

隔水加熱〔P.616〕、完整取下柑橘瓣果肉〔P.619〕、擠花〔P.618〕、刨磨皮茸〔P.619〕。

用具

錐形濾網〔P.620〕、手持式電動攪拌棒〔P.621〕、擠花袋〔P.622〕、溫度計〔P.623〕。

柚子奶醬

- 100 克 …… 柚子汁
- 30 克 …… 全脂牛奶
- 15 克 …… 綠檸檬皮碎
- 3 顆 …… 蛋（170 克）
- 120 克 …… 細砂糖
- 160 克 …… 奶油

柑橘果肉

- 2 顆 …… 葡萄柚
- 3 顆 …… 柳橙
- 3 顆 …… 檸檬

糖漬柑橘與柑橘果醬

- 葡萄柚與柳橙皮
- 1 公升 …… 礦泉水
- 500 克 …… 細砂糖
- 2 顆 …… 綠檸檬汁

糖片（參閱P.574）

擺盤

- 250 克 …… 透明無色鏡面果膠
- 25 克 …… 柚子汁
- 一點 …… 黃色色素粉

01.

柚子奶醬

前一夜，在單柄鍋中放入柚子汁、牛奶、綠檸檬皮、蛋和糖，以隔水加熱法煮到溫度達85℃，放入錐形濾網，濾去皮屑。在過濾後的奶醬一邊分批加入奶油，一邊用手持式電動攪拌棒攪打。裝入擠花袋，送進冰箱冷藏24小時。

02.

柑橘果肉

製作當天，用削皮刀削下柑橘果皮，供之後製作糖漬柑橘使用，務必去除柑橘皮上殘留的白膜，然後以鋒利的小刀完整取下所有柑橘果肉，放在吸水紙上。

03.

糖漬柑橘

厚切柑橘皮，讓果皮上連著一部分果肉，然後全部切成小丁，放入裝了冷水的單柄鍋中。煮到沸騰，換水後再度煮沸，重複兩次。瀝乾水分。加熱水和糖直到沸騰，放入柑橘皮丁，以小火煮乾收汁。等到柑橘皮丁可用刀尖輕鬆刺透且稍微變得透明，即代表煮好。瀝乾汁液。

04.

柑橘果醬

取半量的糖漬柑橘皮，一邊
加入檸檬汁，一邊用手持式
電動攪拌棒打碎。

05.

擺盤

按照 P.574 的步驟製作糖片。

加熱透明無味的鏡面果膠、柚子汁和色素，直到
混合物變得均勻。在盤子上擠兩圈花環狀柚子奶
醬，一圈在內，一圈在外，外圈的大小應與糖片
相當。在兩圈奶醬之間穿插擺放柑橘果肉、糖漬
柑橘皮丁和果醬。放上糖片和幾塊糖漬柑橘皮
丁。在塔的四周擠上一圈柚子淋醬。

基礎食譜

製作時間：10分鐘
烹調時間：20分鐘

- 5 顆 …… 檸檬（或其他柑橘類水果）
- 250 克 …… 細砂糖

糖漬柑橘皮

特色
在糖漿中長時間漬煮的柑橘皮。

用途
裝飾蛋糕並增添香氣。

變化
菲利普 · 康帝辛尼的糖漬柳橙皮〔P.582〕。

甜點師技法
川燙〔P.616〕、刨磨皮茸〔P.619〕。

用具
錐形濾網〔P.620〕。

應用食譜
雷夢妲，**菲利普 · 康帝辛尼**〔P.412〕
杏仁檸檬塔〔P.428〕
錫蘭，菲利普 · 康帝辛尼〔P.172〕
無蛋白霜焙烤開心果檸檬塔〔P.494〕
黃袍加身柑橘泡芙，**克里斯多福 · 米夏拉**〔P.498〕
泡沫榛果糖蛋糕，**菲利普 · 康帝辛尼**〔P.530〕
反轉柑橘塔，**克里斯多福 · 米夏拉**〔P.576〕
亞布洛克，**菲利普 · 康帝辛尼**〔P.582〕

也可以讓冷卻的檸檬皮滾裹上細砂糖，
使用其他種類的柑橘皮變化這個食譜。

用削皮刀削下檸檬皮，再以小刀切成細絲。

01.

02.

在雙耳蓋鍋或大單柄鍋中放入檸檬皮絲，加進蓋過檸檬皮的冷水，煮到沸騰，川燙檸檬皮以去除苦澀味。瀝乾水分。重複上述步驟第二次，確實瀝乾水分，然後重複第三次。

03.

擠出檸檬汁，總共應要取得300 毫升，視需要以水補足不夠的量。在單柄鍋中倒入檸檬汁、細砂糖和瀝乾水分的川燙檸檬皮。一起加熱到沸騰，維持微滾狀態直到糖漿煮到濃縮。瀝乾檸檬皮的汁液。

亞布洛克

6人份

製作時間：30分鐘
烹調時間：2小時50分鐘
靜置時間：1小時

甜點師技法

川 燙〔P.616〕、 粗 略 弄 碎
〔P.616〕、切絲〔P.618〕、
去芯〔P.617〕、材料表面覆蓋

保鮮膜〔P.617〕、刨磨皮茸
〔P.619〕。

用具

6 個 杯 子、漏 勺〔P.621〕、
刨絲器〔P.621〕、彎柄抹刀
〔P.622〕、圓形濾網〔P.622〕、
食物調理機〔P.621〕、炒鍋、
刮皮器〔P.623〕。

糖煮青蘋果

- 6 顆 …… 青蘋果
- 700 克 …… 青蘋果汁
  （新鮮或瓶裝）
- 300 克 …… 青蘋果香甜酒
- 50 克 …… 檸檬汁
- 40 克 …… 細砂糖

芫荽胡蘿蔔絲

- 80 克 …… 胡蘿蔔
- 100 克 …… 胡蘿蔔汁
  （新鮮或瓶裝）
- 200 克 …… 水
- 50 克 …… 檸檬汁
- 45 克 …… 細砂糖
- 3 撮 …… 鹽之花（2 克）
- 20 克 …… 奶油
- 1 小平匙 …… 芫荽籽
- 1 小匙 …… 研磨黑胡椒

- 3 小匙 …… Maïzena® 玉米
  粉勾芡（參閱 P.245）

玉米瓦片

- 150 克 …… 低脂牛奶
- 450 克 …… 玉米（罐頭）
- 45 克 …… 液態焦糖
- 3 顆 …… 蛋黃（55 克）
- 20 克 …… 細砂糖
- 1 大匙 …… 稍微隆起的麵粉
- 1 大匙 …… 稍微隆起的玉米
  粉

焦糖爆米花

- 50 克 …… 爆米花
  （使用爆米花玉米製作）
- 1 大匙 …… 花生油
- 125 克 …… 細砂糖
- 15 克 …… 奶油
- 1 撮 …… 鹽之花（1 克）

椰子醬汁

- 200 克 …… 椰奶
- 10 克 …… 細砂糖
- 2 小匙 …… Maïzena® 玉米
  粉勾芡
- 3 滴 …… 烤椰子精

糖漬柳橙皮

- 345 克 …… 有機柳橙皮
- 335 克 …… 水
- 335 克 …… 細砂糖
- 160 克 …… 柳橙汁
- 60 克 …… 檸檬汁

裝飾完成

- 2 大匙 …… 4 號珍珠糖（若
  無可用炸泡芙的粒狀糖）
- 幾粒 …… 新鮮開心果和開心
  果粉

以青蘋果汁燉煮到柔軟的
青蘋果，入口會先嘗到讓
人分泌口水的酸味，然後
接受各種調味的衝擊：胡
蘿蔔、橄欖油、芫荽、鹽
之花和柳橙。在這款甜點
中，每種味道都與其他味
道相輔相成，共同成就令
人驚豔的整體風味，新穎
但極致平衡，而且無比美
味。

01.

用食指壓一下蘋果，如果可以輕鬆戳入，即代表糖煮完成。

糖煮青蘋果

烤箱預熱到 120℃（刻度 4）。在炒鍋中煮沸青蘋果汁、青蘋果香甜酒、檸檬汁和細砂糖。青蘋果削皮並橫切成兩半，去掉果芯，浸入酸甜蘋果汁中。炒鍋立刻離火，送進烤箱 1 小時 30 分鐘到 2 小時，讓蘋果在糖水中燉煮。

芫荽胡蘿蔔絲

胡蘿蔔削皮，切除頭尾，用刨絲器刨成細絲。單柄鍋中放入水、檸檬汁、糖、鹽之花、奶油、粗略弄碎的芫荽籽和研磨黑胡椒，一起煮滾後加入胡蘿蔔絲，以中火維持在微滾狀態繼續煮 5 到 6 分鐘。胡蘿蔔應該煮熟但口感依然爽脆。用漏勺撈出胡蘿蔔絲。收乾胡蘿蔔的煮汁 3 分鐘。在煮汁中倒入胡蘿蔔汁，以大火再煮 3 分鐘讓汁液濃縮。加入 Maïzena® 玉米粉勾芡，攪拌均勻。

02.

玉米瓦片

在食物調理機中攪碎玉米，以圓形濾網過濾玉米糊。取 225 克玉米糊倒入單柄鍋，與牛奶和焦糖一起煮沸，攪拌均勻。蛋黃和糖一起以打蛋器攪打。加入麵粉和 Maïzena® 玉米粉。將煮滾的玉米糊混合物倒在蛋糖糊上，攪拌均勻後一起倒回單柄鍋，煮沸 2 到 3 分鐘，期間不斷攪拌。等到煮得足夠濃稠之後，倒入一個盤中，材料表面覆蓋保鮮膜，送進冰箱冷藏 1 小時。

03.

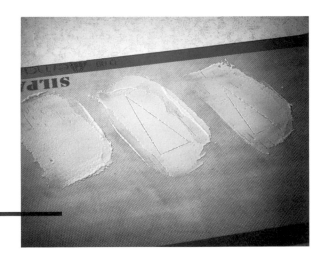

04.

烤箱預熱到 170℃（刻度 6）。等到瓦片麵糊足夠凝固之後，以彎柄抹刀在鋪了烘焙紙的烤盤上塗抹薄薄一層。在麵糊上劃出三角形，送進烤箱烘焙 3 到 5 分鐘，直到瓦片烤成金黃。

不要過太久才加工瓦片，
瓦片很快就會變得脆弱易碎。

05.

瓦片從烤箱取出後立刻拿起，做成扭轉螺旋狀。

06.

焦糖爆米花

在有蓋單柄鍋中，以大火加熱花生油，開始冒煙後即可放入爆米花用的玉米，降低火力，蓋上鍋蓋。所有玉米粒在 30 秒後都應該爆開，將爆米花倒入沙拉碗。

椰子醬汁

在單柄鍋中煮沸椰漿和糖，立刻加入 Maïzena® 玉米粉勾芡，以濾網過濾。加進烤椰子香精。

07.

在同一個炒鍋中，用少許水和糖煮成焦糖。煮成紅棕色後，加入奶油，立即放進50 克爆米花。用刮刀仔細讓爆米花裹上焦糖，撒上一小撮鹽之花，再度混拌。烤盤墊上烘焙紙或 Silpat® 矽膠烤墊，鋪上爆米花放涼。

糖漬柳橙皮

柳橙皮切成細絲，川燙 2 次。在單柄鍋中煮沸水、糖、柳橙汁和檸檬汁，加入川燙過的柳橙皮，以中火續煮 5 分鐘，取出柳橙皮放涼。

焦糖爆米花好像只是為這道甜點添加一點趣味，其實是讓整體結構和調味達成平衡的重要元素。

08.

裝飾完成

在杯中放入半顆糖煮青蘋果，在頂端放上些許胡蘿蔔絲和 1 大匙濃縮煮汁。蓋上另一半糖煮青蘋果，淋上少許椰子醬汁，放上柳橙皮絲、幾顆珍珠糖和幾顆開心果，最後加上一片玉米瓦片並點綴幾顆爆米花。

基礎食譜

製作時間：5分鐘
烹調時間：5分鐘

白巧克力鏡面淋醬

- ◆ 1.5 …… 片吉利丁（3 克）
- ◆ 225 克 …… 覆蓋用白巧克力
- ◆ 90 克 …… 全脂牛奶
- ◆ 20 克 …… 葡萄糖

鏡面淋醬

特色

用來淋覆塔派和蛋糕的醬汁，帶來光滑亮麗的覆蓋效果。

用途

用來澆淋裹覆蛋糕。

變化

黑巧克力鏡面淋醬〔P.594〕、克里斯多福 · 米夏拉的牛奶巧克力和粉紅巧克力糖衣〔P.598〕、克里斯多福·亞當的焦糖鏡面淋醬〔P. 604〕。

甜點師技法

粗略弄碎〔P.616〕。

應用食譜

酥脆巧克力塔，尚 - 保羅 · 艾凡〔P.20〕
酥脆巧克力覆盆子塔，克萊兒 · 艾茲勒〔P.30〕
女爵巧克力蛋糕〔P.189〕
無限香草塔，皮耶 · 艾曼〔P.198〕
歌劇院蛋糕〔P.217〕
馬達加斯加香草焦糖胡桃閃電泡芙，克里斯多福·亞當〔P.286〕
芒果茉莉茶花朵泡芙，克里斯多福 · 米夏拉〔P.310〕
我的巴巴蘭姆酒蛋糕，克里斯多福·亞當〔P.328〕
摩卡，菲利普 · 康帝辛尼〔P.418〕
瓜亞基爾，尚 - 保羅 · 艾凡〔P.522〕
金箔巧克力蛋糕，皮耶 · 艾曼〔P. 558〕
百分百巧克力塔〔P.590〕
柳橙薩赫巧克力蛋糕〔P.594〕
草莓與牛奶巧克力啾啾熊，克里斯多福 · 米夏拉〔P.598〕
焦糖堅果塔，2014，克里斯多福·亞當〔P.604〕

01.

吉利丁泡入一碗冷水。大致
切碎白巧克力,放入單柄鍋
直接融化或隔水加熱融化。

02.

在單柄鍋中放入牛奶和葡萄糖,加熱到沸騰,倒在融化的
白巧克力上,加進擠乾水分的吉利丁,攪拌直到融化。放
旁備用。

入門食譜

8人份

製作時間：1小時
烹調時間：1小時
靜置時間：1小時20分鐘

甜點師技法

擀麵〔P.616〕、盲烤〔P.617〕、隔水加熱〔P.616〕、粗略弄碎〔P.616〕、撒粉〔P.618〕、塔皮入模〔P.618〕、打到柔滑均勻〔P.618〕、澆淋〔P.618〕、揉麵〔P.618〕、軟化奶油〔P.616〕、過篩〔P.619〕。

用具

直徑 28 公分中空塔圈或塔模〔P.620〕、刮刀〔P.621〕、擀麵棍〔P.622〕。

百分百巧克力塔

可可麵團

* 125 克 …… 奶油 +25 克塗抹模具用
* 100 克 …… 糖粉
* 1 顆 …… 蛋（50 克）
* 5 克 …… 鹽
* 250 克 …… 麵粉 +50 克撒在工作檯面用
* 25 克 …… 無糖純可可粉
* 4 克 …… 發粉

白巧克力鏡面淋醬
（參閱 P.588）

黑巧克力奶醬

* 400 克 …… 可可含量 60% 或 70% 的甜點用黑巧克力
* 400 克 …… 全脂液態鮮奶油
* 2 顆 …… 蛋（100 克）

01.

可可麵團

使用本食譜的材料和份量，按照 P.8 的步驟製作甜塔皮麵團。烤箱預熱到 180℃（刻度 6）。在工作檯面撒粉，用擀麵棍將麵團擀成 3 公釐厚，裝入預先塗抹奶油的直徑約 28 公分塔圈或塔模。

用刀子切除超過塔圈邊緣的麵皮，用叉子在塔底戳洞，送進冰箱 20 分鐘後盲烤塔皮。

白巧克力鏡面淋醬

按照 P.588 的步驟製作鏡面淋醬。

02.

03.

黑巧克力奶醬

大致切碎黑巧克力，放入沙拉碗。鮮奶油倒入單柄鍋中煮到沸騰，倒在巧克力上，讓熱度發揮作用幾分鐘。

04.

攪拌甘納許讓質地變得均
勻,然後一邊分批加入蛋,
一邊不斷攪拌。

05.

組合與完成

烤箱預熱到 140℃(刻度 5)。在塔殼中倒入黑巧克力糊直到四分之
三高度,送進烤箱烘烤 10 分鐘左右,讓奶醬凝固。烤好後等到完全
冷卻再脫模。稍微加熱白巧克力鏡面淋醬,覆蓋甜塔表面,直到距離
塔殼頂緣 2 到 3 公釐。鏡面淋醬冷卻後,再美麗地點綴牛奶巧克力
做為裝飾。

入門食譜

8人份

製作時間：1小時30分鐘
烹調時間：45分鐘
靜置時間：3小時

甜點師技法

隔水加熱〔P.616〕、去籽〔P.617〕、打到柔滑均勻〔P.618〕、澆淋〔P.618〕、過篩〔P.619〕。

用具

電動攪拌器〔P.620〕、刮刀〔P.621〕、手持式電動攪拌棒〔P.621〕、直徑 20 公分高邊模〔P.622〕、攪拌機〔P.622〕。

柳橙薩赫巧克力蛋糕

柳橙果醬

- ◆ 4 顆 ⋯⋯ 柳橙
- ◆ 200 克 ⋯⋯ 細砂糖
- ◆ 300 毫升 ⋯⋯ 水
- ◆ 20 毫升 ⋯⋯ 君度橙酒（Cointreau®）或柑曼怡香橙干邑（Grand Marnier®）

薩赫蛋糕

- ◆ 150 克 ⋯⋯ 甜點用黑巧克力
- ◆ 90 克 ⋯⋯ 奶油 +20 克塗抹模具用
- ◆ 6 顆 ⋯⋯ 蛋（300 克）
- ◆ 2 顆 ⋯⋯ 蛋白（60 克）
- ◆ 5 克 ⋯⋯ 鹽
- ◆ 100 克 ⋯⋯ 細砂糖
- ◆ 少許 ⋯⋯ 香草精
- ◆ 90 克 ⋯⋯ 麵粉

鏡面淋醬

- ◆ 90 克 ⋯⋯ 甜點用黑巧克力
- ◆ 250 毫升 ⋯⋯ 全脂液態鮮奶油
- ◆ 240 克 ⋯⋯ 細砂糖
- ◆ 15 克 ⋯⋯ 葡萄糖
- ◆ 1 顆 ⋯⋯ 蛋（50 克）
- ◆ 幾滴 ⋯⋯ 香草精

鬆軟的巧克力蛋糕、美味的柳橙果醬層、可可風味濃郁的淋面，這款薩赫蛋糕絕對讓你的心為之融化！

01.

柳橙果醬

糖和水煮到沸騰。柳橙切成兩半，取出種籽，切成 2-3 公釐厚的薄圓片，放入熱糖漿中。以微滾狀態煮約 20 分鐘，直到糖漿濃稠且柳橙變得透明。以手持式電動攪拌棒攪打成泥，加入君度橙酒增添香氣。

02.

薩赫蛋糕

融化 20 克奶油，大量塗抹在直徑 20 公分的高邊模上，於底部鋪上一張剪成圓形的烘焙紙。烤箱預熱到 180℃（刻度 6）。分離蛋白和蛋黃。蛋黃加入香草精稍微打散。巧克力和奶油用隔水加熱或微波爐融化，加入蛋黃，以打蛋器快速攪拌，做出柔滑的巧克力糊。

最好使用有機柳橙製作本食譜中的果醬。

03.

8 顆蛋白加入一小撮鹽，用電動打蛋器打成雪花狀，然後分批加入糖。提高打蛋器速度，將蛋白霜打到硬性發泡。蛋白霜必須光滑、緊實並閃耀光澤。在巧克力糊中加入三分之一的蛋白霜，以打蛋器混拌均勻。接著輕柔拌入剩下的蛋白霜，用刮刀由下往上攪拌。最後在巧克力蛋白霜糊表面撒上過篩麵粉，用刮刀由下往上拌勻。小心不要過度攪拌蛋糕糊。

04.

蛋糕麵糊倒入模具,送進
烤箱烘烤約 45 分鐘,直
到用刀子戳入蛋糕拔出後
未沾黏濕料。移到涼架上
完全冷卻。

可以使用蜂蜜取代
葡萄糖漿。

05.

鏡面淋醬

在厚底單柄鍋中放入巧克力、鮮奶油、糖和葡萄糖,以非常弱的火力加熱,不斷攪拌直
到巧克力和糖融化。調高火力,以中火再煮 5 到 6 分鐘,期間不要攪拌。稍微打散蛋液,
加入 3 大匙上述巧克力醬,混拌均勻後倒回裝有巧克力醬的單柄鍋中,一邊加熱一邊
持續攪打,煮出鏡面淋醬的質地。離火後加入香草精。

06.

組裝

使用大鋸齒刀將蛋糕橫切成兩半或三半，最下層移到盤子上，在表面塗上柳橙果醬，疊上另一塊蛋糕圓片，視需要重複上述步驟。

最好在品嘗前一天做好
薩赫蛋糕，香氣才有時間
散布到整個蛋糕體。
記得在品嘗前1小時
從冰箱取出蛋糕，
以免蛋糕太過硬實。
鬆軟融口的狀態最為美味！

07.

蛋糕移到涼架上，下方放一個殘渣收集盤。慢慢在蛋糕表面澆上鏡面淋醬，使其均勻裹覆整個表面並從邊緣流下來覆蓋蛋糕邊緣。送進冰箱冷藏至少3小時。保留些許鏡面淋醬，裝入擠花袋或圓錐型紙袋裝飾蛋糕表面。

進 階 食 譜

克里斯多福・米夏拉

草莓與牛奶巧克力啾啾熊

9個牛奶巧克力棉花糖和
11個草莓棉花糖

製作時間：1小時30分鐘
烹調時間：20分鐘
靜置時間：1夜+4小時

甜點師技法

隔水加熱〔P.616〕。

用具

20 根棒棒糖專用小棍、手持式
電動攪拌棒〔P.621〕、直徑
16 公分半圓型模具、小熊圖案
Flexipan® 矽膠軟模〔P.622〕、
塑膠軟板〔P.622〕、攪拌機
〔P.622〕、溫度計〔P.623〕。

棒棒糖插座

- 800 克 …… 細砂糖
- 100 克 …… 白醋
- 幾滴 …… 粉紅色素

牛奶巧克力棉花糖

- 220 克 …… 細砂糖
- 50 克 …… 水
- 45 克 …… 葡萄糖
- 4 顆 …… 蛋白（120 克）
- 6 片 …… 吉利丁（12 克）
- 70 克 …… 可可含量 33% 的
  Jivara de Valrhona® 牛奶巧
  克力
- 1 撮 …… 鹽

草莓棉花糖

- 300 克 …… 細砂糖
- 80 克 …… 水
- 40 克 …… 葡萄糖
- 2 顆 …… 蛋白（60 克）
- 8 片 …… 吉利丁（16 克）
- 120 克 …… 草莓泥
- 10 克 …… 橙花花水

牛奶巧克力糖衣

- 400 克 …… 可可含量 33%
  的 Jivara de Valrhona® 覆蓋
  用牛奶巧克力
- 20 克 …… 葡萄籽油
- 20 克 …… 可可脂

粉紅糖衣

- 400 克 …… 可可含量 33%
  的 Opalys de Valrhona® 覆
  蓋用白巧克力
- 10 克 …… 葡萄籽油
- 10 克 …… 可可脂
- 5 克 …… 脂溶性紅色色素

這款甜點的概念很簡單：我在蒙田大道的雅典娜廣場酒店工作，這裡是高雅時尚的場所。然後我靈機一動，何不製作一些小點心並插在針插上，就像高級訂製服用的針插一樣，最棒的是，讓我童年的美好記憶棉花糖小熊當模特兒……

棒棒糖插座

前一夜，混合細砂糖、粉紅色素與白醋，倒入直徑 16 公分的半圓型模具中，倒扣在一張硬紙板上脫模。插入棒棒糖專用小棍，在室溫下靜置冷卻一晚。

01.

牛奶巧克力棉花糖

製作當天，吉利丁放入冷水浸泡。在單柄鍋中煮沸糖和水，沸騰後加入葡萄糖，加熱至 130℃，離火。

攪拌機裝上打蛋器，攪拌缸中加入蛋白和一撮鹽打成雪花狀，以絲線狀在蛋白霜上倒入糖漿，輕柔混拌。擠乾吉利丁水分，加到蛋白糖霜中。

也可以使用可可粒
為棒棒糖插座染色，
製作大理石花紋效果。

02.

03.

隔水加熱融化巧克力。蛋白霜降至微溫後，加入融化巧克力。在小熊形狀的 Flexipan® 矽膠模塗上薄薄一層油，倒入上述巧克力蛋白霜，送進冰箱冷藏 3 小時。

草莓棉花糖

吉利丁放入冷水浸泡。在單柄鍋中煮沸糖和水，沸騰後加入葡萄糖並加熱到 130℃，離火。蛋白加一小撮鹽打成雪花狀，以絲線狀在蛋白霜上倒入糖漿，輕柔混拌。擠乾吉利丁水分並加入蛋白糖霜內。蛋白霜變溫後，加進草莓泥和橙花花水。

04.

05.

在小熊形狀的 Flexipan® 矽膠模塗上薄薄一層油，倒入蛋白霜，送進冰箱冷藏 3 小時。

06.

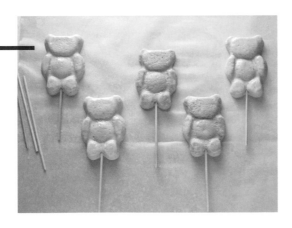

棉花糖

小熊脫模後插入棒棒糖小棍，放在抹上一層油的塑膠薄紙上，送進冷凍庫 1 小時。

07.

牛奶巧克力糖衣

以 30℃ 融化覆蓋用
牛奶巧克力、植物油
和可可脂,供牛奶巧
克力棉花糖使用。

08.

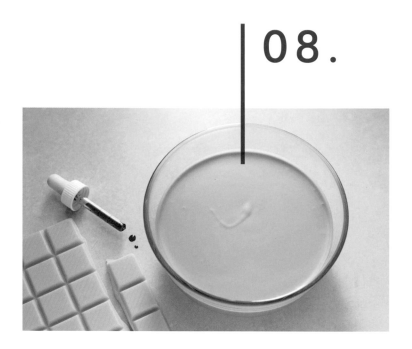

粉紅巧克力糖衣

以 30℃ 融化覆蓋用象牙白巧克力、植物油、
可可脂和粉紅色素,供草莓棉花糖使用。用
手持式電動攪拌棒攪打,讓色素完全溶解。

等到棉花糖完全冷凍後
才裹上糖衣。

完成

把兩種棉花糖一次完全浸入對應的糖衣中,
裹覆整個表面。去掉多餘的部分後放在塑膠
紙上。送進冰箱 10 分鐘讓糖衣變硬。在棉
花糖插座上交替插上不同顏色的小熊。

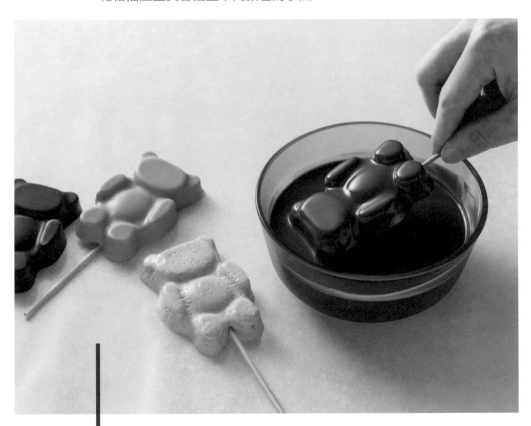

09.

進 階 食 譜
克里斯多福・亞當

焦糖堅果塔，2014

8人份

製作時間：1小時
烹調時間：1小時
靜置時間：5小時

甜點師技法

擀麵〔P.616〕、粗略弄碎〔P.616〕、盲烤〔P.617〕、加入液體或固體以降溫〔P.617〕、乳化〔P.617〕、塔皮入模〔P.618〕、結合〔P.618〕、打到柔滑均勻〔P.618〕、擠花〔P.618〕。

用具

直徑 18 公分甜點用中空圈模〔P.620〕、打蛋盆〔P.620〕、刮刀〔P.621〕、手持式電動攪拌棒〔P.621〕、擠花袋〔P.622〕、擀麵棍〔P.622〕、Silpat® 矽膠烤墊〔P.623〕、溫度計〔P.623〕。

杏仁甜塔皮

* 125 克 ⋯⋯ 硬奶油 +20 克塗模用軟化奶油
* 210 克 ⋯⋯ 麵粉
* 85 克 ⋯⋯ 糖粉
* 25 克 ⋯⋯ 杏仁粉
* 1 顆 ⋯⋯ 蛋（50 克）
* 2 克 ⋯⋯ 鹽
* 1 根 ⋯⋯ 馬達加斯加香草莢

焦糖馬斯卡彭乳酪奶醬

* 2 克 ⋯⋯ 吉利丁粉
* 90 克 ⋯⋯ 細砂糖
* 115 克 ⋯⋯ 乳脂含量 35% 的液態鮮奶油
* 1 撮 ⋯⋯ 鹽之花
* 56 克 ⋯⋯ 奶油
* 175 克 ⋯⋯ 馬斯卡彭乳酪

焦糖鏡面淋醬

* 120 克 ⋯⋯ 細砂糖
* 35 克 ⋯⋯ 葡萄糖
* 40 克 ⋯⋯ 水

* 255 克 ⋯⋯ 乳脂含量 35% 的液態鮮奶油
* 1 撮 ⋯⋯ 鹽之花
* 3 克 ⋯⋯ 吉利丁粉
* 30 克 ⋯⋯ 牛奶巧克力（可可含量 38% 的 Valrhona® 焦糖牛奶巧克力）

焦糖堅果

* 45 克 ⋯⋯ 糖粉
* 25 克 ⋯⋯ 花生
* 50 克 ⋯⋯ 榛果
* 15 克 ⋯⋯ 胡桃
* 15 克 ⋯⋯ 可可粒
* 15 克 ⋯⋯ 碎杏仁

01.

啊！焦糖！沒錯，我現在瘋狂迷上焦糖。藉由這款濃郁美味的甜塔，我向各位證明它的魅力。組成元素包括柔滑豐腴的焦糖馬斯卡彭奶醬，以及一層纖薄的巧克力焦糖鏡面淋醬。最後在表面鋪上各種堅果讓美味加乘⋯⋯每一口都是無上享受。

杏仁甜塔皮

使用本食譜的材料和份量，按照 P.8 的步驟製作甜塔皮。

烤箱預熱到 175℃（刻度 6）。用擀麵棍將麵團擀成 3 公釐厚的麵皮，放上一個直徑 18 公分的甜點用中空圈模，以小刀切出一個比圈模邊緣多出 5 公分的圓片。在中空圈模內部塗抹大量奶油，裝入甜塔皮，用叉子在塔皮底部戳洞，切除中空圈模上緣多餘的麵皮。移到鋪了烘焙紙的烤盤上，送進烤箱盲烤 25 分鐘左右，隨時注意烘烤程度。

杏仁甜塔皮能在冰箱中存放幾天，因此可以事先準備或保存多餘的部分供其他用途。烤好的塔底應該呈現漂亮的金棕色。以Microplane®刨刀摩擦塔皮邊緣使變得完美平滑。

焦糖馬斯卡彭乳酪奶醬

用一碗冷水浸泡吉利丁。在單柄鍋中倒入細砂糖，乾煮成焦糖。取另一個單柄鍋，加熱液態鮮奶油和鹽之花，倒入焦糖中加以降溫。攪拌均勻，讓兩項材料混合無間。

02.

加入切成小塊的奶油，用手持式電動攪拌棒攪打，讓所有材料結合在一起。加入吉利丁，冷卻到 40℃。馬斯卡彭放入沙拉碗，等到焦糖醬達到適當溫度後，倒在馬斯卡彭乳酪上，以刮刀輕柔混拌，送進冰箱 2 小時讓奶醬冷卻。

使用烹飪用溫度計確認溫度。

03.

04.

焦糖鏡面淋醬

在單柄鍋中倒入糖、葡萄糖和水，煮成棕色焦糖。取另一個單柄鍋，加熱液態鮮奶油和鹽之花，倒進焦糖內使其降溫。攪拌均勻後繼續加熱至 105℃。離火冷卻 10 分鐘。

05.

吉利丁放入一碗水中吸水泡軟。巧克力弄碎成塊狀，放進沙拉碗，倒上焦糖奶醬，攪拌均勻。加入吉利丁，並以手持式電動攪拌棒乳化。

在工作檯上輕敲烤盤，
使鏡面淋醬變得柔滑一致。
如果出現氣泡，
用小刀刀尖輕輕戳破。

06.

組裝

焦糖馬斯卡彭乳酪奶醬裝入擠花袋內，從中心向外擠滿塔殼底部，而且高度約離塔緣 2 到 3 公釐。用刮刀抹平表面。

07.

在奶醬上從中心向外擠上一層焦糖鏡面淋醬，高度與塔緣齊平，送進冰箱1小時。

08.

焦糖堅果

在單柄鍋中放入 12.5 克糖粉和花生，以中火加熱並用刮刀不斷攪拌，讓花生均勻裹上糖粉，繼續煮到焦糖化。在 Silpat® 矽膠烤墊鋪上焦糖花生。為每種堅果進行相同步驟，使用的糖粉量是堅果重量的一半。

09.

焦糖榛果用小刀切成兩半。美美地在甜塔表面放上切半榛果、花生和各種焦糖堅果。在堅果之間點綴可可粒和碎杏仁粒。

ANNEXES

附錄

特殊食材

維他命C（Acide ascorbique, vitamine C）

避免水果氧化的粉末。可在專門店或網路購得。

洋菜（Agar-agar）

從紅藻萃取的天然植物性膠凝物質。可在大型賣場或有機商店購得。

覆蓋用巧克力
（Chocolat de couverture）

可可脂含量極高的巧克力，用於製作甜點和糖食。可在專門店或網路購得。

食用色素
（Colorants alimentaires）

適用於加強成品顏色的理想材料，可在大型賣場購得。

箭葉橙（Combava）

圓形小柑橘類水果，擁有凹凸不平的綠色表皮，主要產於亞洲。箭葉橙的味道非常強烈，能夠提升菜餚的風味或為甜點增添香氣。主要使用表皮和葉子。

葡萄糖（Dextrose）

精煉玉米澱粉所得到的糖，用於改善冰淇淋的質地。可在專門店或網路購得。

玫瑰花水（Eau de rose）

玫瑰花瓣可做成糖漬、膠凍、果醬或糖漿。玫瑰花水則可為蛋糕和甜食增添香氣，例如著名的土耳其軟糖、杏仁糊、冰淇淋或雪酪。可在大型賣場的異國食品區購得。

栗子粉（Farine de châtaigne）

栗子粉是研磨栗子而得的細緻灰色粉末，也是科西嘉、阿爾代什省（Ardèche）和洛澤爾省（Lozère）料理的主要食材，帶有獨特的微甜。可在有機商店購得。

玉米粉（Fécule de maïs, Maïzena®）

玉米粉或Maïzena®是十分細緻的白色粉末，提煉自玉米澱粉。通常利用其特性讓料理變得濃稠或呈現膠凝狀。可於大型賣場購得。

馬鈴薯粉（Fécule de pomme de terre）

乾燥馬鈴薯磨成粉狀，就是馬鈴薯粉。通常利用這種細緻白色粉末的特性為料理增添濃稠度。可於大型賣場購得。

薄麵皮（Feuille de brick）

混合麵粉、細粒麥粉、溫水和鹽所製成的極薄麵皮，沒有特殊味道，烘烤後口感酥脆。不要與只使用麵粉的蟬翼麵皮（pâte filo）搞混。可於大型賣場的冷藏食品區購得。

翻糖（Fondant）

以水和糖為基礎製作材料，質地黏稠，通常做為修女泡芙、閃電泡芙和其他糕點上的裝飾糖霜。我們通常會在翻糖中加入食用色素，為甜點增加繽紛色彩。可於專門店或網路購得。

吉利丁（Gélatine）

製作「膠凍狀」菜色、糖食、蛋糕和甜點的材料，無色（透明，有時帶有極淺的黃色）、無味、無臭，在烹飪中唯一的用處就是產生膠凝作用。煮沸各種動物（通常是豬、牛或魚）的組織、骨頭和軟骨後即可得到這種物質。素食者則喜歡用所謂的「天然」吉利丁，例如蒟蒻、洋菜或果膠。動物來源吉利丁可於大型賣場購得，素食吉利丁則可在有機商店找到。

占度亞（Gianduja）

巧克力、焙烤榛果與細研磨糖的混合物。可於專門店或網路購得。

葡萄糖（Glucose）

具有抗結晶特性的糖，呈無色濃稠糖漿狀。可於專門店或網路購得。

葡萄糖粉（Glucose atomisé）

粉狀葡萄糖，既可改善冰淇淋的口感和保存狀況，又不會讓冰淇淋太甜。可於專門店或網路購得。

阿拉伯膠（Gomme arabique）

阿拉伯膠取自金合歡，以粉末或晶粒形式販售，用於增稠或乳化。可於專門店或網路購得。

可可粒（Grué de cacao）

焙烤並壓碎的可可豆，帶有苦味。可於專門店或網路購得。

酵母
（Levure de boulanger）

用於製作麵包和布里歐修的新鮮酵母。可在麵包店或超市購得40克裝的方塊狀酵母。

發粉（Levure chimique）

混合酒石酸和小蘇打的化學物質。廣泛應用於甜點製作，可幫助麵糊膨脹。通常呈粉狀並裝成10克一包販售，在商店即可輕鬆購得。

無味透明鏡面果膠
（Nappage neutre）

又稱為無味透明鏡面淋醬（glaçage neutre），是以糖、水和葡萄糖漿製成的材料，用於覆蓋甜點表面，賦予光澤並增加穩定度。可在專門店或網路購得。

食品級二氧化鈦
（oxyde de titane）

在甜點製作中做為色素使用的食用化學物質，可使材料變白並呈現光澤。可於專門店或網路購得。

薄脆餅碎片（Pailleté feuilletine, feuilletine）

Gavottes®法式薄餅之類的碎片，可於專門店或網路購得。各大賣場均販售Gavottes®。

鏡面巧克力
（pâte à glacer）

模仿巧克力的鏡面牛奶巧克力或苦甜巧克力，可在專門店或網路購得即買即用的成品，通常為5公斤桶裝。

開心果膏
（Pâte de pistache）

開心果研磨壓碎成綠色膏狀物，可於有機商店、專門店或網路購得。

果膠（Pectine）

存在於多種水果（蘋果、檸檬）中的天然膠狀物質，可於專門店或網路購得。

NH果膠（Pectin NH）

取自不同蔬果（蘋果或葡萄）的天然增稠劑，可於專門店或網路購得。

卡士達粉
（Poudre à crème）

以澱粉為基礎的增稠物質，主要用於製作卡士達醬或芙朗布丁（Flan）。可於專門店或網路購得，或以玉米粉或麵粉取代。

八角粉
（Poudre de badiane）

八角又稱八角茴香（anis étoilé）是原產於中國的植物，可磨成粉狀使用，散發非常宜人的茴香氣味。

焦糖堅果粉／碎粒（Pralin）

混合各種焦糖堅果（杏仁或榛果）並磨成粗粉。可於大型賣場購得。

帕林內脆片（Praliné feuilletine）

由法式薄餅碎片或Gavottes®碎片、帕林內和巧克力組成的即用材料。可於專門店或網路購得。

帕林內巧克力（Pralinoise®）

帕林內和巧克力的混合物，以即用巧克力磚形式販售。可於大型賣場購得。

果泥（Purées de fruits）

只要壓碎或打碎水果即可獲得果泥。可以自己用新鮮水果製作，或是在專門店或網路購得。

榛果泥（Purées de noisette）

榛果不加糖攪碎成泥狀。可於有機商店購得。

葡萄糖漿（Sirop de glucose）

從澱粉提煉的透明黏性漿液。可在專門店或網路購得。

Stab 2000穩定劑（Stabilisateur 2000）

製作冰淇淋時使用的穩定劑，在冷凍過程中改善黏度和混合物的穩定度。可在專門店或網路購得。

轉化糖（Sucre inverti, trimoline）

呈白色醬狀的糖，能使產品柔滑並延長保存時間，也可用金合歡蜂蜜取代。可於專門店或網路購得。

非洲黑糖（Sucre muscovado）

未經精煉的紅蔗糖。可在有機商店購得。

雪碧穩定劑（Super Neutrose）

用於製作雪酪的穩定劑，可改善黏度、細緻度和口感綿滑度，同時避免結晶。可於專門店或網路購得。

柚子（Yuzu）

大小與檸檬相同的柑橘類果實，味酸，使用果汁和表皮。

專業術語

A

擀麵／擀平（Abaisser）

使用擀麵棍或壓麵機讓麵團延展。

B

隔水加熱（Bain-marie〔cuire au〕）

裝有材料的器皿放入內有熱水的容器，以溫和的方式加熱。

打成鳥嘴狀（Bec d'oiseau）

蛋白打發，直到拿起打蛋器時尖端形成彎曲鳥嘴狀。

（製作）榛果奶油（Beurre noisette〔rendre un〕）

奶油融化後，沉澱在單柄鍋底部的乳清會開始焦糖化，賦予奶油細緻的榛果香氣。留意不要燒焦，以免產生有害物質。

軟化奶油（Beurre pommade〔rendre un〕）

奶油放置於室溫，攪拌至柔滑蓬鬆。

川燙／打到發白（Blanchir）

第一個意思是將食材迅速放入滾水先行燙熟或去除苦澀味。第二個意思是快速攪拌材料直到外觀變得蓬鬆發白。

切丁（Brunoise〔couper en〕）

食材切成小方塊。

C

鋪覆（Chemiser）

在模具表面鋪上烘焙紙或直接鋪上食材。

用錐形濾網過濾（Chinoiser）

材料放入錐形濾網加以篩濾。

製作塔邊花紋（Chiqueter）

用手指、塔邊鑷子或刀子在塔皮邊緣做出小刻紋。

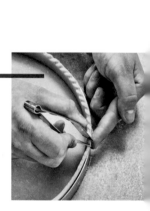

煮成糊狀（Compoter）

以小火長時間燉煮食材，直到質地變成糊狀。

粗略弄碎（Concasser）

弄碎食材，不在乎形狀是否精緻或規則。

攪打成厚實團狀（Corser）

長時間揉製麵團，直到麵團具有彈性。

乳霜化（Crémer）

單獨使用油脂或搭配其他材料（例如：奶油和糖、奶油和蛋黃）打成乳霜質地。

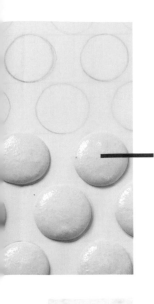

結晶（Cristalliser）

巧克力從固態變成液態的過程，能夠賦予巧克力均勻的光澤度和品嘗時的爽脆口感。結晶是巧克力調溫的最後一個步驟。

結皮（Croûter）

烘烤前先乾燥馬卡龍殼，使表面稍微變硬且手指碰觸時不會沾黏。

盲烤（Cuire à blanc）

預先烘烤或烤熟塔殼，塔底鋪上烘焙紙並裝入乾燥豆穀或專供盲烤用的重物，避免麵皮在烘烤時膨脹隆起。

醬汁煮稠到可裹覆匙面（Cuire à la nappe）

長時間煮製某些醬汁的方式（例如英式蛋奶醬），藉由蛋黃的半凝固作用讓液體變得濃稠。等到醬汁可裹覆攪拌匙，或是用食指劃過匙面會留下完整的痕跡，即可停止加熱。

糖漿煮到小球狀態（Cuire au petit boulé）

糖漿熬煮至116°C到125°C，滴入冷水可形成柔軟的小圓珠。

D

加入液體或固體以降溫（Décuire）

在加熱的液體中放進液態或固態物質使其迅速降溫。

溶化（Délayer）

在液態材料中放入食材或固態材料使其溶解。

稀釋（Détendre）

加入液體以稀釋材料。

E

薄切（Émincer）

使用刀子或切菜器將食材切成長形、圓形或條狀薄片。

乳化（Émulsionner）

快速攪拌材料以打入空氣。

沾裹（Enrober）

在某種食材的表面完整覆蓋一層具有一定厚度的其他食材，達成保護或裝飾的效果。

去籽（Épépiner）

去除蔬果的種籽。

去蒂／去梗／摘下葉子（Équeuter）

去掉蔬果的蒂頭或梗，或從莖上摘取葉子。

去芯／去核（Évider）

去除蘋果等水果的中心部位。

F

縱切香草莢並取籽（Fendre une gousse de vanilla）

用刀子將香草莢縱切成兩半，以刀尖刮出內部的香草籽。

捏折花邊（Festonner）

用手指捏折麵皮邊緣，塑形成螺旋紐結狀花邊。

材料表面覆蓋上保鮮膜（Filmer au contact）

用保鮮膜覆蓋並直接接觸奶油醬／蛋奶醬或食材表面，形成密封狀態，避免與空氣接觸，以防表面出現水珠凝結或產生薄膜。

撒粉（Fleurer）

在工作檯或擀薄的麵皮上撒粉，避免麵皮沾黏。

打到鬆發（Foisonner）

利用快速密集的攪拌或乳化作用打入空氣，讓糊料質地變得輕盈並增加體積。

塔皮入模（Foncer）

麵皮裝入模具。

擠壓過濾（Fouler）

醬汁或糊料放入錐形濾網，以小勺子擠壓過濾。

切絲（Julienne〔couper en〕）

食材切成細條狀。

勾芡／增稠／結合（Lier）

根據所要製作的醬汁或醬料，用麵粉糊（奶油拌麵粉）或澱粉來讓質地變得柔滑濃稠。

打到柔滑均勻／抹平（Lisser）

使用打蛋器快速攪打液態材料，使其柔滑均勻。或是用攪拌匙或刮刀抹平材料表面。

刷上亮光（Lustrer）

刷上鏡面果膠或淋面，讓塔派、蛋糕或多層次甜點等成品的表面閃閃發亮。

製作馬卡龍糊（Macaronner）

使用攪拌匙壓拌麵糊，由下往上輕柔撈起麵糊並讓它如緞帶般落下，使其變得柔滑均勻。

浸漬（Macérer）

新鮮水果、蜜餞、果乾浸入液體一段時間，讓它們吃進液體的風味。

去皮／去膜（Monder）

食材煮沸後去除其皮膜。

打發（Monter）

使用打蛋器攪打食材或混合物，打入空氣使其體積增加。

澆淋（Napper）

使用液態物質（果漿、奶油醬／蛋奶醬、醬汁、油醋醬等）澆淋在食材或成品上，完全覆蓋其表面。

揉麵（Pétrir）

混揉各種材料，揉製時間長可做出光滑均勻的麵團，揉製時間短會得到鬆散的麵糊。

低溫慢煮／擠花（Pocher）

用熱水烹調食物。或是用擠花袋做出形狀。

發麵（Pousser-lever）

麵團放置在溫熱處膨脹發酵。

蘸刷糖漿或液體（Puncher）

餅乾或蛋糕完全浸入糖漿或帶有香氣的液體，或用刷子蘸濕刷上，使糕餅吸收液體，變得柔軟芬芳。

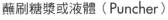

Q

用湯匙塑形成橢圓狀（Quenelle〔former une〕）

使用兩根湯匙，將慕斯、冰淇淋或香堤伊鮮奶油等塑形成長橢圓狀。

R

摺疊（Rabattre）

用手按壓摺疊麵團，使酵母均勻分布並揉入氧氣，是讓麵團膨脹良好的不可或缺步驟。

收汁（Réduire）

不蓋鍋蓋烹煮，減少煮汁的體積。

打發至糊料落下呈緞帶狀（Ruban〔monter, faire〕）

使用打蛋器將材料打發到一定程度，落下時會像緞帶堆疊。

S

搓成沙狀（Sabler）

混合各種材料，讓它們變得鬆散或可輕鬆弄成碎屑。

蛋白打到硬性發泡（Serrer）

一邊快速攪打雪花狀蛋白，一邊分批加入糖，打發成緊實均勻的蛋白霜。

完整取下柑橘瓣果肉（Suprêmes〔détacher, prélever〕）

取下柑橘果瓣，去除表皮、果皮的白色部分和包覆果肉的白色薄膜。

T

過篩（Tamiser）

過濾以去除顆粒，獲得細緻均質的粉類。

鋪底（Tapisser）

在容器底部鋪上食材、麵皮、鋁箔紙或烘焙紙，覆蓋整個底部。

巧克力調溫（Tempérer le chocolat）

調溫是指讓巧克力達到特定溫度（依巧克力類型而異），使可可脂、可可、糖和奶粉均勻結晶，目的在於獲得光滑亮澤的流體質地。

焙烤（Torréfier）

乾烤種子或堅果以去除水分，同時強化香味。

油水分離（Trancher）

混合物油水分離是指其中的油脂與其他材料分離，不再均勻同質。如果要讓混合物再度變得均勻，只要快速攪打即可。

製冰（Turbiner）

混合料放入全自動冰淇淋機（若無，可以半自動冰淇淋機取代）以便凝固成形。

Z

刨磨皮茸（Zester）

使用刮皮器、Microplane®刨刀取下柑橘外皮細絲，避開苦澀的白色內皮。若兩者都沒有，可以使用削皮刀。

甜點師工具箱

B

電動攪拌器和電動打蛋器（Batteur et fouet électrique）

用來打發蛋白、攪拌、混合和乳化蛋糕麵糊或醬汁的電器。

C

甜點用無底方形框模和中空圈模（Cadre et cercle à pâtisserie）

圓形、正方形或長方形模具，通常採用不鏽鋼製成，高邊無底，可供烤製塔殼、全蛋海綿蛋糕、法式布丁，也可用來幫助帕芙洛瓦、提拉米蘇等甜點固定成形。分成固定式或可延展式，以便根據客人的人數調整份量。

火焰槍（Chalumeau）

由焰嘴和瓦斯瓶組成的瓦斯用具，可以產生火焰讓甜點表面焦糖化或呈現微焦、為淋了烈酒的盤裝甜點做出焰燒效果，以及炙燒肉類。

錐形濾網與超細篩濾網（Chinois et chinois étamine）

金屬濾器，可以篩濾食材或混合料。

小刀（Couteau d'office）

刀刃短且尖的刀子，鋒利光滑的刀刃可用來切、去皮、割、雕鏤各種食材。

刨皮刀（Couteau-économe）

用來去除蔬果外皮的刀子，可盡量減少削去的厚度。

鋸齒刀（Couteau-scie）

刀刃呈鋸齒狀的刀子，主要是用來切麵包。

冰淇淋勺（Cuillère à glace）

具有勺柄和半圓形勺體，可以挖取完美的冰淇淋圓球。

挖球器（Cuillère à pomme parisienne）

具有半圓勺體的工具，用來從水果、蔬菜或其他食材中挖取圓球。市面上販售各種直徑的挖球器。

打蛋盆（Cul-de-poule）

半圓形容器，通常是不鏽鋼材質，用於烹飪或製作甜點時混合食材。它的形狀可讓使用打蛋器時更為得心應手。

花嘴（Douille）

裝在擠花袋末端的接嘴，具備各種形式：圓形、斜口形、孔狀、有齒或無齒形等等。可用來在各種成品上製作精細裝飾。

漏勺（Écumoire）

非常長的湯匙，匙體為扁平或圓形並有許多穿透小孔，用來撈去泡沫和取出浸在液體中的物體。

切模（Emporte-pièce）

金屬或塑膠製成的器具，具備圓形或花形等各種形狀和尺寸，用來「取下」，或切下麵皮。

濾布（Étamine）

細緻的布料，用來過濾果汁、高湯、膠凍等。

蘋果去核器（Évidoir à pomme）

不必將蘋果切成兩半，就能輕鬆取出蘋果芯籽的器具。

雙耳蓋鍋（Faitout）

具有兩個把手和一個蓋子的器具，用來烹調食物或煮沸水。

慕斯圍邊（Feuille Rhodoïd）

製作水果慕斯、夏洛特或巴伐露時，用來包覆糕點圈模的長條塑膠帶，表面光滑的材質可讓成品和邊緣平整，而且容易脫模。

打蛋器（Fouet）

用來打發蛋白，或是攪拌、混合和乳化蛋糕麵糊或醬汁的工具。

巧克力叉（Fourchette à chocolat）

用來將糖心浸入並裹上巧克力的專用長柄叉。

刨片器／刨絲器／切菜器（Mandoline）

用來將食材刨成均勻薄片或細絲的器具。

刮刀（Maryse）

矽膠攪拌匙，用來混合舒芙蕾或馬卡龍等麵糊，也可以用來刮取沙拉碗或鍋中的混合料。

Microplane®刨刀

主要用來取得極細皮碎或硬皮乳酪細絲的銼刀／刨皮刀。

食物調理機（Mixeur／robot ménager）

用來攪拌或切碎食材的器具。

手持式電動攪拌棒（Mixeur plogeant）

可用來製作湯品與消除材料中結塊和顆粒的攪拌器，具有長柄和裝有旋轉刀片的刀頭。

巴巴蛋糕模具（Moule à baba）

用來製作巴巴蘭姆酒蛋糕的模具，共有兩種形式。第一種類似杯型布丁模，做出來的巴巴蛋糕略呈喇叭狀。第二種則是圓筒模，中央稍微突出，做出來的巴巴蛋糕呈冠狀。

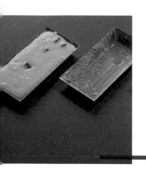

蛋糕模（Moule à cake）

長方形模具，用來讓蛋糕成形和烘焙。

夏洛特模具 （Moule à charlotte）

喇叭口狀的高邊模具，用來製作夏洛特。

費南雪模具 （Moule à financiers）

具有長方形凹槽的模具，用來製作費南雪。

咕咕洛夫模具 （Moule à kouglof）

具有溝槽且中央凹陷的高邊模，傳統的製作材質為陶土。

高邊模（Moule à manqué）

圓形蛋糕模，邊緣高起，主要用來製作海綿蛋糕。

矽膠模具 （Moule en silicone）

具有彈性且形狀多樣的模具，主要製造廠商為Flexipan®，優點是容易脫模。

P

平面抹刀或彎柄抹刀 （Palette plate ou coudée）

廚房配件，刀刃具備一定長度，前端為圓形或方形，可用來鏟起食材翻面而不會破壞食材，或用於「修飾」，亦即為蛋糕等固體成品的表面塗覆一層其他物質。

烘焙紙（Papier Cuisson）

具有一層矽膠薄膜的紙類產品，能夠耐受高溫，不必使用油脂即可讓食材不沾黏。

塑膠軟板（Papier guitare）

透明塑膠薄片，用於製作巧克力，使其質地光亮。

圓形濾網或細目濾網 （Passette或passoire fine）

用來過濾液體的小道具。

塔邊鑷子 （Pince à chiqueter）

形狀有如大拔毛鉗的工具，鑷嘴為齒狀，主要用來為塔派捏邊。

甜點刷（Pinceau à pâtisserie）

烹調用刷具，可以用來塗裹、蘸刷液體和裝飾各種料理和甜點。

噴槍／市售噴霧器／ 壓縮空氣噴霧器（Pistolet à peinture, spray prêt à l'emploi或aérographe）

烹飪器具，可裝入食用色素來為蛋糕、巧克力和糖食等料理和食材上色。

擠花袋（Poche à douille）

柔軟有彈性的防水錐形袋，使用時在尖端裝上花嘴。

R

攪拌機（Robot pâtissier）

可用來打蛋、攪拌、揉製食材的機器。

擀麵棍 （Rouleau à pâtisserie）

圓柱狀器具，有時兩端會附上手把，用來擀製麵皮。

S

蘇打槍／氣壓奶油槍
（Siphon）

藉由在液態材料中注入氣體以製作香堤伊、慕斯或泡沫的瓶子。

半自動冰淇淋機
（Sorbetière）

自製冰淇淋的器具，比全自動冰淇淋機便宜，但是使用限制較多，因為冰膽必須先放入冷凍庫12小時。

平鏟（Spatule plate）

具有長柄和富彈性扁平不鏽鋼鏟刀的器具。

T

篩子（Tamis）

具有金屬細目網布的用具，用來過篩材料，使其細緻無雜質。

矽膠墊／Silpat®矽膠烤墊
（Tapis en silicone或tapis Silpat®）

用於烘烤或冷凍的矽膠墊，包括Silpat®在內的各家品牌均推出此類產品。可在專門店購得。

溫度計（Thermomètre）

在烹調過程中標示食材準確溫度的器材。

全自動冰淇淋機
（Turbine à glace）

在時間較不充裕時自製冰淇淋或雪酪的機器。由於擁有自己的冷卻迴路，可以在一小時內做出冰淇淋，且一天內可製作多種不同口味。

Z

刮皮器（Zesteur）

用來取下柑橘類水果外皮的器具。

甜點目次

麵　　團

蛋白霜

打發麵糊

熟 麵 糊

發 酵 麵 糊

奶 油 醬 ／ 蛋 奶 醬 & 慕 斯

奶 油 醬 ／ 蛋 奶 醬

慕 斯

醬 汁 、 裝 飾 、 鏡 面 淋 醬

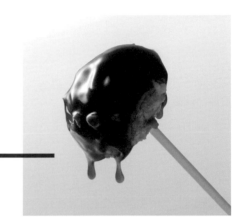

基礎食譜索引

食材索引

甜點師索引

皮耶・馬可里尼

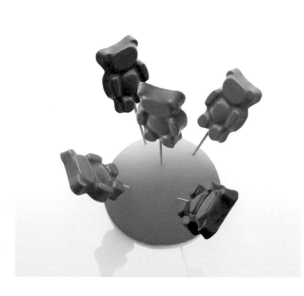

克里斯多福・米夏拉

難易度索引

入門食譜

進階食譜

甜點類型索引

布里歐修與可頌類麵包

盤飾甜點／杯裝甜點

共享蛋糕

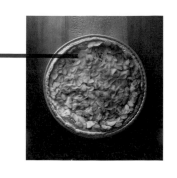

冰淇淋與糖食

小蛋糕

泡芙

馬卡龍

法國7大甜點師烘焙祕技全書
180道經典創意甜點，殿堂級大師夢幻逸作＋獨門技法，不藏私完全圖解親授！

出 版 者	Alain Ducasse Edition
譯 者	楊雯珺
主 編	曹 慧
封面設計	比比司設計工作室
內頁排版	黃雅藍
社 長	郭重興
發行人兼 出版總監	曾大福
總 編 輯	曹 慧
編輯出版	奇光出版
	E-mail: lumieres@bookrep.com.tw
	部落格：http://lumieresino.pixnet.net/blog
	粉絲團：https://www.facebook.com/lumierespublishing
發 行	遠足文化事業股份有限公司
	http://www.bookrep.com.tw
	23141新北市新店區民權路108-4號8樓
	電話：(02) 22181417
	客服專線：0800-221029 傳真：(02) 86671065
	郵撥帳號：19504465 戶名：遠足文化事業股份有限公司
法律顧問	華洋法律事務所 蘇文生律師
印 製	呈靖彩藝有限公司
初版一刷	2017年3月
初版二刷	2018年8月30日
定 價	2000元

Secrets de pâtissiers - 180 cours en pas à pas © Alain Ducasse Edition, 2015
Complex Chinese Character rights arranged with LEC through Dakai Agency
Complex Chinese edition copyright © 2017 by Lumières Publishing, a division of Walkers Cultural Enterprises, Ltd.
ALL RIGHTS RESERVED.

國家圖書館出版品預行編目（CIP）資料

法國7大甜點師烘焙祕技全書：180道經典創意甜點，殿堂級大師夢幻逸作＋獨門技法，不藏私完全圖解親授！/ Alain Ducasse Edition 著；楊雯珺譯 . -- 初版 . -- 新北市：奇光出版：遠足文化發行，2017.03
　面；　公分
譯自：Secrets de pâtissiers：180 cours en pas à pas
ISBN 978-986-93688-7-2（精裝）
1. 點心食譜 2. 法國

427.16　　　　　　　　　　106000136

線上讀者回函